城市水环境恢复的实践探索

CHENGSHI SHUIHUANJING HUIFU DE SHIJIAN TANSUO

李碧清 唐瑶 肖先念 唐霞 冯新 张杰 著

华南理工大学出版社
SOUTH CHINA UNIVERSITY OF TECHNOLOGY PRESS
·广州·

图书在版编目（CIP）数据

城市水环境恢复的实践探索/ 李碧清等著. —广州：华南理工大学出版社，2021. 10
ISBN 978－7－5623－6847－2

Ⅰ. ①城… Ⅱ. ①李… Ⅲ. ①城市环境－水环境－环境管理－研究－广州
Ⅳ. ①X321. 265. 1

中国版本图书馆 CIP 数据核字（2021）第 211173 号

城市水环境恢复的实践探索
李碧清　唐瑶　肖先念　唐霞　冯新　张杰　著

出 版 人：卢家明
出版发行：华南理工大学出版社
（广州五山华南理工大学 17 号楼，邮编 510640）
http://hg.cb.scut.edu.cn　E-mail：scutc13@scut.edu.cn
营销部电话：020－87113487　87111048（传真）
策划编辑：唐明荣
责任编辑：唐燕池
责任校对：王洪霞
印 刷 者：广东虎彩云印刷有限公司
开　　本：787mm×1092mm　1/16　**印张**：14. 25　**字数**：327 千
版　　次：2021 年 10 月第 1 版　2021 年 10 月第 1 次印刷
定　　价：52. 00 元

前　言

水是地球上重要的自然资源，是人类生存与发展不可替代的基础性物质。近半个世纪以来，我国经济迅速增长，作用于水环境的人类活动空前剧烈。无节制地大量取水、排放污水导致区域水环境失常、自然水体污染加剧，水质型缺水已成为我国水工业的难题，水环境问题也已成为制约人类社会可持续发展的重要因素之一。水环境恶化引起了社会各界关注，促使人们达成共识：应保护水环境，合理利用有限的水资源。

已恶化的水环境是可以恢复的，节制用水与水的健康循环是水环境恢复的必要条件。节制用水的内涵包括从工业、农业、生活用水的源头上减少新鲜水的使用量，深度处理城市污水与有效利用再生水，充分利用雨水、海水，以及将城市污泥资源化。这就意味着要重构水的健康循环，尊重水的自然运动规律，让使用过的污水经过再生净化，达到天然水体自净能力的要求。水环境恢复是一个渐进过程，体现在节制用水、城市污水深度处理与再生水有效利用、清洁生产、雨水利用、城市污泥回归自然与农田等每一个具体工程项目的规划与实践中。水环境恢复的实施可使城市用水量减少、污水量降低，带来巨大的经济效益、环境效益和社会效益。

本书在作者团队多年来研究实践的基础上，探讨了广州市排水系统存在的问题与对策，总结了广州市城市河涌生态恢复的工程实践经验，提出了城市水环境恢复的方法。

全书共分为九章，分别为绪论、城市水环境恢复方略、广州市排水管线的建设与营运实践、广州市污水处理系统的建设与管理、城市污泥好氧堆肥技术的研究与应用、城市污泥高温热水解＋中温厌氧消化技术的研究与应用、城市污水厂污泥厂内干化实践、基于混合遗传算法的城市再生水系统优化布局探索、恶臭废气处理技术的研究与应用等内容。书中介绍的主要研究成果及意义如下：

（1）研发了产业化水平上的城市污泥快速生物干化技术、快速除臭技术、重金属污染物钝化技术等关键技术并集成于生产实践，利用城市污水厂污泥生产有机肥。在传统堆肥工艺的基础上进行创新、优化，将分散条垛式集成为自动专业化；将人工拌料、人工进料、人工出料、经验计量等生产环节进行技术集成，向机械化转变，形成规模产业化生产，极大地提高了生产效率。

（2）利用高温热水解与中温热碱水解技术对污泥进行预处理，使得污泥胶体结构溶解、有机质充分释放、黏度大幅降低；随后污泥进入高浓度中温厌氧发酵反应罐，产生的沼气一部分回用作为热水解热源，另一部分作为资源化产品经提纯压缩后可制成车用天然气或直接用作沼气发电。沼渣利用余热或自然干化至含水率40%以下，作为有机肥原料用于土壤改良、园林绿化。沼液亦可用于植物施肥，多余的沼液经氮、磷回收预处理后，直接回至污水厂处理，无需再单独设置处理设施。

（3）在污水厂内通过离心脱水、板框脱水、干化机脱水处理，使剩余污泥含水率降低至40%以下，然后将其运输至水泥厂或热电厂协同焚烧。

（4）以广州市污水管网、污水提升泵与污水厂建设运营情况为依据，对城市污水的收集、污水处理与再生、再生水回用的全过程建立费用数学模型。发现城市再生水厂的最优服务面积范围为10～20km^2，此时城市再生水系统投资最少，再生水成本为1.50～2.00元/m^3。

（5）研发了以蜂窝式电场模块为最高性价比电场的一种高效节能型等离子体新技术，能够在较低的电功率密度下对恶臭废气达到理想的净化效率，广泛适用于城市污水厂与工业企业的恶臭废气净化，形成了全新的蜂窝式等离子体技术、气动乳化技术与生物技术的组合工艺以及技术体系与装备，对城市污水污泥与工业臭气处理开展了系统试验研究与生产应用，获得了良好的环境效益、经济效益与社会效益。

（6）分析了我国污水处理与利用中存在的问题，指出城市污水处理与利用规划要打破传统设计规则，合理划分排水分区，充分考虑再生水回用，科学地确定污水厂厂址与数量，选择适合我国各地实情的工艺流程，优先选用合格的国产污水处理设备，预留污水处理厂分期发展的空间，新建城市道路应预敷再生水回用管线等。

本书可供设计院、水务环保管理部门和科研院所的给水排水与环境工程专业人员参考，也可供大专院校师生参考。

李碧清

2021年8月

目　录

1　绪　论 …… 1

　1.1　我国的水资源及水污染概况 …… 2

　1.2　国内外城市污水处理与再生水利用进展 …… 3

　　1.2.1　国内城市污水处理与再生水利用进展 …… 3

　　1.2.2　国外城市污水处理与再生水利用进展 …… 5

　　1.2.3　膜技术在污水处理中的应用 …… 13

　1.3　城市用水指标与节水管理进展 …… 14

　　1.3.1　我国城市用水指标 …… 14

　　1.3.2　国外城市节水管理措施 …… 15

2　城市水环境恢复方略 …… 17

　2.1　节制用水与可持续发展 …… 17

　2.2　我国水环境恢复方略 …… 17

　　2.2.1　发展清洁生产与环保企业 …… 17

　　2.2.2　建筑物节水 …… 18

　　2.2.3　农业节水 …… 19

　　2.2.4　城市污水深度处理与再生水有效利用 …… 20

　　2.2.5　城市污泥的处理与利用 …… 22

　　2.2.6　雨水的利用 …… 25

　　2.2.7　海水的利用 …… 26

　2.3　流域健康水循环 …… 27

　　2.3.1　水的自然循环与社会循环 …… 27

　　2.3.2　节制用水与远距离调水 …… 28

3　广州市排水管线的建设与营运实践 …… 30

　3.1　广州市排水系统存在的问题与对策 …… 30

　　3.1.1　广州市排水管线存在的问题 …… 30

　　3.1.2　城市排水系统建设与管理养护建议 …… 31

3.2 非开挖技术在城市污水管道修复中的应用 …… 32
3.2.1 污水管道修复方案比选 …… 32
3.2.2 非开挖注浆修复过程 …… 33
3.2.3 修复效果 …… 36
3.2.4 工程小结 …… 36
3.3 广州市城市河涌生态恢复的工程实践 …… 37
3.3.1 城市河涌全面截污 …… 37
3.3.2 城市河涌清淤 …… 37
3.3.3 城市河涌循环补水 …… 38
3.3.4 河涌流经城区雨污分流系统完善 …… 38
3.3.5 东濠涌深层隧道试验段 …… 39
3.3.6 城市河涌生态恢复效果 …… 40
3.3.7 工程小结 …… 42

4 广州市污水处理系统的建设与管理 …… 43
4.1 广州市污水处理厂概况 …… 43
4.2 广州市污水处理系统的技术创新与精细化管理项目 …… 44
4.2.1 地下式污水处理厂建设的重要性 …… 44
4.2.2 技术创新思路 …… 45
4.2.3 开拓资金渠道 …… 51
4.2.4 地下污水厂精细化管理的实施成效 …… 53

5 城市污泥好氧堆肥技术的研究与应用 …… 54
5.1 城市污泥处理处置问题的提出 …… 54
5.1.1 城市污泥好氧堆肥处理处置现状 …… 54
5.1.2 研究目标、内容及技术路线 …… 55
5.2 城市污泥好氧高效堆肥技术小试研究 …… 55
5.2.1 污泥堆肥小试研究 …… 55
5.2.2 生物除臭小试研究 …… 63
5.3 城市污泥好氧高效堆肥技术中试研究 …… 66
5.3.1 污泥堆肥中试研究 …… 66
5.3.2 生物除臭中试研究 …… 75
5.3.3 重金属控制中试研究 …… 78
5.4 城市污泥堆肥产品的功能开发 …… 85
5.4.1 污泥堆肥产品的桉树栽培研究 …… 85
5.4.2 污泥堆肥产品的紫荆树栽培研究 …… 87

5.4.3 污泥堆肥产品的樱花树栽培研究 …… 88
5.4.4 高效园林用营养基质系列配方筛选和肥效研究 …… 90
5.4.5 污泥堆肥产品的保水功能研究 …… 92
5.5 规模化城市污泥堆肥技术集成与产业化示范 …… 94
5.5.1 中试基地 …… 94
5.5.2 好氧堆肥工厂生产基地 …… 94
5.6 城市污泥堆肥的经济与产业化前景分析 …… 95
5.7 项目总结 …… 96

6 城市污泥高温热水解+中温厌氧消化技术的研究与应用 …… 97
6.1 污泥厌氧消化问题的提出 …… 97
6.1.1 厌氧消化概述 …… 97
6.1.2 我国城市污泥厌氧消化现状分析 …… 100
6.1.3 广东地区污泥厌氧消化处理现状 …… 102
6.1.4 研究目标、内容及技术路线 …… 103
6.2 污泥高温热水解预处理+厌氧消化小试研究 …… 104
6.2.1 试验流程、装置及测试方法 …… 104
6.2.2 高温热水解预处理技术研究 …… 106
6.2.3 高温热水解预处理+中温厌氧消化技术研究 …… 111
6.2.4 系统能量梯级利用技术研究 …… 121
6.2.5 硫化物、重金属等有害物质的控制技术研究 …… 122
6.2.6 沼液成分分析 …… 123
6.2.7 小试研究小结 …… 123
6.3 污泥热碱预处理+厌氧消化中试研究 …… 124
6.3.1 试验流程、装置及测试方法 …… 124
6.3.2 中试装置设计研究 …… 126
6.3.3 热碱预处理技术研究 …… 126
6.3.4 中温热碱水解预处理+中温厌氧消化技术研究 …… 132
6.3.5 系统能量平衡分析 …… 144
6.3.6 硫化物、重金属等有害物质的控制技术研究 …… 145
6.3.7 沼液与沼气成分分析 …… 146
6.3.8 中温热碱预处理条件下的厌氧微生物菌种鉴定分析 …… 147
6.3.9 中试研究小结 …… 149
6.4 厌氧消化处理工艺的技术经济对比分析 …… 150
6.4.1 技术对比分析 …… 150
6.4.2 经济对比分析 …… 151

6.4.3 应用前景 …… 152
6.5 污泥厌氧消化工程升级改造应用研究 …… 153
6.5.1 实际工程概况及升级改造目标 …… 153
6.5.2 优化改造方案 …… 155
6.5.3 提标改造工艺设计 …… 157

7 城市污水厂污泥厂内干化实践 …… 159
7.1 广州市污水厂污泥厂内干化方法 …… 159
7.1.1 “浓缩+板框机深度机械脱水+低温热干化”工艺 …… 159
7.1.2 污水厂内污泥干化服务模式 …… 162
7.2 利用水泥窑协同处理广州市城市污泥 …… 163
7.2.1 湿污泥处理过程 …… 163
7.2.2 检测结果与分析 …… 164
7.2.3 项目小结 …… 166

8 基于混合遗传算法的城市再生水系统优化布局探索 …… 167
8.1 城市污水处理与利用的现状 …… 167
8.1.1 我国城市污水处理与利用存在的问题 …… 167
8.1.2 城市污水的集中处理与分散处理对比 …… 167
8.2 基于混合遗传算法的城市再生水系统优化 …… 168
8.2.1 问题的提出 …… 168
8.2.2 城市再生水系统费用数学模型 …… 169
8.3 城市再生水有效利用对策 …… 175

9 恶臭废气处理技术的研究与应用 …… 176
9.1 项目研究概况 …… 176
9.1.1 项目目标及解决的关键问题 …… 176
9.1.2 研究内容、方法及技术路线 …… 177
9.2 等离子体+气动乳化+生物法处理污水厂恶臭废气小试研究 …… 178
9.2.1 工作原理 …… 178
9.2.2 等离子体废气设备的小试 …… 180
9.2.3 气动乳化设备的小试 …… 186
9.2.4 生物法装置的小试 …… 188
9.2.5 “等离子体+生物法”组合工艺的小试 …… 189
9.2.6 小试研究小结 …… 192
9.3 等离子体+气动乳化+生物法处理恶臭废气中试研究 …… 192

9.3.1 等离子体+生物法处理恶臭废气关键工艺技术的中试研究 ……… 192
9.3.2 等离子体+气动乳化+生物法处理关键工艺技术的中试研究 …… 195
9.3.3 污水厂泵站除臭菌种鉴定分析 …………………………………… 199
9.3.4 中试研究小结 ……………………………………………………… 202
9.4 技术经济分析 ………………………………………………………… 203
9.4.1 示范工程经济分析 ………………………………………………… 203
9.4.2 能耗分析 …………………………………………………………… 204
9.5 项目产品应用、前景分析与成果 …………………………………… 205
9.5.1 项目产品应用 ……………………………………………………… 205
9.5.2 应用前景分析 ……………………………………………………… 206
9.5.3 项目的主要成果 …………………………………………………… 207

参考文献 ………………………………………………………………… 208

1 绪 论

水是人类社会发展的基础资源，是地球文明的生命源泉。自古以来，人类文明的兴衰与水息息相关。无数山间小溪汇成江河，奔腾不息的江河两岸孕育着城市和人类文明。古老而璀璨的中华文明起源于黄河流域、长江流域与珠江流域。

水是在大陆－河海－大气中全球循环的自然资源，是工农业的命脉，是人类的共同财富，只要人们遵守它的循环规律，维持健康的水循环，它就能永久地为人类所利用。水的社会循环系统包括给水系统和排水系统两部分，这两部分是不可分割的统一有机体。给水系统就是自然水的提取、加工、供应和使用过程，好比是水社会循环的动脉；而由使用后污水的收集、处理与排放组成的排水系统则是水社会循环的静脉，两者不可偏废一方。水环境恢复和维系的基础是建立健康的水社会循环[1]。

18 世纪工业革命以来，人类社会采取的是大量生产、无度消费、大量废弃的发展方式，使得大自然不堪重负，环境遭到破坏[2]。特别是近半个世纪以来，人类过度开发自然资源，破坏了自身赖以生存的生态环境。未经处理的大量工业污水与生活污水形成自然水体的点源污染，农田农药、化肥的过量使用造成了纳污水体的面源污染。20 世纪 50—70 年代，地球上环境污染事件频繁发生。英国伦敦的泰晤士河曾因受到工业污水与生活污水的严重污染，河水变黑变浑，鱼类与水生植物大量死亡；苏联的咸海因水资源被过度开采，从 1961 年到 1986 年的 25 年间，水位下降 12.5 m，水面缩小 $2.5\times10^4\ km^2$，水量减少 $6.4\times10^{12}\ m^3$，河流三角洲干化，疾病流行，使 140 种动物绝迹，渔业衰落，水环境恶化[3]；1953—1956 年，日本水俣地区含有重金属的工业污水排入水体，水体受到污染，骨痛病折磨着该地区的人们，日本东京湾、伊势湾及濑户内湾赤潮频繁；我国 20 世纪 70 年代末以来，经济发展推进了社会全面进步，而自然水域的普遍污染令人担忧。如果不及时研究水环境恢复理论，制定适当的路线、方针及相关的技术经济政策，不及时研究水健康循环的工程规划思想和相应的工艺技术，地球上洁净的水资源迟早有枯竭的那一天。

我国当前的工业用水、农业用水与城市生活用水中普遍存在浪费与用水不合理的现象；滥排城市污水、滥弃废物垃圾与滥施农药化肥是水环境污染的主要原因；城市的水循环系统规划缺乏科学依据。未来，减少自然水资源取水量，充分利用有限的淡水资源，合理规划城市再生水系统并有效利用再生水资源，实现城市用水零增长，是水环境恢复的基本策略。此外，城市污泥来自大自然，理应回归自然，如此方能形成健康的物质循环。

1.1 我国的水资源及水污染概况

我国的水资源时空分布不平衡，年平均降水深度648 mm。西北地区水资源偏少，东南地区水资源相对较多；每年冬春季雨水较少，夏秋季雨水量偏多。东北地区每年人均拥有的水资源量不足2000 m^3，海河、黄河、淮河流域及山东半岛地区每年人均不足1500 m^3，水资源承载力脆弱，由水问题带来的工业损失每年高达2400亿元。我国的用水量增幅较大，由1949年的1.03×10^{11} m^3，增至1999年的6.00×10^{11} m^3；全国用水极限峰值约为6.48×10^{11} m^3，极值点大概率会出现在2037年[4]。

随着我国城市化进程不断加快，农村人口向城市转移的浪潮使城市规模越来越大。城镇人口1978年为1.72亿人，1994年为3.43亿人；2019年我国城市化水平已达60.6%，城镇人口增加到7.88亿人[5]，污水收集与处理任务日趋繁重。

近几十年来，长江流域人口激增，经济迅速发展，需水量逐年呈上升趋势，而污水处理能力相对滞后，导致了水体污染的加重，缺水、干旱现象经常发生。20世纪90年代，长江干流城市江段岸边污染严重，污染带总长560 km，其中北岸长241 km，南岸长319 km；上游江段污染带宽度为20～30 m，中游江段为50～100 m，下游江段为100～170 m，下游支流和太湖水系全断面污染[6]。2000年以来，长江流域水环境形势发生了巨大变化。2003—2010年，长江下游江段氨氮浓度总体呈明显上升趋势，2013—2018年大幅下降，下降约65%；2012—2018年，长江干流大部分江段总磷浓度呈明显下降趋势。长江下游江段氨氮浓度和大通断面氨氮年通量的显著下降，以及长江整体石油类超标率的大幅下降，均主要归因于水污染防治[7]。

黄河流域水土流失严重，过度垦殖、过度放牧导致土地荒漠化，造成湖泊退化、冰川后退、雪线上升、旱涝灾害频繁。黄河自1972年已出现断流，1995年断流达122天、断流长度达742 km，1998年黄河断流时间长达260天，黄河下游干流在30多年的时间里年径流量减少了近2.00×10^{10} m^3。2018年，黄河满足Ⅰ至Ⅲ类水质指标的水体占66.4%，劣Ⅴ类水质占12.4%[8]。

2000年，珠江广州河段、深圳河、江门河、佛山汾江河等河流因溶解氧（DO）较低，已出现黑臭现象。主要污染物为还原性物质（COD）、可被生物降解的有机物（BOD）、氨氮（NH_3-N）、总氮（TN）、总磷（TP）、Cr^{6+}、悬浮物（SS）、氰化物、挥发酚、油、有机氯农药、多氯联苯和多环芳烃等。2017年，珠江流域水体Ⅰ至Ⅱ类占总水量的87.3%，Ⅳ至Ⅴ类占总水量的4.7%，珠江广州长洲断面COD_{Mn}、DO、NH_3-N分别为2 mg/L、3 mg/L、2 mg/L[9]。

20世纪90年代，松花江流域水资源污染严重，大多河段水质仅能满足一般工业或农业用水要求。污染物以有机污染和重金属污染为主，其中汞最为突出，COD、BOD_5、

NH_3-N、挥发酚、氰化物等普遍超标。"十三五"期间，松花江流域大部分水体达到Ⅲ类与Ⅳ类水质指标[10]，N 与 P 仍然是影响水质的主要因素[11]。

塔里木河旱情严重，出现过断流现象[12]。黑河流域地下水的硝酸盐污染呈现出线状和面状污染的趋势，不能直接饮用的地下Ⅴ类水占 1.71%[13]。

巢湖、渤海湾、深圳湾、滇池、东湖、南四湖（微山湖、昭阳湖、独山湖、南阳湖的总称）、太湖均存在不同程度的富营养化。巢湖湖区 1982—1984 年 TP 和 TN 的年平均值分别为 0.129 mg/L 和 1.70 mg/L，1995 年 TP 和 TN 的年平均值比 1982—1984 年的年平均值分别增长了 2.21 倍和 1.72 倍，2012—2018 年 TP 和 TN 含量仍有升高的趋势[14]。

2017 年的监测数据显示，全国地表水满足Ⅰ至Ⅲ类水质指标水体占 67.9%，劣Ⅴ类水质占 8.3%，主要污染指标为氨氮、高锰酸盐指数和生化需氧量等[15]。2018 年，全国 10 168 个国家级地下水质监测点中，Ⅳ类水质占 70.7%，Ⅳ类水质占 5.5%，全国地下水水质达标率仅 13.8%[16]。

1.2 国内外城市污水处理与再生水利用进展

1.2.1 国内城市污水处理与再生水利用进展

1. 我国城市污水处理发展历程

对城市污水处理与利用的研究，早在 1958 年就被我国列入国家科研课题。"六五"期间进行了以回用城市污水为目的的污水深度处理小试研究，工作重点主要停留在开发单元技术上。20 世纪 80 年代初，我国污水产生量为 6000×10^4 m^3/d，处理率为 1.5%～3%。"七五""八五"期间，在北方缺水的大城市如青岛、大连、太原、北京、天津、西安等相继开展了污水回用于工业与民用的试验研究。20 世纪 90 年代中期，国务院开始了包括治理三河（淮河、海河、辽河）、三湖（滇池、太湖、巢湖）在内的绿色工程计划。

经过多年的发展，我国的污水处理与利用事业已经具备了相当的规模，经历了从点源治理到面源控制、从局部回用到整体规划的发展历程，逐渐形成了系统的思路。标准活性污泥法的应用已有 100 余年历史，目前世界各地污水厂仍以该法为基础工艺对城市污水进行处理。若在传统活性污泥法曝气生物池中增加厌氧工艺，传统工艺即变为厌氧+好氧法（A/O）。A-B法、A/O 法、AA/O 法、氧化沟法、SBR 法（CASS、CAST、UNITANK、IAT-DAT 等均由 SBR 法演变而来）都是在活性污泥法基础上发展起来的。进入新世纪新时代以来，污水深度处理与利用的研究工作正在我国蓬勃兴起。2016 年再生水量达到 5.92×10^9 m^3[17]，再生水利用率为 10%～15%[18]。2017 年我国城镇污水总量为 7.74×10^{10} m^3，城市污水二级处理率已达 90%。截至 2020 年 1 月，全国建有 10 113 个污水处理厂，污水日处理总量超过 2×10^8 m^3。

2. 已建再生水利用工程

我国第一个污水回用示范工程于 1992 年在大连运行。该工程以厌氧+好氧活性污泥法进行二级处理，通过水力澄清池和普通快滤池进行深度净化，使城市污水再生，再生水用于工厂冷却、市政绿化、冲厕等，开发了城市第二水源。2020 年 3 月，大连市出台《大连市城镇再生水利用规划（2020—2025 年）》。

城市污水再生全流程工艺能进一步去除再生水中的营养盐、有机物、氮、磷等物质，克服传统生物法对溶解性杂质、微生物代谢产物去除率低的缺点，以厌氧 + 好氧活性污泥法进行二级处理，以生物膜过滤进行深度净化。其特点是：生化反应池污泥不膨胀，操作方便、运行稳定；深度净化中将物化作用与生化作用相结合，不但能有效地去除悬浮颗粒，而且能进一步去除溶解性有机物。该流程大幅度地提高了再生水质，与传统流程相比，深度净化水水质改善率为：COD_{Cr}、BOD_5 改善 10% ～ 30%，SS、色度改善 20%，大肠菌值改善 90%；出水水质好，$BOD_5 < 4$ ～ 8 mg/L，SS < 5 mg/L，再生水应用范围广。生物膜过滤强调过滤作用，因增加了生化反应池中的生物量，从而增强了生物氧化功能，提高了处理效率[19]。

截至 2020 年，北京的城市河流补水、城市公园景观用水与生产用水都广泛地使用了再生水，北京污水厂再生水利用率达到 56.3%，获得了良好的环境效益。北京高碑店污水处理厂已建成 4.7×10^5 m^3/d 再生水回用系统，污水处理厂二级出水经超滤、臭氧、紫外、氯消毒工艺流程后形成再生水[20]。

早在 2002 年，天津纪庄子污水处理厂已建成回用 2.0×10^3 m^3/d 的示范工程。2017 年底，天津建成 5 座再生水厂，再生水规模达 2.5×10^5 m^3/d。再生水作为工业企业用户的常用水源，替代了河水、自来水与井水[21]。

2020 年，广州市中心城区污水处理总量为 4.96×10^6 m^3/d，其中约 1.0×10^6 m^3/d 用于城区沙河涌、石井河、猎德涌等的生态补水。

3. *逐渐兴起的研究与应用领域*

在污水处理领域，各种新型反应器、新填料、新工艺及组合工艺相继得到开发与应用。采用美达棉纤维挂载生物膜处理石化废水中的油，油的去除率可超过 90%，COD 去除率为 68% ～ 95%[22]。采用悬浮填料生物反应器处理石化废水，在去除 BOD、COD、SS 等的同时，对氨氮的平均去除率达 84.6%[23]。用纤维束作滤料，处理二级出水，过滤周期为 14 ～20 h，浊度去除率超过 80%，COD 去除率平均为 30%[24]。采用悬浮填料技术对城镇污水处理厂二级出水进行极限脱氮研究，水温为 11 ～ 27 ℃，进水 TN 为 13.50 ～16.20 mg/L、NO_3-N 为 11.20 ～12.85 mg/L，控制填料投加比为 45%、HRT 为 0.5 ～1.5 h、乙酸钠投加量为 50 ～70 mg/L 时，出水 TN 为 1.24 ～2.59 mg/L、NO_3-N 为 0.65 ～1.58 mg/L[25]。昆山某城镇污水处理厂的提标改造项目采用在生化池好氧部分增加悬浮填料 + 将好氧前端部分改造为缺氧区 + 内回流点后移的工艺，在不新增用地、不加碳源的情况下，改造后的工艺强化了对 C、N、P 的去除。提标改造完成后，系统稳定运行，出水指标为 COD_{Cr} 30 mg/L、TN 10.5 mg/L、NH_3-N 0.3 mg/L 和 TP 0.2 mg/L[26]。

涡凹气浮（CAF）系统在去除硫化物、乳化油、悬浮物、COD 等方面发挥了较大作用，硫化物去除率为 70% ～80%[27]。采用固液分离 + 涡凹气浮 + 水解酸化 + 接触氧化的组合工艺处理屠宰废水，在生物接触氧化池内采用间歇运行方式，最终出水 COD 平均为 95 mg/L，BOD_5 平均为 29 mg/L，SS 平均为 47 mg/L，动植物油平均为 7 mg/L，NH_3-N 平均为 12 mg/L，TP 平均为 2.4 mg/L，出水水质较好[28]。

臭氧预氧化 + 生物活性炭（BAC）工艺可以用于处理酚、苯、氨基苯、丙烯腈、苯乙烯石化废水。经臭氧预氧化后，BOD_5/COD 值可由 20% 上升至 30%，COD 去除率可达 85% ～ 95%，BAC 吸附周期是普通活性炭（GAC）的 4 ～ 5 倍[29]。采用曝气生物流化床 + 混凝澄清池 + 臭氧接触氧化池 + 生物活性炭滤池 + 石英砂过滤器的物化 + 生物组合工艺处理华能巢湖热电厂循环水排污水，可实现对热电厂循环水排污水的高效稳定处理，处理后的水质能够满足《GB 3838—2002 地表水环境质量标准》中Ⅳ类水体标准要求[30]。

采用内循环生物流化床处理石化废水系统，COD 去除率可达 75% ～ 80%，出水 COD 可满足现有企业的一级或二级排放标准，还能有效地去除酚、磷、油和一定的 NH_4^+-N[31]。采用微孔气体分布器对工业废水进行活性污泥曝气，具有降解时间短、占地面积小的特点，能较大幅度地提高水中的溶解氧，使处理效率明显高于传统曝气池[32]。采用 SSSAB + AFB + MBR 工艺处理 20 m^3/d 豆制品生产废水，进水 COD_{Cr} 为 3500 ～ 7500 mg/L、氨氮为 80 ～ 140 mg/L 时，平均去除率分别为 99.3%、98.3%，出水达到《GB 8978—2002 污水综合排放标准》中一级排放标准要求[33]。

1.2.2 国外城市污水处理与再生水利用进展

许多国家都已广泛建立了污水处理与回用工程，在经济发达国家甚至早已普及全国。20 世纪 90 年代部分发达国家的污水处理普及率见表 1 – 1[1]。

表 1 – 1 发达国家的污水处理普及情况

类别	日本[a]	英国[b]	德国[b]	加拿大[b]	美国	芬兰[b]	瑞典[b]
二级处理普及率/%	55	96	90	75	71	77	95
深度处理普及率/%	5	12	48	28	30	67	88

注：a：1997 年数据；b：1993 年数据。

1. 美洲

1）美国

美国的污水处理和回用始于 1920 年，在其发展过程中制定了一系列的法律法规：1921 年的《公共卫生服务法》、1948 年的《水污染控制法》、1956 年的《联邦水污染控制法》、1968 年的《自然和风景河流法》、1970 年的《国家环境质量法》、1978 年加利福尼亚州的《水回用标准》、1992 年美国国家环保局的《水回用指南》、1996 年的《安全饮用水法修正案》（加强了细菌、病毒、激素类污染物的控制）等。从这些法律的发展历程可以清晰地看出美国在水资源与水环境问题上的科技发展历程，即从开源转向水资源利用效率的提高，从污水处理上升至水的深度处理与循环利用，同时更加注重饮用水的安全问题。

美国对于再生水的回用没有统一的国家标准，各州根据国家环保局的指导标准制定了各自的地方标准。表 1－2 为世界卫生组织（WHO）与美国的再生水微生物指标要求对比[34]。美国 2018 年再生水回用总量为 6.63×10^{9} m^{3}，全球排名第二，仅次于中国[35]。

表 1－2　世界卫生组织与美国的再生水微生物指标要求对比

名称	再生水回用对象	肠道虫卵	大肠杆菌	污水处理单元
WHO	谷物、饲料作物、工业加工作物、牧场、树木	<1 个/L	—	稳定塘，停留时间 8 ～10 d
	宾馆绿化	<1 个/L	<200 个/100 mL	二级处理、消毒
	生吃作物、运动场、公园	<1 个/L	<1000 个/100 mL	系列稳定塘
美国国家环保局	奶牛牧场、饲料作物、公园	—	23 个/100 mL	二级处理、消毒
	食用作物（喷灌）	—	痕量	二级处理、絮凝、过滤
加利福尼亚州	食用作物（喷灌）、公园	—	2. 2 个/100 mL	二级处理、过滤、消毒
	奶牛牧场、公园	—	—	二级处理、消毒
佛罗里达州	工业用水、灌溉	—	200 个/100 mL	二级处理、消毒
	食用作物（喷灌）、公园	—	痕量	二级处理、过滤、消毒

据统计，美国城市污水处理厂在 1995 年已有 16 400 座。2000 年美国城市污水处理厂人口普及率已达 92%。旧金山（San Francisco）污水处理厂处理污水量为 6.4×10^{5} m^{3}/d，服务 8 个城区的 130 万人口，污水经初沉池、两段活性污泥法、三层滤料（煤、石榴石、砂）滤池、氯消毒工艺后，出水指标接近美国饮用水标准，总含盐量为 800 mg/L。由于旧金山湾湿地潮汐水含盐量为 1.0×10^{4}～2.0×10^{4} mg/L，为保护湿地海生动物，美国国家环保局与旧金山水质控制中心将再生水回用于工业、农业、市政绿化、公园及加州北部的硅谷工业，1999 年回用水量达 6.0×10^{4} m^{3}/d，管线长 90 km，建有加压泵站 3 座、调节水库 1 座，耗资 1400 万美元[36]。

丹佛市（Denver）将再生水用作直饮水的工程于 1985 年开始运行，水量为 3785 m^{3}/d，采用二级出水、石灰澄清、反渗透、臭氧消毒、氯消毒工艺，对动物的氯毒性、致癌物及副产物毒性试验表明，动物无不良反应[37]。

1975—1987 年，佛罗里达州圣彼得斯堡（St. Petersburg）为双供水系统花费了超过 1 亿美元，用于污水处理厂升级、扩建和建设长度超过 320 km 的再生水管网，成为当时拥有最庞大分质供水系统的城市。2000 年，每天有 1. 2 万的居民使用再生水，庭院、绿地灌溉面积达到 3.6×10^{7} m^{2}。由于采用了饮用水和非饮用水分质供应的双供水系统，自 1976 年以来，该市在需水量增长 10% 的情况下，自然水取水量没有增加[38]。

1994—1995 年，洛杉矶县（Los Angeles County）的 10 个污水厂二级出水量为 $1.97 \times 10^6\ m^3/d$，经絮凝、过滤、消毒后的三级出水有 5% 被回用，其余排入河流后流至海洋。三级出水的无机氮（包括氨氮与硝酸盐氮）含量为 7.79 ～18.82 mg/L，磷含量也偏高，对海洋生物有刺激作用。有研究人员利用氧化塘（面积 200 m^2，水深 2 m）、人工湿地（500 m^2）处理三级出水中的无机氮，塘中氧化能量来自太阳能，氧化塘中的主要植物为水葫芦（water hyacinth）、水菠菜（Chinese water spinach）及甘薯类水生植物水蕹菜（*Ipomea aquatica*）等。塘中鱼群以罗非鱼为主，水中植物覆盖塘面的 50%，每天提供相当于鱼群体重 0.0032% 的蛋白质、1 mg/L 的麦麸，每周新鲜污水进水量为氧化塘容积的 20%。每天测定 2 次氧化塘水中的温度、导电率、pH 值。在 182 ～202 d 时，罗非鱼体重由初始的 21 g 增至 362 ～404 g，市场上罗非鱼的价格为 2.20 美元/kg。氧化塘中的水葫芦可去除 90% 的无机氮，人工湿地可去除 7% 的无机氮。三级出水作为水生动植物的食物来源，既有效地控制了海洋污染，又带来了渔业丰收，该工艺流程在城市用地较宽松的地区是切实可行的[39]。

加利福尼亚的朗秋米瑞塔社区（Rancho Murieta），占地 14 km^2，规划人口 2.5 万人，地处水质为原始状态的科森尼斯河畔（the Cosumnes River），加利福尼亚州的气候为半干旱气候，年均降雨量为 530 mm，而每年水分蒸发量达 1520 mm。为保持科森尼斯河良好的水质，社区实施污水零排放计划，再生水全部回用于高尔夫球场。污水经氧化塘（安装曝气设备供氧并防臭气）、蓄水水库（雨季时可容纳 150 d 蓄水量）、气浮（除藻及悬浮物）、过滤、消毒后，出水浊度为 0.4 ～1.9NTU，TN <1 mg/L，达到加利福尼亚州再生水水质标准[40]。

2000—2016 年，加利福尼亚州的奥兰治县（Orange County）干旱缺水，污水回收处理后回灌地下水，形成地下水补给系统（GWRS），受到广泛认可[41]。

美国在传统活性污泥法的基础上广泛应用膜生物反应器（MBR）、生物曝气过滤器（BAF）、移动床生物反应器（MBBR）和颗粒状污泥反应器提升出水水质，为去除污水中的多种类化合物，如纳米材料、消毒副产品（DBPs）、全氟化合物（PFCs）、药品和个人护理产品（PPCPs）、藻类毒素、高氯酸盐、杀虫剂、微生物等，可以结合微滤（MF）、反渗透（RO）和高级氧化（UV/H_2O_2）等工艺[42]。在水资源短缺的地区，灌溉用水回用日益成为一项重要的经济策略。将厌氧和好氧两种类型的池塘组合为单一池塘，形成低成本、低维护、高效的 PIP 处理系统，解决水资源短缺问题。与传统池塘相比，污水处理后 BOD 去除率超过 80%，土地面积需求减少约 40%，而且低流速和较长的停留时间能进一步提升处理效果[43]。厌氧流化膜生物反应器（AnMBRs）结合了厌氧工艺和 MBR 技术的优点，提高了出水水质和能量回收率。启动周期缩短了 25 天，平均甲烷产率提高了 56%，膜污染减少，最大膜压差降低了约 80%[44]。

2）其他国家

在人口约为 7 亿的拉丁美洲和加勒比地区，只有约 20% 的废水得到处理。墨西哥城有 2000 多万居民。近 100 多年来，来自墨西哥城的废水一直向北输送到世界上最大的废水灌溉地区梅兹库尔河谷（Mezquital Valley）。研究发现，在该河谷取样点的细菌浓度与水质在旱季与雨季保持不变。为保障墨西哥城和梅兹库尔河谷居民健康，需要提高该区域的污水处理水质指标[45]。2019 年 4—10 月的雨季，研究人员在墨西哥城的废水中持续发现了五种全氟烷基羧酸：全氟丁酸（PFBA）、全氟己酸（PFHxA）、全氟庚酸（PFHpA）、全氟辛酸（PFOA）、全氟十一酸（PFUnA），浓度为 10 ～ 100 ng/L。梅兹库尔河谷的农业灌溉可能已经对农民、作物消费者和地下水构成了环保风险，因此有必要对该灌溉系统进行进一步的监测研究[46]。

2. 日本

日本位于亚洲季风区，虽然年平均降水量达 1730 mm，每年人均水资源量达 3300 m^3/人，但其国土面积小，人口密度大，加上降水在时空上的变化，使得多山地区与都市区的水资源分布不均。1992 年日本用于污水处理的投资占 GNP 的 0.7%，占政府基础设施投资的 8.6%。日本的再生水利用始于 1951 年，东京三河岛（Mikawashima）污水处理厂的再生水回用于造纸工业，主要原因是河流水源已被污染，不能作为工业用水水源，如大量开采地下水，势必造成海水入侵与地面沉陷。

日本在再生水标准、生产模式、安全输配和水质安全等方面已积累了长期的经验[47]。早在 1994 年，日本 100 万人以上大城市的污水二级处理率已达 96%，中等城市在 55% 以上。1983 年，日本全国有中水项目 473 个，总回用水量约 6.6×10^4 m^3/d。1993 年，全国有 1963 套中水利用设施投入使用，中水使用量为 27.7×10^4 m^3/d，占全国生活用水量的 0.7%，东京（Tokyo）与福冈（Fukuoka）中水使用量占全国的 63%。至 1996 年，全国有 2100 套中水设施投入使用，用水量达 32.4×10^4 m^3/d，占全国生活用水量的 0.8%，再生水主要回用于工业、列车冲洗、绿化、灰尘控制、冲厕、城市河流恢复等[48]。为增加东京城市小河流的流量，东京的玉名污水处理厂在二级出水后增加化学絮凝（聚合氯化铝投加量 10 ～ 15 mg/L）、臭氧（投加量 5 ～ 10 mg/L）除臭除色、砂滤等工艺，每天向城市小河流输送再生水 1.5×10^4 m^3。

福冈市是一座缺水城市，通过在传统活性污泥法工艺后增加砂滤、臭氧除臭除色、氯消毒工艺，将再生水回用于冲厕、灌溉、消防、建筑工地等，1995 年的再生水量达 4.5×10^3 m^3/d[49]。

1968 年，东京新宿区（Shinjuku District）筹建商业中心，由于给水系统建于 1965 年，不能满足高密度建筑群的用水需要，已有污水处理设施容量亦不能承担新增污水量。新宿区利用再生水冲厕解决了这一突出矛盾，日处理污水量为 4.5×10^5 m^3 的落合（Ochiai）污水处理厂在二级出水后增加快滤池，将再生水加压送入酒店地下室水循环中心，经氯消毒后，再次加压送至 19 幢高层建筑顶部的再生水箱，输水干管为两条直径为 200 mm 的铸铁管，总长 3.3 km，最高日供水量达 4.3×10^3 m^3，平均日供水量达 2700 m^3[50]。

自 18 世纪至 20 世纪 80 年代，日本东京湾的开发速度基本与其经济增长速度同步。到 1990 年左右，累积开发面积 250 km^2，潮浸区面积由 100 年前的 136 km^2 降到 10 km^2（1983 年数据），潮浸区面积的减少改变了东京湾的原始生态，导致对排入的城市污水的营养物去除率下降；东京湾周边钢铁厂、炼油厂、化工厂、船厂、汽车厂和电厂的兴建产生热岛效应，减弱了东京湾的热交换能力，同时加剧了水体的富营养化。为保护东京湾水质，提高东京湾水环境质量，日本政府采取了以下措施：设立一个权威机构协调各经济实体之间的利益与矛盾；发动市民参与东京湾的管理；建议市民在厨房洗碗碟前先擦去营养物，尽量减少营养物排放量；直接在市政污水管道上安装脱氮除磷装置[51]。

2003—2012 年，日本东京湾实施环境再生计划（一期），采用的措施有海湾底泥疏浚、部分海域生态修复、水污染控制等。经历 10 余年的整治，2013 年东京湾区的 COD、TN 及 TP 总量分别为 193t/d、199t/d、12.9t/d，与 2006 年的目标控制值相比，分别降低了 5.2%、7%、7.2%，赤潮发生的次数在减少，总体水环境质量在稳步提升[52]。日本于 2014 年颁布《水循环基本法案》，这是该国第一部强调水资源再利用重要性的法律。为促进水的再利用，日本还开展了超滤（UF）、反渗透（RO）及 MBR 膜技术的开发与应用工作[53]。

3. 欧洲

北欧国家的水资源丰富，污水回用是为了保护水资源。地中海沿岸的大多数国家降水时空分布不均，处于干旱或半干旱状态，污水主要回用于农业及市政绿化灌溉。

法国气候湿润宜人，水资源丰沛。法国的污水农田灌溉已有很长的历史，巴黎的部分污水经格栅、沉淀工艺简单处理后用于灌溉郊区农作物，这一做法自 1940 年起沿用至今。20 世纪 90 年代以来，法国西南部及巴黎地区的谷物等农作物常处于季节性干旱状态，需要大量的肥料和水分，因此集约化灌溉农业迅速发展，污水农田灌溉的规模相应扩大，再生水指标参照 WHO 标准。1989 年，法国已运行的再生水厂有 6 座；为保护海滨浴场、海滨渔业资源与水环境，1996 年，法国再生水厂数量增加至 21 座，大多数再生水厂设置在大西洋沿岸与岛屿，主要工艺流程是在活性污泥法后增加生物氧化塘。2020 年，法国已建成约 2.1 万座污水处理厂[54]。

早在 1911 年，德国已建成 70 座污水处理厂。1957 年，西德的家庭污水入网率为 50%；到 1987 年，西德污水的入网率已达 95%，处理率达 86.5%；1995 年，污水处理普及率上升至 92.2%。德国对早期合流制排水系统的优化运行，首先考虑的是其对水环境的负面影响，其次是管网系统对污水处理厂增加的有机物、氮、磷等污染物负荷，最后是建设与运行费用。2020 年，德国已建成 9037 座污水处理厂，英国已建成约 8000 座污水处理厂。

捷克利用湿地系统处理城市污水已有 30 多年的运行实践历史。1994 年有 41 座污水处理厂在建或运行，用于处理生活污水或市政废水的二级处理，植物床（以芦苇床为主）面积为 18 ～4500 m^2，一般服务人口 4 ～1100 人，可去除 88% 的 BOD_5，84.3% 的 SS，51% 的 TN，41.6% 的 TP[55]。

西班牙凯特罗利亚地区（Catalonia）污水排水分区为 60 ～2000 人，处理方法有传统活性污泥法、快滤池、芦苇床、泥炭床，出水达到欧洲排放标准。潜流人工湿地依靠基质、微生物以及植物的共同作用实现对污水中各类污染物的去除[56-57]。当进水 COD、总氮与总磷较高时，可分别以增加补氧、强化反硝化和电化学强化的方法改善人工湿地对污染物的去除效果[58]。

马耳他虽然是个农业国，但水资源短缺，为了尽可能让有限的天然淡水都用作家庭生活用水，自1884年便开始使用污水灌溉。自1983年起，桑特安廷（the Sant Antnin）污水处理厂每天出水 $1.28\times10^4\ m^3$ 用于农业灌溉。因人均用水量低，污水处理厂进水浓度较高，BOD_5 为530mg/L，SS为445mg/L，污水处理流程采用活性污泥法、砂滤池（滤速为9m/h）、氯气消毒（20mg/L，接触时间30min）工艺。

突尼斯有45个污水处理厂，每年处理污水 $1.3\times10^8\ m^3$，二级处理出水用于灌溉农田，同时也保护了海滨地区的旅游环境[59]。

希腊1999年的污水系统已服务80%的全国人口，270个污水处理厂日处理污水 $1.3\times10^6\ m^3$。88%的再生水输水距离少于5km，主要回用于农田[60]。5000多年前，地中海克里特岛（Crete）的水资源短缺影响着该地区文明的生存。近年来，克里特岛利用芦苇湿地污水处理系统灌溉葡萄园，获得良好的环境效益与经济效益，雨水经沉淀、砂滤后用于饮用、环境清洁卫生。

塞浦路斯年降雨量为500mm，其中80%的降水蒸发至空中。2001年，农业灌溉用水占全国用水的80%，因此政府计划收集主要城市的污水，经三级处理后用于农业灌溉。为管理好水资源，政府部门采取了多项措施，其中包括管网检漏、装表限量，立法禁止新鲜水用于洗车、市政卫生，通过各种媒体进行宣传等[61]。2018年，塞浦路斯97%的处理废水被再生重复使用，其中68%的再生水用于农业灌溉，14%用于含水层补水，4%排入大坝，约10%的回收水被排入大海。塞浦路斯回收水使用的总体发展花了大约20年的时间。

意大利污水处理与排放的法律法规体系建立始于1976年，至2014年基本完成[61]。意大利城市污水直接灌溉农田始于20世纪初，但随着工业污水毒性成分的增加，这种直灌方式逐渐减少。城市污水经物理、生物方法进行二级或三级处理后用于灌溉，对灌溉食用蔬菜和放牧农作物的再生水的大肠杆菌数量标准分别为：2个/100 mL、23个/100mL[62]。意大利北部水资源丰富，南部缺水。至1997年，污水管网服务全国，城市污水二级生物处理率为45%。意大利的污水二级处理工艺与中国基本相似[63]，主要工艺流程为活性污泥法、生物膜法（以好氧淹没式生物滤池为主），其中除磷污水处理厂占32%、脱氮污水处理厂占40%。工业再生水生产的主要任务是污水脱色、污水表面活性剂去除，在二级生物处理后增加絮凝、澄清、臭氧工艺能达到目的；如需去除微污染有机物，便再增加生物滤池，经过生物滤池后的出水水质已接近饮用水水质标准。意大利北部再生水主要回用于工业，南部再生水主要回用于农业[64]。

为保护地下水资源，降低地下水的开采量，Marcucci等研究了意大利波特迪拉（Pontedera）城市污水深度处理工艺流程，并将再生水用于城市工业，两种工艺流程如图1-1所示[65]。

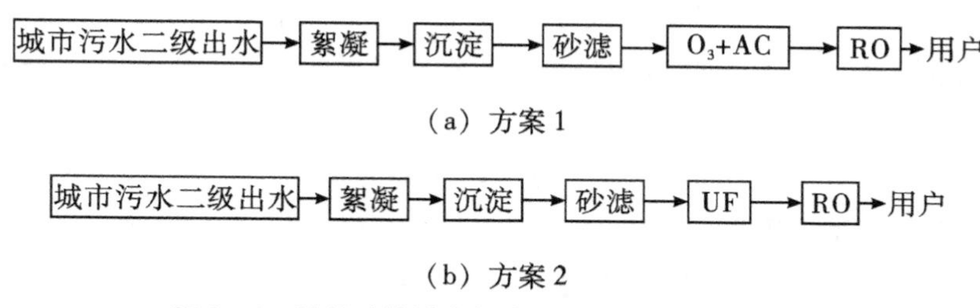

图1-1 波特迪拉城市污水深度处理工艺流程方案

研究表明，方案1对二级出水有机物的去除更有效，且设备安装简洁、运行连续，再生水成本为0.55欧元/m^3，故方案1为优选方案。而方案2对细菌与病毒的去除效果优于方案1。两个方案的出水水质均好于地下水水质，满足工业用水要求。南欧的希腊、意大利、葡萄牙和西班牙都制定了再生水回用于农业的国家标准[66]。地中海沿岸国家对再生水灌溉农田的技术研究，为解决缺水提供了一个途径。

4. 其他国家

2019年，澳大利亚全国污水收集与二级处理率约为80%，处理量为1.8×10^9 m^3，经三级处理后的再生水量为1.8×10^9 m^3，主要用于环境卫生、灌溉与工业用水[67]。

以色列60%的国土为沙漠，城市污水作为一种新水源，用于维护各地区之间的水资源平衡，再生水用作干涸河流的水源、公园用水、农业灌溉。该国对于灌溉棉花、甜菜、谷物、林木等的再生水标准是BOD_5 60mg/L、SS 50mg/L；对于灌溉蔬菜、公园、草坪等的再生水标准是BOD_5 15mg/L、SS 15mg/L。在以色列与巴勒斯坦相邻的严重缺水地区，2020年再生水回用率已达82%，水量达1.0×10^9 m^3，主要用于农业灌溉。污水灌溉用于干旱的夏季，其余季节的水便用水库储蓄起来。以色列有200多座水库用于储蓄污水，总容量达1.2×10^8 m^3，储蓄污水的水库除起调节水量的作用以外，还能均匀水质、去除部分有机物，有的水库甚至设计成SBR生物反应系统。再生水用于本地或地区之间，输送距离最远达100km[68-69]。

Solomon等开发了多年水资源配置系统（Multi Year Water Allocation System，MYWAS）数学规划模型，结果显示，利用处理后的废水进行农业灌溉，显著降低了30年来海水和苦咸水淡化量，可带来33亿美元的经济效益；尽管为防止长期损害土壤和地下水，需要对处理后的废水进行脱盐预处理，需要投资27亿美元，但总体经济效益可行，保障了农业灌溉用水[70]。

印度新德里有研究人员在田间实验中采用滴注系统灌溉作物。通过对未经处理的废水进行评估发现，所有的过滤过程都显著减少了总大肠菌群（12%～20%）和大肠杆菌（15%～25%）的数量。该实验揭示了地下滴灌在减少土壤和作物产品中大肠菌群的关键作用，证实了这种灌溉方式有利于保障消费者健康安全[71]。

1998年，沙特阿拉伯的海滨工业区拥有石油化工厂、炼油厂和发电厂等12座大工厂，废水排放量为2.3×10^4 m^3/d，废水中含氨氮、重金属、硫化物及有机物，而且高色度、高油脂。为了保护阿拉伯海湾水环境，政府于海滨西部建设中心污水处理厂，工艺流程为：格栅、沉砂、中和、絮凝、气浮、曝气、沉淀、过滤、消毒，再生水回用于农业、市政及风景园林[72]。沙特阿拉伯将污水的农业灌溉作为污水的土地处理方式，实践表明，污水灌溉能使作物增产，且污水作为土壤与作物稳定的肥料来源，无重金属积累现象[73]。2010 年，沙特阿拉伯大中城市污水处理率为 50% ～78%；2014 年，沙特首都利雅得的再生水回用系统覆盖了 60% 的城区，1.7×10^5 ～2.0×10^5 m^3/d 的再生水用于土地与农业灌溉[74]。该国计划于 2025 年实现污水处理利用率 100% 的目标，预计 2035 年污水处理与再生水利用量达到 6.80×10^6 m^3[75]。

位于科威特 Ardiya、Rikka 与 Jahra 的三座污水处理厂，接收的污水量分别为 2.2×10^5 m^3/d、9.5×10^4 m^3/d 和 4.2×10^4 m^3/d。2004 年，这些污水处理厂在二级处理设施后增加了普通快滤池，SS、VSS、BOD、COD 去除率为 95% ～99%，二级出水水质波动大，三级出水水质稳定，满足灌溉用水水质标准，40% 的三级出水用于灌溉；三级出水成本为 0.5 美元/m^3，仅为多级闪蒸法海水淡化成本的 1/3，具有较好的经济效益[76-77]。2020 年，科威特的污水处理率为 75%，再生水回用率为 25%。

自 1960 年工业化进程加快后，韩国的水污染加剧。韩国的污水处理厂建设始于 1976 年，1996 年污水处理系统已服务全国 42% 的人口，42 个城市共拥有 48 个大型污水处理厂，日处理污水量达 7.84×10^6 m^3；1997 年城市污水处理率已达 73%，二级出水 BOD、COD、SS 标准分别为 40mg/L、20mg/L、20mg/L。其中 39 个城市采用的处理工艺为活性污泥法[78]。2009—2015 年，韩国的污水处理率达到 95%，再生水利用率约为 25%。

2018 年，新加坡有 4 家 NEWater 工厂，总供水量相当于新加坡全国用水量的约 30%；预计 2060 年该国的再生水产量将达到 7.3×10^8 m^3，占用水量的 55%[79]。

5．工业污水处理的局限和发展方向

近年来，研究人员在欧洲地表水中检测出多种新型有机微污染物（contaminants of emerging concern，CECs），如内分泌干扰化合物、药物和微塑料等。西班牙东北部河流域沿线 7 个污水处理厂的出水是附近水生环境中各类药物的“主要贡献者”[80]。传统的污水处理厂在去除 CECs 方面无效，而采用 PAC - UF 处理可去除大部分微污染物和其他污染物，同时不产生有害副产物。未来还需要进一步改进优化污水处理流程，发展循环经济，消除有毒物质的排放对人类健康和环境构成的潜在威胁。

对于工业污水处理，除物理、化学、生化方法外，还要通过基因工程探索更多潜在的微生物菌株，利用工厂废物作为微生物的唯一营养来源，同时生产增值产品。如酒厂废水处理中利用酿酒厂废物作为微生物唯一的营养来源，实现低成本与零排放[81]。

据估计，2015 年美国和英国的废水处理厂耗能为每年能源产量的 4% 左右，所以生物燃料、污泥焚烧、生物电气系统、热能和水电能源技术引起了广泛关注。厌氧污泥消化中产生的甲烷被广泛用于能量回收，而氢气、生物柴油、含氮燃料也是可以从废水处理厂中高效回收的能源。例如通过结合光发酵与暗发酵来增加氢的整体产量，由于城市废水中含有脂质，微生物厌氧发酵后，利用废水表面的撇脂工艺可获得高产量的生物柴油。又如在池塘和湖泊中种植光养微藻以生产生物柴油，其关键因素包括天气条件、地形、基础设施、生物反应器的设计，以及藻类收获方法等[82]。

1.2.3 膜技术在污水处理中的应用

微滤、超滤、渗透、反渗透、电渗析等膜分离技术的研究在我国污水处理领域已逐渐兴起。膜处理技术由于高效、实用、可调和工艺简便，是未来水处理技术发展方向之一，已经开始应用于污水回用领域。膜生物反应（MBR）工艺与常规的好氧生物处理流程相比，具有污泥浓度高、容积负荷高、剩余污泥产量低、出水水质好及占地面积小等独特的优点。膜生物反应工艺省去了二沉池，是将生物处理与膜分离技术相结合而形成的一种高效污水处理工艺，在处理高浓度难降解有机废水、微污染水源水方面有着广阔的应用前景。在膜生物反应器中，膜分离代替了常规的固液分离装置，能有效地截留微生物，增加了反应器中的微生物浓度，提高了生化反应效率，因此污水处理效率高。

为解决再生水厂混凝+沉淀+微滤工艺运行存在的问题，有研究人员通过优化混凝剂、预氯化剂投加量和延长过滤周期（由30 min延长至40 min），使该工艺段单位成本降低，同时各单元处理效能得到充分发挥[83]。采用电混凝+微滤组合工艺处理城市污水厂二级出水，组合工艺出水可满足《GB/T 18921—2002 城市污水再生利用－景观环境用水标准》和《GB/T 19923—2005 城市污水再生利用：工业用水水质》的要求，电混凝预处理能够减轻微滤膜的膜污染，改善微滤膜的膜通量，提高膜的产水率，因此适合作为膜前预处理工艺[84]。箱板纸废水经絮凝预处理后，依次使用MF膜和NF膜处理，NF膜的滤液可直接排放或回用，达到《GB 3544—2008 制浆造纸工业水污染物排放标准》的要求[85]。

Panteleev等研究了对于运行压力高达13.8 MPa的自然循环汽包锅炉的补水处理，采用不加任何附加水处理的两级反渗透（RO）技术，生产电导率低于2 μS/cm的滤液，用于配制无离子交换工艺的补水，减少了资金和运行费用，提高了火电厂水处理系统的可靠性[86]。

Hu等在处理页岩气废水（SGW）时，将由聚甲基丙烯酸甜菜碱磺酯（PSBMA）组成的两性离子聚合物通过电子传递+原子转移自由基聚合（ARGET－ATRP）接枝到商业纳滤（NF）膜表面。结果发现，系统长期运行时膜通量稳定性明显提高，对蛋白质类有机物和腐殖质类有机物的去除率分别提高了34%和16.5%，证明防污两性离子膜对页岩气废水的现场再利用具有工业应用潜力[87]。

为处理含有那西肽预混剂和精粉的工业污水，陈钊在厌氧+缺氧+好氧活性污泥工艺BAF后添加膜生物反应器MBR，当污泥质量浓度为5500 mg/L、DO质量浓度为1.5～2.5 mg/L、HRT为4 h时，发现MBR反应器具有良好的抗冲击负荷能力，工艺出水水质稳定，反应器高效脱氮能力强，且出水水质色度低于24度[88]。

广州净水公司京溪地下污水处理厂采用AAO+MBR膜工艺，设备自2010年运行，膜寿命达10年，膜通量为18 $L/m^2 \cdot s$；2020年平均出水水质指标COD_{Cr}、NH_3-N、TN、TP、SS分别为15 mg/L、0.10 mg/L、6.22 mg/L、0.20 mg/L、3 mg/L，平均出水量为1.0×10^5 m^3/d，补给沙河涌作景观用水。广州西朗污水处理厂二期等5座地下污水处理厂于

2018 年开始建设，2020 年投入运行，都采用了 AAO + MBR 膜工艺，获得了与京溪地下污水处理厂相近的出水水质。

1.3 城市用水指标与节水管理进展

1.3.1 我国城市用水指标

表 1 - 3 为自 1983 年至 2019 年我国城市节约用水发展历程[89-92]。

表 1 - 3 我国城市节约用水发展历程

年份	年节水量/（10^8 m^3）	工业万元产值取水量/m^3	工业用水重复利用率/%
1983	5.5	459	18
1984	6.0	430	22
1985	6.0	400	28
1986	6.2	380	30
1987	10.1	330	35
1988	12.4	300	40
1989	16.8	270	45
1990	15.6	260	47
1991	21.1	250	49
1992	20.8	242	51
1993	21.8	230	53
1994	27.6	220	57
1995	23.5	198	60
2010	—	150	—
2011	—	—	[a]94
2013	—	—	[b]97
2015	—	102.8	—
2016	—	93.5	—
2019	—	—	[c]98

注：a：天津市、河北省、山西省、山东省数据；b：中国石油行业数据；c：中国钢铁工业协会企业数据。

我国将节约用水提上议事日程始于 1959 年，1980 年以后节约用水工作在全国展开。1984 年以来，《工业用水定额》《城市用水定额》《中华人民共和国水法》与《城市节约用水管理规定》陆续颁布试行。从表 1 - 3 可看出，我国的节约用水事业在过去几十年间，尤其是 2010 年以来，取得了可喜的进步。

2011 年，天津、河北、山东及山西的工业用水重复利用率都为 93% 以上。2002—2017 年，河北的用水效率增长率高于北京，而天津的综合用水效率整体上呈下降趋势，重点表现在万元 GDP 用水量和万元工业增加值用水量的增加。通过调整产业结构与提升节水技术，我国京津冀地区的整体节水效果还能有较大提升空间。

根据区域节水评价方法，当万元 GDP 用水量≤63 m^3、万元工业增加值用水量≤40 m^3、供水管网漏损率≤10%、农业灌溉利用系数≥0.60 时，就表明区域节水水平较高[93]。我国黄河流域城市万元 GDP 平均用水量为 85.69 m^3，农业灌溉利用系数为 0.49，农业灌溉亩均 449.0 m^3，流域地表水利用率已达 71.6%，黄河流域未来应提高工业循环利用率、提高农业灌溉利用系数、调整种植方式及减少污水排放[94]。2016 年长江流域 19 个省区中，16 个省区的用水总量控制目标达到国家要求，19 个省区的农业灌溉利用系数均达到了国家要求（0.542）[95]。Chen Shaojian 等依据 2010—2017 年中国 30 个省（市）的数据，构建了基于水系统混合网络结构的 DEA 模型来衡量水资源利用效率，并利用双重差分模型考察了水权交易政策对水资源利用效率的影响。研究发现，水权交易政策能够显著促进水资源系统的总用水效率和初始用水效率，为提高我国水资源利用效率提供了新的思路和经验[96]。

1.3.2 国外城市节水管理措施

加拿大在水资源管理方面有完善的法律体系，从国家顶层设计到地方的管理体制及可持续的水资源管理理念都值得借鉴[97]。加拿大的水资源管理经历了 1945—1985 年的初期利用、投资开发与可持续利用三个发展时期[98]。部分城市采取逐段涨价水费的形式收费，每期账单被分成连续的用水量段，每一后继段的水价都比前一段高，以此来鼓励民众节水[99]。

美国实行批发水价、分类水价及多种费率相结合的水价制度。联邦水利工程及州水利工程通常采用批发水价制度。地方供水机构的水价则根据用水对象的不同实行分类水价。美国的研究结果表明，水价从 7.9 美分/m^3 提高到 13.2 美分/m^3，用水量减少 42%；从 15.9 美分/m^3 提高到 21.1 美分/m^3，用水量减少 26%。根据国外的一些资料分析，水费占家庭收入的 1% 时，对人的心理影响不大；水费占家庭收入的 2% 时，人们开始关心用水量；水费占家庭收入的 2.5% 时，人们重视并注意节水；水费占家庭收入的 5% 时，对人的心理影响较大，人们开始认真节水；当水费占家庭收入的 10% 时，人们会主动考虑水的重复利用[100-101]。美国东部水资源充沛，而西部水资源短缺，政府为扶持西部农业发展，采取了信贷扶持、财政扶持与税收优惠政策。例如美国西部的图拉丁农业灌溉工程，总投资 5870 万美元，农户仅需承担 10% 的投资费用[102]。

英国泰晤士河地区水价包括蓄水、输水、自来水、配水管网费用和污水处理费用、水环境保护费用，其中 50% 的费用用于自来水，50% 的费用用于污水处理。为减少并回收回用工厂的废水、废渣、废气等副产物，英国于 1991 年成立了一系列减污协会，严格管理工业用水，在英格兰与威尔士地区，工业企业每天节水 30%，节水量达 1.5×10^6 m^3。英格兰东南部气候干燥，属缺水地区，为解决缺水问题，有三个方案：①建水库；②从气候湿润的西部调水；③控制用水需求。前两个方案需投入巨资，而且需要长时间才能看见经济效益；第三个方案付诸实施后，投资不大，经济效益在一年内便体现出来[103]。泰晤士河地区2020—2040年的水务规划提出要求，城市自来水漏失率由 6.65×10^{7} m^{3}/d 下降至 6.12×10^{7} m^{3}/d，人均用水量从161 L/d下降至153 L/d，以及建雨水深隧，寻找规划新的水源等[104]。

在法国，政府一方面通过制定相关的法律调控水价，将水价作为经济杠杆，实现水资源优化配置和节约用水的目标；另一方面采取市场与政府并举、公共部门与私人企业合作的供水模式，保障了公共产品的公共性质和生产规模经济性[105]。此外，还重视水价中的水税比例，坚持市政设施公有制，保障了合同期内合理的水价与高效优质的服务[106]。法国将现代水信息技术应用于地中海沿岸的瓦尔河流域（约2800 km^{2}）的日常水资源管理与水污染控制，保障了流域供水安全、防洪安全与水环境安全[107]。

2011—2015年，西班牙采取再生水回用、海水淡化与远距离调水等多种方法保障供水。为保障地下水的水量和水质，改进地下水管理，政府采取了工程改造、严格许可、计量管理与价格税等措施[108]。

无论是在国内还是国外，水污染防治与水环境恢复都是一个复杂的系统工程。为实现全社会节能、减排与低碳，实现可持续发展，应加快产业升级，充分挖掘工业用水、农业用水与生活用水的节水潜力；制定系统的政策、法规，使环境保护事业制度化、法律化；研发系列节水新技术、新材料与新工艺；研发建筑物的各种节水设备、节水器具；研发污水处理的新技术；研发省地、省投资、出水水质好的深度处理城市污水与有效利用再生水的新工艺；有效收集与利用城市雨水；全面收集和去除工业与生活污水污泥处理处置过程中的臭气。

2 城市水环境恢复方略

一个流域或一个地区的水环境质量是由多个因素确定的。城市的节水程度，排水系统的完善程度，城市污水深度处理与再生水有效利用规模，城市污泥的处理、处置与资源化利用程度，雨水水质与雨水利用情况，农业面源污染管控、工业污染全面管控等，都是影响城市水环境质量优劣的重要因素。

2.1 节制用水与可持续发展

节制用水概念的提出是由城市水环境承载能力决定的。水环境是指自然地形实体中占有较大比重的自然水体的条件和状况。江、河、湖泊、海洋、地下水等均属自然水体。水环境质量包含水质、底泥质量与水中生物质量。人类和其他一切生物都是自然环境中地位相等的成员。

节制用水并不只是单纯地削减用水量，而是要求科学合理地利用水资源。节制用水不是一般意义上用水的节约，它是人类社会一个长期的基本方针。节约用水的出发点是道德、责任、经济，而节制用水的出发点则是可持续发展。节制用水的内涵包括工业、农业、城市生活中每一个具体用水过程的合理、高效，也包括城市再生水的有效利用。节约用水是在现有的设施基础上进行的，而节制用水是对未来社会的节水规划。节制用水的目的是实现水的健康循环，其在城市、流域，乃至全球的贯彻实施是人类社会可持续发展的有力保证，是人类社会达到经济效益和环境效益的统一的必要条件。

可持续发展是既符合当代人类利益，又不损害未来人类利益的发展，只有这种发展才可能长久持续，才可能让人类在地球上世世代代繁衍生存并创造更加文明的将来[109]。可持续发展谋求社会的全面进步，体现了人与自然的和谐统一。在当前社会的经济与发展进程中，人类应把开发利用新资源的速度限制在资源再生速率以内，以维持城市可持续发展的支撑环境。

2.2 我国水环境恢复方略

2.2.1 发展清洁生产与环保企业

清洁生产就是要求在产品生产过程和预期消费中，既能合理利用自然资源，把对人类和环境的危害减至最小，又能满足人类需要，使社会经济效益最大化，国外称之为"无废技术"（Non Waste Technology，或 Pollution-Free Technology），或"废物减量化技术"（Waste Minimization Technology）。仅靠管道末端治理污水不能彻底控制污染，因此清洁生产技术的推广应用成为社会经济可持续发展的必然趋势。清洁生产要求运用新技术、新工艺、新材料将污染控制在生产过程中，同时降低物料、能源的消耗，将废水、废渣、废气的排放量降到最低。

1. 资源回收利用

企业的给排水系统按照分质供水与分质收集的原则，可采用多套系统，且应充分回收废物资源，例如：间接蒸气冷凝水的水质好，回收后可用于锅炉给水；造纸厂应以造纸白水回收和制浆黑液碱回收作为减污的重点；糖厂应提高真空系统，特别是喷射冷凝器的性能和效率，降低水耗与能耗等。提高循环水浓缩倍数，减少补充水量，可相应地减少污水排放量，但循环水中溶解盐的浓度会增加，导致水结垢发生率的增加，也会增加水的腐蚀性，因而循环水浓缩倍数的提高应适当。大庆油田化工有限公司甲醇分公司的浓缩倍数保持在 2 ～4[110]。原油加工循环水系统通过投加非氧化性杀菌剂，根据系统运行状况不定期投加两性化合物粘泥剥离抑制剂，可解决冷却循环水系统水质及利用率问题，浓缩倍数可以达到 2.5 ～5，减少了补水，提高了经济效益[111]。

2. 降低冷却水用量

我国城市工业冷却水占工业用水量的 70% 以上，工业冷却用水量的降低一直是工业节水努力的方向。

（1）利用空气冷却代替水冷却。Bloemkolk 等研究了密闭式与敞开式循环冷却系统，认为直接空冷系统技术可行、运行费用低，对受纳水体不会造成热污染与化学污染，不用安装水泵及管线，避免了凝结水对循环系统的污染与水雾对环境产生的影响。但是空冷系统设备费用高，有噪声，不能靠近建筑物安装。有瓦斯电厂将汽轮发电机组的水冷凝汽器改为复合型空冷凝汽器冷却汽轮机排汽，节省了用水，提高了经济效益[112]。

（2）开发高效冷却塔，提高冷却塔工作效率。

3. 优化产业结构

我国经济建设应走内涵发展的道路。革新传统的"高投入、高消耗、高污染"的工业企业，扶持科技含量高、污染小的工程项目。对污染严重、难以治理的企业应实施改造，使之达到环保要求。

2.2.2 建筑物节水

城市建筑物应广泛采用节水器具与设备，大力推广厨房、厕所和洗澡用节水型设备，如夹气水嘴、夹气淋浴头等。公共场所应采用感应式自闭水嘴。如改 8 L 便器设备为 6 L 节水型抗菌陶瓷卫生便器，全国每年可节约冲洗水量约 8.7×10^{8} m^{3}，相当于一个中等城市的全年用水量。

节水器具与设备的特点是具有显著的节水功能。表 2－1 介绍了节水型卫生设备节约的水量，表 2－2 介绍了日本家庭生活节水的一些方法，表 2－3 是节水型与非节水型大便器的用水量对比[113－114]。

表 2－1　节水型卫生设备节约的水量

项目	占室内生活用水量的比例/%	未采用节水设备的每日用水量/(L/人)	采用节水设备后的每日用水量/(L/人)	节水率/%
冲洗厕所	40	95	66	30.5
淋浴	30	75	61	18.7
盥洗池	5	11	11	—
洗衣、洗碗	20	50	36	28.0
饮用、烹调	5	15	11	26.7
合计	100	246	185	24.8

表 2－2　日本部分家庭生活节水方法

生活节水方法	节省水量/(L/次)
洗衣服用盆接水	55
刷洗汽车时用水桶接水	210
洗澡水重复串接利用	90

表 2－3　节水型与非节水型大便器的用水量对比

冲洗方式	低水箱式			冲洗阀式		
	冲洗水量/(L/次)		节省水量/(L/次)	冲洗水量/(L/次)		节省水量/(L/次)
	节水型	非节水型		节水型	非节水型	
冲洗式	8	12	4	11	15	4
冲落式	8	12	4	11	15	4
虹吸式	8	16	8	13	15	2
喷水虹吸式	13	20	7	13	15	2

节水器具与设备的节水原理是：限定水量、限定水位、防漏、减压、变频调速供水等。Cheng 研究认为，城市电力部门供水至住宅区的电费是住宅区加压水泵电费的 6 倍，因而节水与节能具有同样的内涵[115]。

2.2.3　农业节水

1. 我国农业灌溉存在的问题

我国农业总用水量占全国用水量的 70%，农业用水效率低。我国每立方米的水生产的粮食不足 1 kg，而发达国家通常能达到 2 kg，以色列更是超过了 2.4 kg。

在我国农业生产过程中，大量农药、化肥的使用导致土壤的理化结构被破坏，透气性、保水性下降。施入农田的氮肥只有30%～40%被作物吸收，其余肥分流失于土壤与水环境中。农田降雨地表径流、降水对土壤的淋溶、多余灌溉水的排放，造成对河流、湖泊、地下水等自然水资源的面源污染，其治理难度大于工业污水的点源污染。

明渠是我国农田灌溉的主要输水方式，传统的土渠输水渗漏量大，占输水量的50%～60%，一些土质较差的渠道渗漏损失为70%以上。有关资料报道，全国渠系每年渗漏损失水量约为1.7×10^{11} m^3，是灌溉水损失的最主要部分。美国、以色列等国家广泛采用渠道衬砌、管道输水和喷灌、滴灌等先进的灌水技术，减少输配水过程中的水量损失，灌溉水利用系数已经达到了0.80～0.95。

2. 农业灌溉的技术革新

最大限度地减少灌溉用水在运输过程及农作物吸收过程中的水分损失是我国农业灌溉技术革新的主要内容，采用的技术包括渠道防渗漏技术、各种先进的微灌技术及抗旱耐咸作物的选育技术。

渠道防渗漏的方法有很多，根据所使用的防渗材料，可分为土料压实防渗、三合土料护面防渗、石料衬砌防渗、混凝土衬砌防渗、塑料薄膜防渗和沥青护面防渗等。

喷灌与传统的畦灌、沟灌及大水漫灌相比，具有省水、省工、保肥的优点，可节水30%～50%，水能浸入作物根部的土层，作物一般增产10%～30%。

微灌是一种新型的高效用水灌溉技术，包括滴灌、微喷灌和涌泉灌。它能根据作物需水量，通过管道系统与安装在末级管道上的灌水器，将作物生长所需的水分和养分以较小的流量均匀、准确地直接输送到作物根部附近的土壤表面或土层中。微灌与地面灌水相比，一般省水50%～80%，大田作物一般增产15%～30%。

渗灌是在塑料管上隔一定距离打小孔，再将塑料管埋入作物根部的土层中；灌溉时，在管内压力的作用下，水从管中慢慢流出，渗灌比喷灌节水70%。

地下灌水是较理想的节水灌溉方式，其不足之处是对表土的湿润能力较差，对出苗及苗期生长不利，同时投资较大，施工较难。

加拿大的研究人员开发出一种涌流灌溉新技术，具体过程是：在主输水管道上每隔一定距离设一闸阀，以便间歇性地向田间输水，第一次灌溉时在灌溉区域形成湿润层，后续灌水流经湿润层时向前涌流速度加快，水分向下渗透少，灌溉区域水分渗透均匀一致，该法比传统涌流灌溉节水22%～50%。

为节省灌溉水量，未来应进一步开展农业节水研究，根据土壤中的含水量、农作物生长期、蒸发量、气象条件、土壤-水-作物-大气能量关系等综合因素确定需水量。发挥现代科技优势，利用地理信息系统（GIS）、全球卫星定位系统（GPS）、遥感技术（RS），实现按需供水、精确灌溉，达到战略性节水的目的。

2.2.4 城市污水深度处理与再生水有效利用

1. 污水深度处理的必要性

所谓污水深度处理，就是在二级处理流程之后增加处理设施或采用水处理新工艺，从而获得良好的水质。城市生活污水处理厂的运行实践表明，传统二级生物处理对 COD、BOD、SS 的去除率能达到70%～95%，但对 TN、TP 的去除率只能达到33%～75%。含有 N、P 污染物的二级处理水若排入湖泊、海湾等封闭性水域或缓流水体，必然会导致水体的富营养化。碳源有机污染也会使水体严重缺氧，水质恶化，水生态系统被破坏，甚至导致水生生物灭绝。

广州市中心城区 2010 年的污水处理量为 8×10^8 m^3，污水处理厂出水 COD、BOD、SS、TN、TP 的平均质量浓度分别为 20 mg/L、10 mg/L、10 mg/L、12 mg/L、0.5 mg/L。2020 年的污水处理量为 1.4×10^9 m^3，污水处理厂出水 COD、BOD、SS、TN、TP 的平均质量浓度分别为 15 mg/L、8 mg/L、5 mg/L、10 mg/L、0.35 mg/L，排入水体的污染物 COD、BOD、SS、TN、TP 年总量分别为 21 000 t、11 200 t、7000 t、14 000 t、490 t。以上数据表明污水深度处理势在必行，必须对城市污水进行深度处理，使之达到水环境自净要求，或将污水深度处理后回用，以减少向自然水体的取水量，同时减少向自然水体排放污染的总量，这是恢复我国各流域水环境的必要条件。

在制定标准方面，可以参考发达国家的水质要求。1992 年，德国规定 10 万人口当量的污水处理厂出水水质要求为 BOD_5 15 mg/L、NH_3-N 10 mg/L、TP 1 mg/L；1997 年，日本东京湾的排放标准为 COD_{Mn} 12 mg/L、TN 10 mg/L、TP 0.5 mg/L。我国要达到上述指标，只能对污水进行深度处理。

2. 城市再生水有效利用

城市污水的水质水量稳定，不受季节与干旱影响，是城市稳定可靠的水资源。污水资源化具备得天独厚的条件，再生水可应用于以下几个方面：

（1）创造城市良好的水溪环境。补充维持城市溪流生态流量，补充公园、庭院水池、喷泉等景观用水。日本在 1985—1996 年用再生水复活了 150 余条城市小河流，给沿河市区带来了怡人的景观，深受居民欢迎。北京、石家庄等地也利用污水处理水维持运河与护城河基流。

（2）工业用水。根据工业生产装置、工序、车间用水指标选择性地使用再生水，可以节约大量新鲜水。

（3）道路、绿地浇洒用水，可节省大量自来水。喷洒用水的水质要求应该比工业用水更严格，因为它会影响沿路空气并可能与人体接触。

（4）城区中水道。中水道输送的水以冲厕所用水等杂用水为主，一般是以大厦或居民小区为独立单元，自行循环使用。有条件的城市可以在大片城区内建设广域中水道，供千家万户使用，并应与工业冷却用水及绿地、景观用水相结合，形成统一的再生水供水系统。

（5）消防用水。普通的工业与民用建筑消防水源都可以使用再生水。

（6）融雪用水。日本融雪用水占全部再生水使用量的 11%，利用再生水来融雪在我国北方也有广泛的前景。

（7）园林用水。将污水处理厂出水用于园林灌溉不仅节省了水资源，同时也使回归自然水体的处理水又经进一步净化。

2.2.5 城市污泥的处理与利用

1. 城市污泥的处理方法

随着我国城市污水二级处理与深度处理普及率的提高，城市污泥量将迅速增长。1997 年我国城市污水处理厂的干污泥产量为 4.0×10^5 t[116]，2019 年我国城市污水处理厂的干污泥产量为 1.2×10^7 t，预计 2030 年我国城市污水处理厂的干污泥产量将达 1.8×10^7 t[117]。

城市污水处理厂的一个任务是将污水处理至达到排放标准，或根据用户对水质的需求生成再生水，另一个重要任务就是污泥的处理、处置和有效利用。污泥设施的建设与运行费用约为污水处理厂总体费用的 50%。污泥是污水中的固体部分，初次沉淀污泥含水率在 95%～97%①，剩余活性污泥含水率大于 99%，污泥的性质不稳定，极易腐化。污泥产生量的干量通常为处理水质量的 0.02%～0.03%，含水率 80% 的污泥的干量为处理水质量的 0.1%～0.15%。处理量为 1.0×10^5 m^3/d 的污水厂每天产生湿污泥 100～150t（含水率 80%）。城市环境对城市污泥处理处置的要求是稳定化、减量化、无害化与资源化，同时对臭气的去除要达到相关标准。

城市污水厂污泥的处理处置方法主要有：用好氧堆肥工艺把城市污泥制成肥料，肥料用于园林与农田；用厌氧发酵工艺处理城市污泥，生成的沼气用于发电，生成的沼渣制成肥料用于园林与农田，生成的沼液制成污水厂所需要的碳源；用干化焚烧工艺处理城市污泥，后续对焚烧飞灰与残渣做环保处理。

2010 年欧盟国家的污泥农用比例为 48.7%，2020 年污泥焚烧比例为 41.3%；2020 年美国的污泥农用比例为 50%[118-119]。

近年来，我国多个城市在城市污泥农用方面有了较大的进展。北京的高碑店污水厂用高温热水解－中温厌氧发酵工艺处理 1100t（折合含水率 80%）城市污泥，生成的沼气用于发电，生成的沼渣制成肥料用于林场。襄阳污泥厂用热水解加中温厌氧发酵工艺处理 300t（折合含水率 80%）城市污泥，生成的沼气用于发电与汽车动力，生成的沼渣制成肥料用于园林。长沙污水厂污泥的集中污泥厂用热水解加中温厌氧发酵工艺处理 500t（折合含水率 80%）城市污泥，生成的沼气用于发电，生成的沼渣制成肥料用于园林。2020 年广州中心城区污水厂用厂内干化减量协同厂外水泥窑与热电厂焚烧工艺处理 3000t（折合含水率 80%）城市污泥，城市污泥最后成为发电燃料或建筑水泥。上海竹园污水厂采用了桨叶干燥机加流化床焚烧炉工艺处理750t（折合含水率 80%）污泥，烟气处理采用“静电除尘＋半干法脱酸＋布袋除尘＋洗涤塔”工艺，处理达标后排放至大气。南宁市污水厂进行污泥脱水 526t/d，其中 53% 的脱水污泥采用了好氧堆肥工艺制成肥料，肥料用于甘蔗林与 3000 亩铝土矿区工程复垦，糖料蔗实现了单产 4.85t 的历史性突破；

① 污泥的含水率、干量均为质量分数，全书同。

另外47%的脱水污泥协同水泥窑焚烧[120]。郑州新区污水厂污泥热解气化装置由污泥预处理及干化系统、污泥热解气化系统、燃气系统及热量回收系统、烟气处理系统四大系统组成；将污泥烘干成形后投入气化炉内，在气化剂的作用下，经过氧化还原、干馏等反应，将污泥中的有机质转化为以 CO、H_2、碳氢化合物等为主的可燃气体，污泥中的无机物以残渣形式排出，炉底温度可达 1000 ℃以上。

2. 城市污泥中的有害物质

城市污泥中的主要有害物质为重金属，污泥中的重金属对动植物都是有害的。重金属会抑制动植物的生长，过量的重金属会导致土壤贫瘠。在动植物的各部位中积累或富集的重金属离子，可以随食物链进入人体，危害人类的健康与生命。

污泥中的重金属来自个别工业的生产工艺，如电镀等行业。严格控制含重金属工业废水的排放是控制污泥中重金属的基本措施。这些少量的工业废水在排入城市下水道之前，应该进行局部除害处理，确保达到工业废水排入下水道标准后才能排放。如果各企业能够遵守这个规则，政府主管部门能够认真负责监督，重金属不会进入城市污水，就不可能转移到污泥之中。一个城市通常只有个别或少数企业在生产中会产生含重金属的工业废水，这些含重金属等有害成分的工业废水的量并不大，其除害处理的投资与消耗是很有限的，而且处理的技术是成熟的。只要管理得当，这个问题完全可以解决。处理含重金属工业废水的方法有很多，如氢氧化物沉淀法、离子交换法、活性炭吸附法、蒸发浓缩法、膜分离法等。

在城市污泥的农用中，污泥堆肥对土壤的安全性及降低其生态风险的方法受到广泛关注。杨喆程等将城市污泥堆肥产品（有机营养土、生物碳土、复合生物碳土）施用在北京市大兴区林地，研究结果表明：土壤的碱度与施肥前相比有小幅度的上升，最终稳定在 7.1 左右；土壤电导率随施肥比例的增加而明显增高，最高达 1457 $\mu S \cdot cm^{-1}$，但尚未产生盐度风险；土壤中各类营养物质的含量明显增加，起到了促进植物生长的作用，且施用 3 $kg \cdot m^{-2}$ 复合生物碳土的效果最佳；土壤中重金属含量有所上升，但均满足《GB 15618—2018 土壤环境质量标准 农用地土壤污染风险管控标准（试行）》的相关要求，处于低风险状态[121]。王丽霞等研究发现，污泥堆肥肥料产品施用肥料比例为 10%（质量分数，下同）和 20% 时，产生的生态风险较低，而施肥比例为 30% 和 40% 时的生态风险较高；施用污泥堆肥后，土壤中重金属含量具有一定的累积效应，但均未超过限量[122]。李文忠等将北京市污泥堆肥施用于农作物，研究结果表明，施用污泥堆肥增加了小区土壤养分含量，特别是土壤中有机质含量增加明显，与空白对照相比增加了 60.8%～90.2%；污泥堆肥对小区土壤中重金属含量并无显著影响，仅有 Pb、Hg 呈现增加趋势，但均远低于相关标准限值，夏玉米产量增加率为 5.4%～18.3%；农作物（冬小麦、夏玉米）籽粒重金属污染综合指数虽有增加，但均低于安全限值 0.7[123]。

耿源濛等以我国 40 座城市污水处理厂的剩余污泥为研究对象，评估了 7 种重金属的生态风险，其风险从大到小依次为：Ni > As > Zn > Cd > Cu > Cr > Pb，Ni 的生态风险等级为高等，As、Zn 和 Cd 的生态风险等级为中等，Cr 和 Cu 的生态风险等级为低等，Pb 无生态风险；潜在生态风险评价结果表明，城市污泥中 Cd 和 Cu 的潜在生态风险最高，是我国城市污泥中主要的重金属污染物，但如果按照国家标准规定的方法进行农用，造成土壤污染的风险总体处于较低水平[124]。潘志强等研究发现，城市污泥能够有效提高矿区土壤肥力，改善土壤结构，使其达到《NY/T 391—2000 绿色食品产地环境技术条件》土壤肥力一级标准，但同时也增加了重金属（Cu、Zn、Pb、Cd）污染程度；而种植本土植物鸭跖草对 Cu、Zn、Pb、Cd 有着一定的去除作用，在短期内去除率为 7% ～10%。因此，通过控制污泥直接施入量为 15% 以及长期种植本土植物能够有效实现矿区废弃土壤的修复[125]。

Mavrova 等采用一种合成沸石铅，能在 10 min 内捕捉城市污水中 70% 的重金属，按三个步骤分离污水中的重金属：①沸石铅捕捉重金属；②膜分离被捕捉的重金属；③沸石铅再生[126]。Abu-Qdais 等利用反渗透法（RO）分离城市污水中的重金属，对 Cu^{2+}、Cd^{2+} 的去除率分别达 99%、98%，纳滤法（NF）对 Cu^{2+}、Cd^{2+} 的去除率均为 97%[127]。

Karvelas 研究了希腊 6 个污水处理厂的进水、出水、初沉池、二沉池、二沉池回流污泥、剩余污泥中的重金属分布规律，并做出了较好的物料平衡。污水来自城市生活污水与降雨初期径流，研究发现重金属浓度的分布系数与悬浮物浓度呈指数关系；进水与出水中含量最高的是 Fe，其次是 Zn；初沉池、二沉池、剩余污泥中 Zn 是含量最高的重金属，含量最低的是 Cd；进水与出水中 80% 的 Ni 为溶解状态，90% 的 Pb 为固态；70% 的 Cu、Mn 分布在污泥中，47% ～63% 的 Cd、Cr、Pb、Fe、Ni 与 Zn 在污水厂出水中[128]。

农田中重金属的来源是多方面的。据 2000 年 F. A. Nicholson 等在英国英格兰和威尔士的调查，农田中的重金属（Zn、Cu、Ni、Pb、Cd、Cr、As、Hg）来自空气沉淀、城市污泥、家畜厩肥、无机肥、化肥、灌溉用水及工业副产品。其中 25% ～85% 的重金属来自空气沉淀物，来自城市污泥与家畜厩肥的 Zn 及 Cu 分别为 37% ～40%、8% ～17%[129]。

丹麦于 1990 年建立农田重金属浓度监测网，393 个测样点呈网格状均匀分布在全国 $4.4\times10^4\ km^2$ 的范围内，另外 20 个测样点专门测定使用城市污泥的土地。经原子吸收分光光度法（AAS）测定土壤表层 25 cm 土样，发现除局部污染点及都市地区外，大部分土地无重金属生态污染危险。研究表明，Ni、Zn、Cr、Cu、As 浓度与土壤结构有关，As、Cr、Cu、Pb、Hg 浓度与人类活动有关[130]。

除了重金属以外，城市污泥中还有一些其他类型的有害物质，但都是可以经过特定的处理方法进行无害化的。例如，聚氟烷基物质（PFAS）是一种新发现的人为污染物，引起了人们对废水处理中生物固体的有益再利用的关注。Lakshminarasimman 等评估了加拿大 9 种污泥处理系统中 13 种 PFAS 的变化过程，包括颗粒化、碱性稳定、有氧和厌氧消化过程。目标物 PFAS 通过各种污泥处理系统的质量流量都有显著的变化。如果城市污泥系统的设计与操作处理得当，处理过的生物固体含有有价值的营养物质，可有益地用于农业、土地复垦和其他用途[131]。

本书作者团队将由蘑菇渣、磷矿粉、鸡粪、高温菌种与城市污泥组成的试验堆体在微生物的作用下快速干化。经过 30 天的好氧堆肥，试验堆体中稳定态 Cr、Cu、Ni、Zn、

Mn 的比例分别达到了 67% ~ 80%、31% ~ 41%、49% ~ 57%、46% ~ 55%、56% ~ 64%，好氧堆肥使城市污泥重金属被钝化，重金属活性和毒性减少，提高了城市污泥资源化的环境安全性。项目堆肥产品已应用于广州市从化区城郊街万花园西和村的 1000 亩樱花基地园及林地[132]。

梁敏静等以广州郊区比较典型的三类工业企业（电镀工业、印染纺织业和五矿稀土业）周边农田土壤为研究对象，发现电镀工业和印染纺织业周边农田土壤重金属含量相对累积较多，工业活动所产生的重金属污染物会通过干湿沉降、污水灌溉、废弃物淋溶和粉尘等方式进入土壤，是农田重金属污染的重要来源。为抑制农田土壤向较重风险转变，提升农田土壤环境质量，确保农田土壤环境安全，应采取有效措施加强工业企业周边农田土壤环境监测和污染风险管控，尤其应加强对土壤 Cd 和 Hg 的污染治理[133]。

3. 城市污泥的归宿

城市污泥是天然的有机肥料，是一种缓效肥，其主要组分是传统的城市粪肥。据统计，我国不同城市的城市污泥（不包括工业污泥）的有机质平均含量达到 384 g/kg，比猪厩肥中的有机质高 27.2%，TN、TP 比纯猪粪高出 31% 和 59%；与纯猪粪和猪厩肥相比，全钾的含量分别低 38% 和 62%[134]。因此，各城市污水处理厂应建立污泥肥料厂或车间，开发施用于不同作物、不同生长期的特效肥料，污泥肥料的市场是广阔的。

营养成分 N、P、K 在土壤—作物—人畜—排泄物—土壤间的物质循环方式决定了城市污泥应该回归农田，充作农作物的有机肥料。在城市下水道未普及之前，N、P、K 就一直遵循这一自然规律。如果污泥不回归农田做肥料，就切断了这种循环，土壤也就会越来越贫瘠，容易沙化，只能靠化肥来补充，造成农田径流对水体的污染和农作物品质的退化。从这个意义上讲，城市污泥回归农田是其正常归宿。但是，要对致病微生物、土壤含盐量等进行定期监测，因为这些指标超过一定的量会对人类健康、环境、地下水、土壤及农作物造成危害[135]。

此外，城市污泥还可制成水泥、砖、轻质陶粒、吸附剂与粘合剂[136-138]。日本因为填埋地不足，将城市烧灰和下水道污泥作为原料，经过处理、配料，并通过严格的生产管理而制成工业制品，从而把生活垃圾和工业废弃物变成一种有用的建材资源，称为"生态水泥"[139]。美国芝加哥（Chicago）地区工业密集，拥有人口 1000 万人，7 个再生水厂处理污水 $5.607\times10^6\ m^3/d$，1991 年干污泥产量为 1.8×10^5 t，1992 年至 1994 年回用于农田的城市污泥分别为 184 303 t、204 868 t、203 395 t。美国西北部城市污泥的最终处置方式一般为焚烧、残渣填埋或用于建筑业[140]。

利用污水处理厂的污泥和粉煤灰制造土坯砖也是一种可行的实际应用方法，污泥、水泥、粉煤灰的骨料组成比最佳比例为 50 : 35 : 15。越南的制砖工业是一种很有前景的工业，大量污泥可作为替代材料重复利用，降低产品价格，实现自然资源节约[141]。

2.2.6 雨水的利用

雨水收集与排放系统，即雨水道与合流水道，是排水系统的重要部分。过去的规划原则偏重就近将雨水排放于河道体系，使雨水迅速地流入下游河流或海域。然而，雨水是地表径流和地下径流的最主要来源，是水资源的源泉，应更合理地为人类服务。因此应改变尽快排除雨水的错误观念，加强雨水的地面渗漏，补给涵养地下水，建立雨水调蓄体系，包括街道、小区调节水池，也包括地下水库。雨水资源的充分利用不但可以有效地减小城市径流量，延滞汇流时间，调节洪、旱季节水资源的供需矛盾，减轻洪水灾情，还可以减少城市雨水道的建设费用。改造合流制水道也是雨水有效利用的重要措施之一[142]。

各居住社区可通过屋顶花园、庭院草木、花坛、低绿地、浅沟渠等不同层次的生物群落综合利用雨水。绿地标高可低于道路标高 5 ～10 cm，使降雨径流汇入低绿地。如果绿地面积大，在绿地地下可建调蓄池。

绿地的渗水系统可以仿效田径运动场的排水方法，做成渗水盲沟，渗水盲沟出口设置流量调节装置（如带孔钢板），起到蓄水保水的作用。雨水口可建在绿地边上，暴雨时超过渗透能力的雨水由雨水口收集，排入城市雨水系统。城市道路、广场及停车场只要建一些简单的蓄水设施，如渗井、渗地、蓄水窖，即可利用雨水资源。渗井就是在普通检查井的井壁与井底上设计透水孔洞，以便雨水向井的四周渗透。停车场地面可为带有孔洞的混凝土预制块，能透水，让透水性铺装层下面的微生物、植物有一个繁衍生息的场所，草皮由孔洞中生长出来，美化环境；城市广场应充分利用雨水形成人工水景，德国柏林波斯坦广场、慕尼黑会展中心均有利用雨水形成循环景观的成功案例。

新开发的城区应采用海绵城市设计理念，运用技术与工程措施使开发后的城区径流系数降低。海绵城市的建设要从理念转向实际落地，从粗犷建设转向精细化建设。海绵城市建设标准制定、海绵产品与材料、施工与运维、海绵城市建设与碳中和、海绵生态资产投融资等都是我们当前面临的课题。

2.2.7 海水的利用

我国拥有海洋面积 3.0×10^6 km²，海岸线长 1.8×10^4 km，沿海城市的海水利用方式主要是直接用于工业生产的冷却、制冷、洗涤、除尘、冲灰。1995 年，我国天津、青岛、大连、烟台、上海、深圳等 8 个城市的 45 个企业取用海水总量达 4.8×10^9 m³，应用最多的行业是火电、纺织、化工，海水直接利用的成本为 0.07 ～0.30 元/m³，海水淡化的成本约为 5 元/m³[89]。2018 年，我国已建成海水淡化工程 142 座，海水淡化规模 1.21×10^6 m³/d，海水冷却用量 1391 t[143]。未来应加强海水循环冷却系统的缓蚀剂、阻垢剂、杀菌藻剂、冷却塔性能等的研发，进一步推进海水利用工程。

自 1950 年起，香港使用海水冲厕，香港的海水使用是免费的。1999 年使用海水冲厕的人口已超过全市人口的 78%，取用海水总量达 1.3×10^8 m³，人均使用海水标准为 70 L/d，利用海水作为生活用水可代替 35% 左右的城市生活用淡水。香港的海水利用流程见图 2 -1，其中加氯量为 3 ～6 mg/L[144-145]。

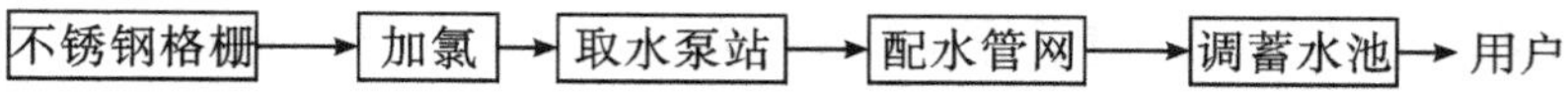

不锈钢格栅 → 加氯 → 取水泵站 → 配水管网 → 调蓄水池 → 用户

图 2-1　香港的海水利用流程

海水利用后的排水对城市污水处理厂的生物处理会产生一定的影响，其主要影响因素有含盐量、Na^+、Mg^{2+}、SO_4^{2-}、Cl^-和病原微生物等[146]。当海水比例不超过 35%～36%时，不会对生物处理系统造成严重冲击，处理出水能够达标排放；当海水比例超过48%时，有机物去除率显著降低[147-148]。

海水淡化在世界上已有广泛应用。早在 2000 年，全球 40 多个国家和地区就已建立海水淡化厂 1.1×10^5 座，海水淡化总量达 2.7×10^7 m^3，解决了 1 亿多人口的用水问题[149]。

21 世纪以来，反渗透法在海水淡化中的应用越来越广泛，化学药剂作为絮凝剂、防臭剂、防阻塞剂使反渗透法在运行中趋于成熟[150]。反渗透法比多级闪蒸法更节省能耗，具有取代多级闪蒸法的趋势。科威特在海水淡化中利用反渗透法取代多级闪蒸法，所节省的能量已成功用于空调制冷[151]；塞浦路斯的海水淡化规模已达 1.2×10^5 m^3/d；沙特阿拉伯的富加拉（Fujairah）海水淡化厂，处理规模为 4.55×10^5 m^3/d，现存的问题是如何充分提高能量的利用率、合理分配能量与水量的比率、减少海洋生态环境的污染[152-154]。

海水中蕴藏着丰富的资源，含有 80 多种化学元素，全球海洋中的食盐储量达 4.0×10^{16} t，还有镁 1.8×10^{19} t，溴 9.5×10^{13} t，钾 5.0×10^{14} t，铀 4.5×10^9 t。在海水淡化的同时，如能充分利用海水中的海盐、溴素、钾盐、镁系物四大主体要素和铀、氘、碘、锂四个重要的微量元素，将会在很大程度上造福人类[155-156]。

截至 2019 年底，我国已建成的海水淡化工程规模达 1.57×10^6 t/d，其中 2019 年新增规模约 3.99×10^5 t/d。主要采用的技术为反渗透和低温多效蒸馏海水淡化技术[157]。我国《海水淡化利用发展行动计划（2021—2025 年）》明确提出，到 2025 年，全国海水淡化总规模达到 2.90×10^6 m^3/d 以上，新增海水淡化规模 1.25×10^6 m^3/d 以上，其中沿海城市新增 1.05×10^6 m^3/d 以上，海岛地区新增 2×10^5 m^3/d 以上。我国应加大技术投入，发展政产学研商模式，降低经济成本；合理规划建设海水淡化项目，提高产能利用；加强对海水的综合利用，减少环境污染；加强政策扶持，完善法规标准，不断推进海水淡化产业的发展[158]。

2.3　流域健康水循环

2.3.1　水的自然循环与社会循环

水的自然循环规律要求人类有节制地、合理地使用水资源，科学规划城市水系统，尊重水的自然运动规律；在节制用水的同时，将使用过的废水经过再生净化，达到天然水体自净能力的要求，排入自然水体后，不影响当地或下游地区水体的正常使用，对水的自然循环不产生负面影响，使水的社会小循环与自然大循环相辅相成、协调发展；维系或恢复城市水域，乃至全流域人与自然和谐的良好水环境，使自然界有限的水资源可以不断地满足工业、农业、生活的用水要求，上游城市的排水成为下游城市的合格水源，在一个流域内人们可以多次重复地利用流域水资源，使之永续地为人类社会服务，从而为社会可持续发展提供基础条件。这就是流域健康水循环。

我国大多数城市旧城区的水循环模式如图 2－2 所示，城市污水收集不完善，雨季时雨水与部分城市污水直接排入自然水体；而多数城市新区已采用雨污分流制。应尽量提高污水收集与处理率，减少直接排入自然水体的城市污水。

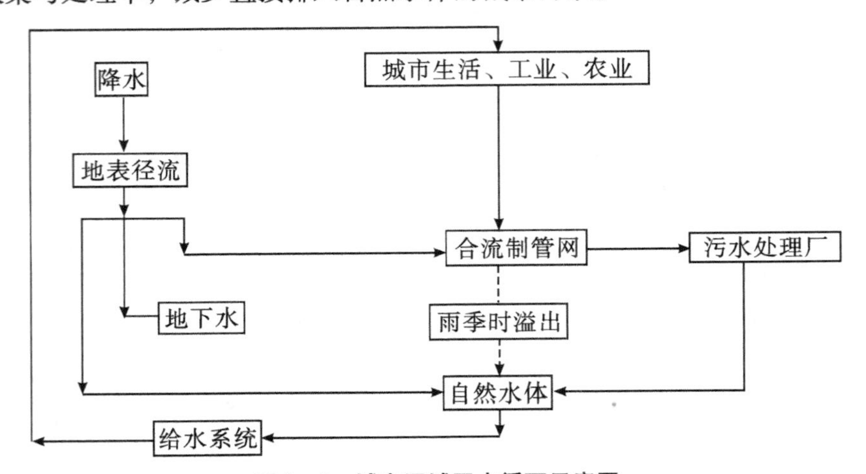

图 2－2　城市旧城区水循环示意图

图 2－3 为城市健康水循环示意图，城市健康水循环能发挥城市再生水用水潜力，尽量利用雨水，将再生水有效回用到城市生活、工业与农业。

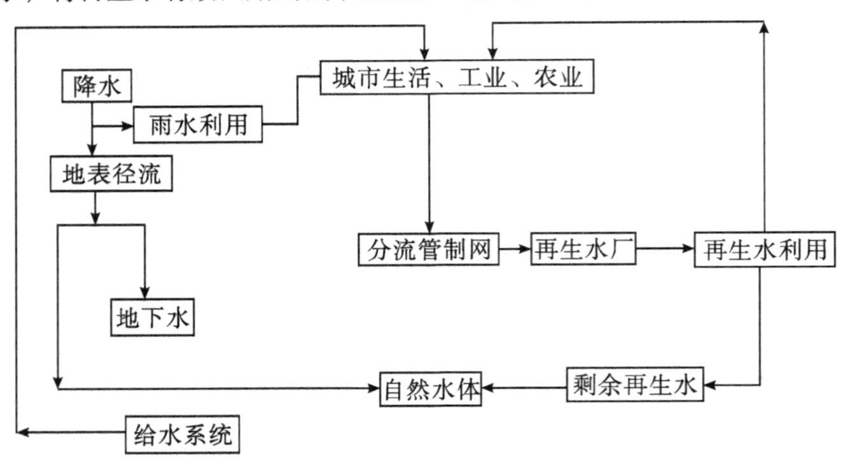

图 2－3　城市健康水循环示意图

2.3.2　节制用水与远距离调水

我国 2000 年、2010 年用水总量分别为 5.498×10^{11} m^3、6.022×10^{11} m^3，2020 年以

后用水量为6×10^{11}～7×10^{11} m^3/a。预计2050年我国人口达到16亿人的高峰，经济发展将达到中等发达国家水平，全国总用水量将达到7.863×10^{11} m^3/a。如果南水北调工程能按计划完成并付诸实施，每年只能从长江调水4×10^{10} m^3，这样每年仍有1.9×10^{11}～2.4×10^{11} m^3的需水量缺口。长江流域年均水资源量为9.619×10^{11} m^3，长江调水量极限是6×10^{10} m^3/a。

一个城市或一个地区的水问题的解决，包括缺水课题与水环境恢复课题。首要任务是挖掘本区域节水潜力，提高城市污水二级处理率、提高城市污水深度处理率并有效利用再生水，科学管理城市的水资源，以有效利用再生水为主，以雨水与海水（沿海城市）的利用为辅。其次才是考虑远距离调水。城市节水及污、废水回用在许多情况下都比远距离调水更经济。表2-4为污水回用与远距离输水的经济性比较。

表2-4　污水回用与远距离输水投资费用比较

工程名称	基建投资/（元/m^3）	运行费用/（元/m^3）	输水距离/km
大连引碧工程	1050	0.75	150
大连春柳再生水厂（不含污水二级处理成本）	300	0.25	—

要恢复我国的水环境，可将每一个流域都看成一个独立体系，流域内的工业、农业、城市生活的节水进步将推进全流域水环境的恢复。如果每个流域的水环境都有了实质性改善，用远距离调水的巨额费用发展城市再生水事业，对于维护流域的自然生态、实现流域健康水循环将起到事半功倍的作用。

3 广州市排水管线的建设与营运实践

3.1 广州市排水系统存在的问题与对策

广州市中心城区包含白云区、天河区、荔湾区、越秀区、海珠区、黄埔区六区，面积约 1300 km^2。2020 年，广州市中心城区已建成各类排水管线共 9000 km，其中雨水管线 2400 km，污水管线 2000 km，雨污合流管线 2200 km，雨水污水合流沟渠 2400 km，有污水泵站 45 座；建成污水处理厂 13 座，污水处理规模 4.96×10^6 m^3/d。广州市中心城区有河涌 231 条，总长 918 km，与珠江相连的河涌出口大部分建设了水闸，小部分水闸建设了雨水排涝泵站。2010—2020 年期间，城市排水系统总投资约 500 亿元。已建城市雨水系统与污水系统初具规模，但城市排水系统在规划设计、工程建设、管理养护、雨水收集与排放、污水再生利用及城市污泥处理处置方面仍存在一系列问题。

3.1.1 广州市排水管线存在的问题

1. 城市排水系统规划设计滞后

广州市于 2008 年编制完成《广州市污水治理总体规划修编》，2012 年编制完成《广州市雨水治理规划修编》，2020 年再次进行了污水治理总体规划修编。城市排水系统规划的滞后影响了系统的统一布局与建设，前期建设的管网走向、管径、标高与后期建设的不能有机衔接，造成管网重复建设与投资浪费；提升泵站与污水处理厂区的用地无法实现规划控制预留，造成了征地拆迁的巨大困难。因此，城市建设要求规划先行，不仅要编制好城市总体规划，还应编制好各类专业专项规划。

2. 现有排水系统的排水体制复杂

广州市现有排水系统是分流制、合流制共存的混流体制。管道的排水体制直接决定管道的设计工艺，影响工程的实施效果及投资。新一轮的城市管网建设按照雨污分流的设计原则。在建筑、人口及管线密集的旧城区，维持排水系统现状，仍保留现状截流式合流制系统。现有排水系统存在以下问题：部分管网的运行工况达不到设计要求；管道寿命与输水能力达不到设计要求；因管理工作不到位，管道中长期淤积泥沙；管材材质参差不齐；管道施工质量参差不齐；等等。

3．排水管道的基础设计不尽合理

已建成的排水管网基本上采用了较统一的基础形式，或是砼基础，或是砼搅拌桩基础。然而，一个系统或城区的管道基础设计应由实际情况来确定。埋深 5 m 以内的浅层管道可以采用碎石砂垫层加石屑层做管道基础；埋深 5 m 以上的深层管道可以采用碎石砂垫层加 C15 砼做管道基础；顶管管道如过细粉沙地区，应做管道基础加固。管道底淤泥层在 2 m 以内的管道沿线区域，管道基础可以采用砂换填或抛石挤淤；管道底淤泥层超过 2 m 的管道沿线区域，可以采用砼搅拌桩做管道基础；如排水管道遇建筑物及其他各类管线，造成施工空间狭小，可选择水泥旋喷桩工艺；如果在城市河涌内敷设排水管道或渠箱，可以采用预制方桩做管道基础。

4．城市排水系统工程建设质量

城市排水系统是城市的生命线。为尽快发挥投资效益，排水系统工程建设顺序一般为由下游向上游、从干管到支管延伸。当城市排水系统局部的某一点出现损坏问题时，该点上游及下游系统均会受到影响。管线的基础施工、管线的节头施工、管线的回填材料施工、合格管材的选择、管线内底的标高控制施工等各环节都会影响排水工程质量。此外，还需要重视以下具体细节：明挖施工管线完成管线回填材料施工后，支护钢板桩的拔除使管线部分垫层及回填材料扰动，对扰动的垫层及回填材料要进行密实处理；闭水试验完工后的封堵墙要全部按照安全流程拆除；管线内的垃圾、砂石及余泥要清理等。

3.1.2 城市排水系统建设与管理养护建议

广州市城市排水系统检测技术运用了管道闭路电视（CCTV）检测系统技术及声呐技术，潜望镜技术、探地雷达（GRP）技术、红外线温度记录分析技术、管道扫描与评价（SSET）技术、多重传感器（SAM）技术等也得到广泛应用。排水管道的冲洗采用的设备有淤泥疏通车、吸污车及机器人等。

为确保城市排水系统的正常运行，当务之急是广泛应用排水系统检测技术与管道修复技术，恢复完善已建排水设施，重视排水系统管理养护。建设信息化排水系统，借助实时控制设备，实现排水系统污水量、雨量、水位、闸站工况等数据的实时传输。同时，也要优化排水系统管理体制，并确保排水系统管理养护经费落实到位。

在工程设计上，应提高设计标准，将暴雨重现期由 1 ～ 2 年提高为 2 ～ 5 年，重要的城市区域暴雨重现期应为 10 年以上。城市的不同区域应实现雨水自排、强排与群闸联控合理结合。恢复城市河涌的自然生态，减少河涌的裁弯取直及硬底化。创造条件，完善与强化海绵城市设计并实施。

城市大气及地面污染导致初期雨水污染严重。为了消减雨水径流峰值，缓冲初期雨水排放量，减小城市水体污染负荷，可以建调蓄池及提升泵站，在降雨期间收集部分初期雨水及溢流的合流污水，降雨停止后提升泵站将雨污混合水从调蓄池输送至污水处理厂处理后排放。

总之，广州市城市排水系统应有统一的规划。城市排水系统工程建设要确保工程质量优良，建成后各项管理养护措施要到位；应充分利用城市雨水与城市污水处理厂再生水资源；应用多种模式及技术工艺处理处置城市污泥。

3.2 非开挖技术在城市污水管道修复中的应用

地下管道的修复可以分为开挖修复与非开挖修复两类方法。

开挖修复就是挖开路面后以新管道置换旧管道，然后将路面修复。开挖修复会对城市交通产生影响，修复过程中产生的噪声及粉尘会干扰市民的正常生活。此外，开挖修复的施工时间相对较长，工程成本较高。

近年来，地下管道非开挖修复技术如内衬法、缠绕法、碎管法、原位固化法及管片法等在我国城市管道修复中已有少量应用。内衬法是在旧管道中直接拖入新管道，新管道多数用塑料管。内衬法施工速度快，但是减少了过流断面，新旧管之间空隙的注浆填实施工较难。缠绕法是用工作井内的制管机将聚氯乙烯板带卷成螺旋形的圆管送入旧管，新旧管之间的空隙需注浆填实。碎管法是运用气压、液压或其他压力设备破碎旧管道的同时拖入新管道，新管道采用塑料管。旧管道的碎屑被挤入土层中，因此碎管法适用于旧管道为易脆管材的情况。碎管法施工速度快，但碎管设备的震动会影响其他的管线设施，碎管碎屑对新管的长期稳定运行会有影响。

注浆法也是非开挖技术的一种，是在漏损管道的外侧或裂缝部位直接注浆封堵管道渗漏，注浆材料有无机浆及化学浆之分。广州曾采用高聚物注浆技术对广州大道南DN1200损坏的钢筋混凝土污水管进行了注浆修复，下面对该修复工程进行详细介绍。

该管段是沥滘污水厂的一条进水主干管，于2009年竣工，地面至管内底深度约8.5m，施工工艺为顶管施工，无管基础，每天收集城市生活污水$1.0\times10^5\ m^3$。该地段地下水位离地面约1.5m，细粉的流沙多。由于流沙的常年流动，池滘村东侧的119号检查井与120号检查井间管段的大部分管接头部位下沉。2014年4月上旬，共有26m长的10节污水管出现下沉，出现10处渗漏、破损及错位；污水管最大下沉量为650mm。管顶邻近路面塌陷面积约$5\ m^2$，塌陷深度1.5m，该污水管段基本失去污水收集与运输功能。破损的管线距离周边房屋仅8m，对房屋安全造成威胁。表3－1为污水管道沉降量测量结果。

表3－1　污水管道沉降量测量结果

管接头编号	1	2	3	4	5	6	7	8	9
沉降量/mm	40	50	290	490	650	410	180	0	0

3.2.1 污水管道修复方案比选

1. 开挖修复方案

如果采用开挖修复方案，需要完成以下工程内容：①电信管线、煤气管线、军用光纤管线及绿化树木的迁移与回迁；②支护、外围旋喷桩止水、底部旋喷桩封底、更换污水管道；③交通疏解。在如此狭窄的范围内同时迁移各管线的难度很大，明挖支护与施工止水是修复过程中的关键环节。明挖修复方案总工程造价约为410万元。

2. 高聚物注浆非开挖修复方案

鉴于该段损坏管线对周边环境影响大、其他管线多、施工环境复杂等因素，根据该管段损坏的实际情况，决定采用高聚物注浆非开挖修复方案。高聚物注浆技术为非开挖修复技术，高聚物注浆车轻便灵活，施工现场适应性强。

3.2.2 非开挖注浆修复过程

1. 主要设备、材料及工艺流程

1）主要机械设备与材料

小货车2台，用于装运机具及材料；潜水装置2套，用于水下封堵施工作业及备用；48 kW 发电机1台，提供施工电源；2.2 kW 通风机2台，用于水下作业；挖掘机2台，开挖检查井边土方及吊装钢板；2 m × 3 m 宽钢板2块，用于挡水及挡沙包；焊机2台，用于焊接钢板配件；管道闭路电视（CCTV）内窥检测设备1套，用于摸查污水管内情况；非开挖技术装备全套，其中集成式高聚物注浆车宽2.8 m，高聚物材料直接放置于车内料桶中，注浆车能实现100 m 内远距离注浆作业。

2）非开挖修复工艺流程

污水管道非开挖修复工艺流程为：修复范围内施工围蔽→上游及下游检查井装沙包砌筑挡水→拆除检查井井口→安装井口加固钢板→检查井内沙包堵水砌筑→1300 mm 气囊封堵加强止水→潜水员下井摸查→清除积泥→CCTV 检测→非开挖高聚物注浆修复→清拆检查井内的封堵物及外运处置→检查井、地面及绿化修复。

2. 注浆修复前的施工止水

在修复范围内先采用轻型井点降水，井点布置间距1 m，再用潜水泵排出污水管道内的积水。

3. 导管注浆技术

利用探地雷达（GPR）检测待修复的污水管道，确定漏损部位，检测线为管道两侧边沿线，沿管道纵向方向连续检测。利用钻孔设备在漏损管段两侧沿管道纵向等间距布置注浆孔，注浆孔间距1 m，孔径16 mm，深度至管底，纵向垂直，水平孔位误差应小于50 mm。按相应长度截取注浆管，沿注浆孔插入注浆管至漏损部位，可以人工用手操作，也可以借助冲击钻操作。安装好注射帽及注射枪后，按照配比将两种高聚物材料通过输料管道输送到注射枪口。两种高聚物材料在注射枪口混合，注浆压力为7 MPa，混合的高聚物材料沿注浆管到达漏损部位，迅速发生化学反应，膨胀固化。注浆量达到设计要求后立即关闭注射枪保险，等待15 s 后使用专用工具分离注射枪及注射帽，切除露出地面的注浆管。15 ～20 min 后，利用探地雷达进行注浆后的检测，分析注浆效果，如达不到预期效果，再次补注。利用高聚物导管注浆形成的注浆材料能够填充管道与土体间的空隙，挤密周围土体，封堵管道渗漏部位。图 3－1 为注浆孔布置示意图。

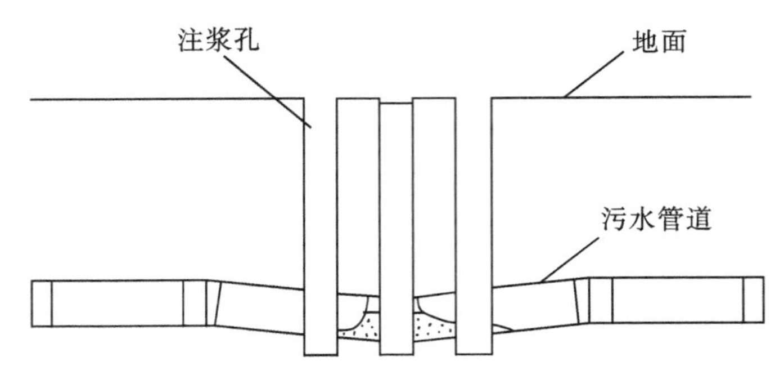

图 3－1　注浆孔布置示意图

4．导管注浆与膜袋注浆的复合注浆技术

1）高聚物膜袋桩与高聚物帷幕形成固沙体

利用探地雷达探测管段涌沙及渗漏位置，在漏损管段两侧沿管道纵向等间距布置注浆孔，注浆孔间距 300 ～500 mm，孔径 90 mm。利用钻孔设备从地面向下钻孔，注浆孔深度至管外底部以下 100 mm。沿注浆孔插入两根注浆管，一根注浆管底部绑扎膜袋，并用环箍将膜袋开口端与注浆管固定，膜袋直径为 40 mm，膜袋长度为 1500 mm。通过注浆管向膜袋内注射高聚物材料，高聚物在膜袋内迅速膨胀并固化，形成高聚物膜袋桩。然后通过另外一根注浆管向膜袋桩间隙处注射高聚物材料，高聚物材料反应膨胀固化后，在高聚物膜袋桩之间形成高聚物帷幕，高聚物膜袋桩与高聚物帷幕形成固沙体，防止排除管道积水时流沙涌入管内。图 3－2 为高聚物膜袋桩布置示意图。

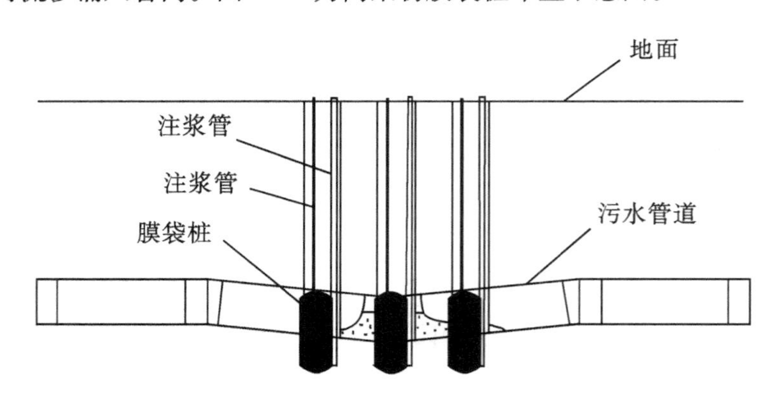

图 3－2　高聚物膜袋桩布置示意图

2）修复管道错缝渗漏

污水管道内排除积水后，施工人员进入管道内，在错缝处安装膜袋，膜袋数量由错缝长度确定。按照从两边向中间的注浆顺序，通过注浆管向每个膜袋内注射高聚物材料，高聚物在膜袋内迅速膨胀并固化，填充错缝处空隙，封堵管道错缝处的渗漏。在污水管道内错缝处的两侧均匀布孔，钻孔数量由管道渗漏脱空的现场情况确定。由注浆管向管道外脱空区域注射高聚物材料，高聚物材料反应膨胀固化后，填充管道外脱空区。图 3－3 所示为管道错缝渗漏修复现场。

图 3－3　管道错缝渗漏修复现场

3）注浆抬升下沉的污水管道

利用管道闭路电视内窥检测技术对沉降的污水管进行探测检查，确定沉降的位置及沉降量。对于需要抬升的管道，在管道内的下沉端沿管道纵向以 300 ～400 mm 间距钻膜袋布置孔，孔径为 50 ～120 mm，孔深为 200 ～400 mm。图 3－4 为污水管道内注浆孔布置示意图。

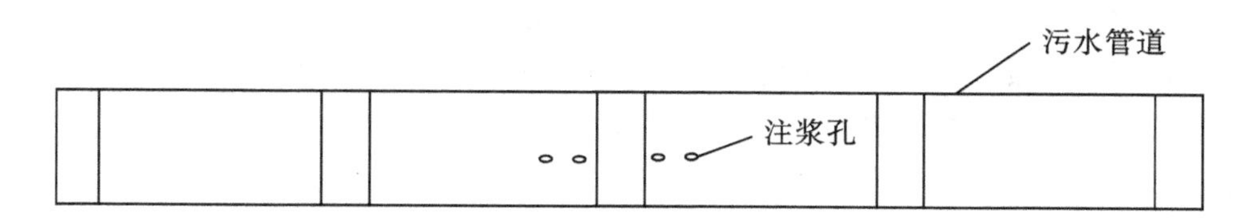

图 3－4　污水管道内注浆孔布置示意图

将注浆管放入膜袋开口端，并用环箍将膜袋开口端与注浆管固定，膜袋长度应大于孔深，膜袋直径取 100 ～400 mm，膜袋长度取 300 ～600 mm。将捆扎好的膜袋放入膜袋孔内。通过注浆管依次向膜袋内注射高聚物材料，高聚物材料在膜袋内迅速膨胀并固化，产生的巨大膨胀力抬升下沉的污水管道。图 3－5 为注浆抬升下沉的污水管道示意图。

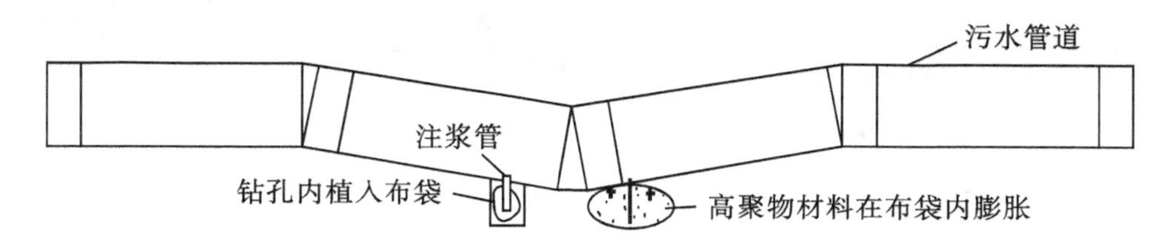

图 3－5　注浆抬升下沉的污水管道示意图

图 3 - 6 所示为注浆抬升下沉的污水管道施工现场。

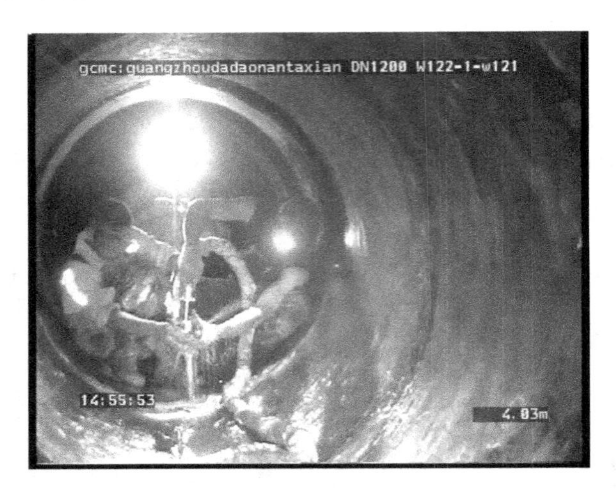

图 3 - 6　注浆抬升下沉的污水管道施工现场

在膜袋孔连线的中间部位钻注浆孔，孔径 16mm，深度为污水管道壁厚。由注浆管向脱空区注射高聚物材料，高聚物材料迅速反应，膨胀固化物填补因抬升污水管道形成的脱空区域，并对周围软土加固。

3.2.3　修复效果

广州大道南 DN1200 钢筋混凝土污水管修复工程历时 40 天，共使用高聚物注浆材料 865kg。注浆修复前，污水管道内有多处渗漏；注浆修复后，所有渗漏点停止渗漏，下沉的污水管段提升至设计标高，污水管道恢复了污水收集与输送功能。共修复 10 节污水管段，总长 26m，修复总费用 105 万元。图 3 - 7 为修复前的污水管道，内有积水；图 3 - 8 为修复后的污水管道。

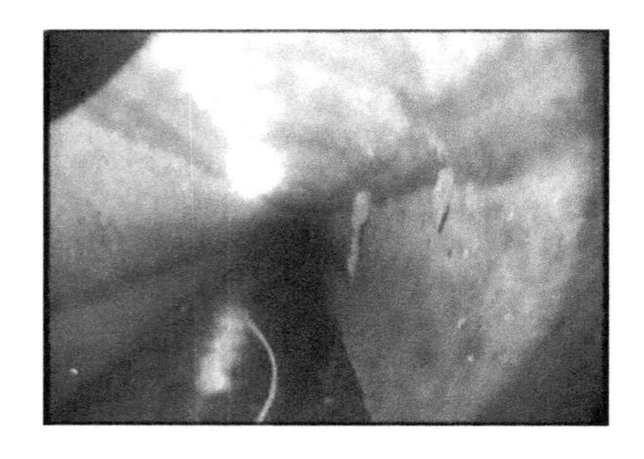

图 3 - 7　修复前的污水管道

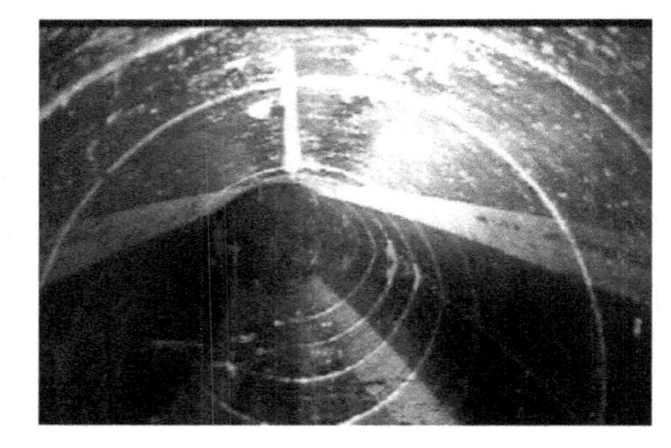

图 3 - 8　修复后的污水管道

3.2.4　工程小结

利用导管注浆技术将新型非水反应高聚物注入管道与土体间的空隙，挤密周围土体，能够有效地封堵管道渗漏部位。导管注浆与膜袋注浆的复合注浆技术能有效地抬升沉降的管道，稳定污水管道渗漏段的流沙，加固管道渗漏段的管基础，恢复污水管道的营运功能。本项目团队所研发的新型非水反应高聚物注浆材料具有反应快、膨胀率高、防渗性能优、柔韧耐久、无污染及成本低等特点。

城市管线是城市的基础市政设施，城市管线的损坏会导致城市工作与生活不能正常运行。高聚物注浆技术在广州大道南的工程修复实践表明，当地下管道出现水平方向错位、垂直方向错位或局部渗漏时，非开挖注浆修复技术具有省投资、省工期及施工过程环境友好的特点。

3.3 广州市城市河涌生态恢复的工程实践

广州市中心城区河涌纵横交织，河涌的宽度范围是5～100 m。广州市河涌受潮汐影响，呈感潮流态，年平均潮差为1.5 m。20世纪80年代前，城市河涌水质清澈；20世纪90年代后，大量生活污水与工业废水排入自然水体，2000年广州珠江河段出现黑臭现象，城市河涌全面黑臭。自2000年起，广州市大规模实施河涌综合整治工程，经过20多年的综合整治，城市河涌水质已全面改善。

3.3.1 城市河涌全面截污

2005年6月至2007年12月期间，广州市对中心城区污染源进行了全面调查，在工业企业、生活小区、行政事业单位、医疗及特殊行业等中，共发现污染源11 634个。2005—2020年，对已建排水管线进行全面清淤疏理及破损修复，充分发挥已建排水管线的作用；补充完善新区与老城区管网，逐步形成完整的城市排水系统，减少了排向河涌的污水量，城市河涌与珠江水体水质有了明显改善。

河涌两岸的截污工程面临着拆迁难、地下水位高及地质情况复杂等困难。为节省工程投资，要求规划设计图准确反映工程现场实际情况，尽量减少工程变更。对顶管施工工艺、牵引管施工工艺及明挖施工工艺进行经济性与技术比选，尽量减少房屋、管线及绿化迁改数量。在新市涌与石井河沿线两岸分别兴建了截面为1.5 m×1.5 m、2.0 m×2.0 m的浅层截污渠箱。

3.3.2 城市河涌清淤

城市河涌淤泥由城市生产生活过程中产生的污染物、生物腐烂物及泥沙等长期沉积形成。广州城市河涌淤泥的常规处理方法是清疏后船运至堆填区填埋，一般每条河涌每两年清淤一次，成本约为80元/m^3河涌淤泥。

2010年，广州市采用干清或湿清方法清理50余条主要城市河涌的淤泥，先将淤泥船运至广州市峨嵋沙及大蚝沙岛上，淤泥经固化处理后作为两岛开发的地基土或园林种植用土，共接收处理河涌淤泥2.14×10^6 m^3。淤泥固化剂由水泥、生石灰、粉煤灰及矿渣等组成，固化剂用量约占河涌淤泥重量的20%。按28天限值标准，经检测，固化后淤泥承载比CBR（%）大于8，pH为5～10，平均含水率小于40%，粪大肠菌群菌值大于

0.111。该项目总投资22.31亿元，淤泥处理成本约为126元/m^3。

广州市中心城区河涌的淤泥总量约为7×10^6 m^3，对于淤泥出路还没有长远的规划；只有建立了健康的城市水循环，让城市河涌具有自然净化能力，才能较彻底地解决河涌淤泥难题。

3.3.3 城市河涌循环补水

为增加城市河涌的自净能力，广州市对流经城市中心区的重要河涌进行补水。引珠江水至石井河、沙河涌、猎德涌、车陂涌及荔枝湾涌上游，定期补水循环，每条河涌补水流量为0.5～2m^3/s。

广州市海珠区河涌密集，利用潜水泵串联补水与群闸联控的方法提高河涌水质，补水流量为0.5～2m^3/s。将珠江水输送至东濠涌上游的净化厂，净化厂规模为1.3×10^5 m^3，基建投资700万元；经混凝、气浮、石英砂滤工艺，滤后水进东濠涌，补水流量为1～1.5m^3/s，年运行费用约为650万元。让二沙涌、东山湖、新河浦涌与东濠涌形成动力循环系统与自然循环系统，当东山湖水位高于广州城建高程5.7m、珠江水位低于广州城建高程4.9m时，便可进行自然循环；目前该区域河涌水质已改善，水体中已有成群鱼虾活动。海珠区的马涌全长6km，马涌中段河床高，两头河床低并与珠江相连，可利用涨潮与落潮进行自然换水。

3.3.4 河涌流经城区雨污分流系统完善

广州市城区雨水的排放一般是就近通过管渠排向河涌，河涌两岸的雨污分流系统不完善，造成雨季时大量雨污合流水排向河涌，河涌水质受到影响。雨污分流系统不完善的河涌城区设计标准较低，暴雨重现期一般为1年，地势低洼，加上排水设施的损坏及淤塞较为严重，当遇有暴雨及河涌涨潮时，就会出现内涝水浸，雨水及污水排水不畅。

河涌区域的雨污分流工程建设采用了以下原则。①新建城区均建设完善的雨污分流系统，并取消化粪池，如广州大学城、珠江新城、白云新城、广州科学城等新城区。②扩建地区和旧城改造地区采用雨污分流制，旧城区逐步改造为分流制。③对于建筑、人口及管线密集的旧城区，维持排水现状，仍保留现有的截流式合流制系统。④雨污分流系统完善工程由主干道区域向次干道区域、由河涌下游区域向河涌上游区域推进完成。⑤工程实施时尽量做到现状与规划、近期与远期协调统一。⑥为方便管道养护，兼顾城市远期发展，要求污水管起点管径不小于400mm，雨水管起点管径不小于500mm，尽量采用钢筋混凝土管材，因为塑料管材在实际使用中易变形损坏。⑦暴雨重现期设计为2～5年。

在有河涌流经的城区，常见雨水管、污水管、地下水及河涌相连通的现象。广州市沥滘污水处理系统马涌1号、马涌2号、瑞宝涌4号污水泵站中，水泵的运行水位与河涌涨潮、退潮水位曾直接相关，河涌涨潮时水泵运行水位高，河涌退潮时水泵运行水位低。经现场勘察，其原因是河涌与地下水通过失效的截污拍门井与管道的破损部位进入了污水管道与泵站系统，造成了电能浪费及偏低的污水厂进水浓度。经对上述区域进行雨污分流工程建设与整治，沥滘污水厂进水化学需氧量 COD 质量浓度由 100 mg/L 上升到 200 mg/L，污水厂运行工况稳定。

城市雨污分流系统的完善是一项复杂的系统工程，工程内容包含征地拆迁、交通疏解及文明施工等诸多方面，投资大，时间长。广州市已建雨污分流工程投资为 80 ～150 万元/ha。

3.3.5 东濠涌深层隧道试验段

在广州市东濠涌城区，由于城市的扩建和建设密度加大，地面硬化率较高。为解决城市交通问题，东濠涌河面上已建成高架城市道路。2000 年以来，东濠涌断面越来越窄，该区域的储水、排水和自然净化能力大大减弱，城区水浸和内涝频发；雨季雨污合流溢流污染日益严重，浅层管渠排水系统已不能满足排水需求。为解决雨季频频出现的合流污水溢流和内涝，项目团队构思了广州市深层隧道排水系统总体布置与东濠涌深层隧道试验段。

东濠涌流域总汇水面积为 1247. 38 ha；中北段汇水面积为 735. 27 ha，其中孖渔岗涌流域面积为 225. 16 ha、东濠涌中北段本段汇水面积为 229. 08 ha、麓湖流域汇水面积为 281. 03 ha；南段汇水面积为 512. 11 ha。试验段的建设内容有：直径 6 m 的深层隧道约 1. 77 km，直径 3 m 的排水管道约 1. 4 km，排水泵站 1 座，竖井 4 座。总投资约 8 亿元。深层隧道排水系统建设于地面以下 42 m，避开了现有地下管线和其他地下设施。图 3 – 9 为东濠涌深层隧道排水试验段区位图，图 3 – 10 为深层隧道排水系统三维图。

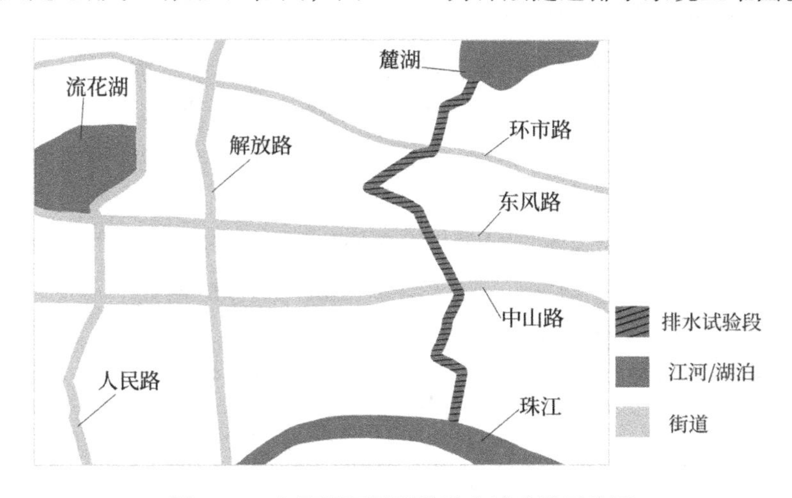

图 3 – 9　东濠涌深层隧道排水试验段区位图

东濠涌深层隧道试验段的主要研究内容包括：深层隧道与浅层管渠排水系统优化调度运行、深层隧道排水系统三维可视化数字信息系统的开发与应用、降雨径流水力模型构建、排水区域水质模型构建、隧道和竖井的物理模型制作、隧道涌浪模型及泵站 CFD 模型构建、盾构隧道结构耐久性及服役寿命预测、盾构隧道接缝防水试验与分析。

2018 年，国内首条深层排水隧道在广州东濠涌城区建成并运营。其主要功能有：中

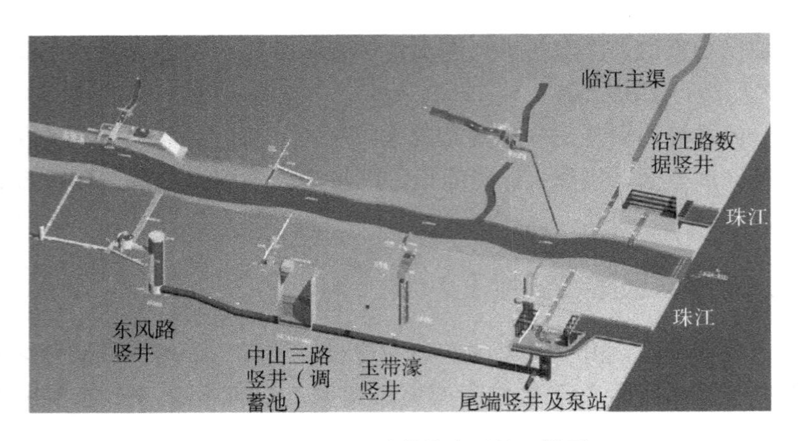

图 3-10　深层隧道排水系统三维图

雨条件下，作为东濠涌流域合流污水和初期雨水的调蓄隧道，减少东濠涌流域各支涌（或渠箱）开闸次数，雨后通过尾端排空泵站将污水提升到浅层管渠排水系统，送到猎德污水处理厂处理，削减东濠涌和新河浦涌流域雨季合流污水和初期雨水 70% 以上的污染，减少流域内黑臭水体的出现，具有重大的环境效益。大型暴雨条件下，东濠涌深层隧道作为东濠涌分洪排涝通道，行使排涝功能，污水经隧道尾端泵站提升后排至珠江，提高流域内合流干渠的排水标准到 $P=10$ 年一遇。减少"水浸街"现象，确保城市营运管理安全。

3.3.6　城市河涌生态恢复效果

近年来，广州市城市河涌水质持续好转，珠江段水质已优于地表水Ⅳ水质。表 3-2 至表 3-4 分别为沙河涌 2001—2005 年平均水质指标，2010 年 11 月 24 日至 2010 年 12 月 18 日沙河涌、猎德涌及二沙涌平均水质指标，2010 年 10 月 19 日猎德涌水样与鱼样检测结果。

表 3-2 表明，沙河涌的水质指标中，化学需氧量、5 日生化需氧量、氨氮及石油类在 2001—2005 年呈不显著下降趋势，溶解氧呈不显著上升趋势。

表 3-2　沙河涌 2001—2005 年平均水质

年份	化学需氧量/（mg/L）	5 日生化需氧量/（mg/L）	溶解氧/（mg/L）	氨氮/（mg/L）	石油类/（mg/L）
2001	114	51.8	0.37	19.3	5.59
2002	139	44.9	0.27	18	2.81
2003	137	47.7	3.2	11	3.24
2004	128	53.9	0.7	23.3	4.34
2005	109	28.1	0.27	25.4	3.75

表 3-3 表明，沙河涌、猎德涌及二沙涌水体化学需氧量、溶解氧及氨氮等水质指标

有了大幅度的改善。

表 3-3　2010 年 11 月 24 日至 2010 年 12 月 18 日沙河涌、猎德涌及二沙涌平均水质

河涌	化学需氧量/(mg/L)	溶解氧/(mg/L)	透明水深/cm	总磷/(mg/L)	氨氮/(mg/L)	水温/℃
沙河涌	25.9	2.04	65	1.55	7.11	17.7
猎德涌	31.3	3.75	60	0.56	5.49	17.2
二沙涌	31.7	2.41	49	1.68	5.83	17.4

表 3-4 中，水样取样时间为当天 18 时退潮时，取样深度为水面下 10 cm 处，水流速为 0.5 m/s；鱼样是塘鲺鱼，活体样品，体长 61 cm，净重 2.0 kg，鱼龄为 6～8 个月，见图 3-11。

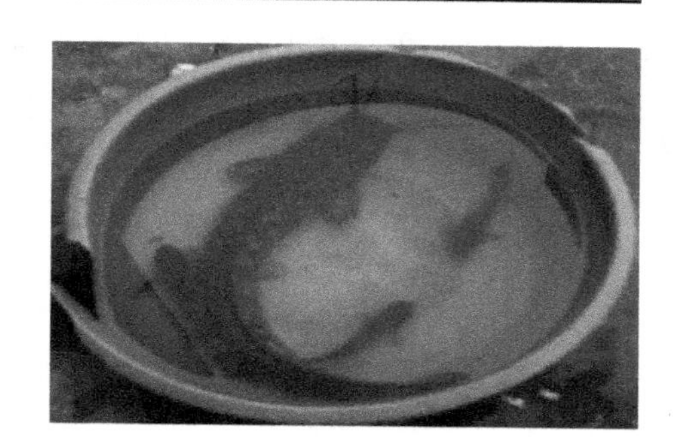

图 3-11　猎德涌鱼样

表 3-4 结果表明，受检样品中邻苯二甲酸酯类、多环芳烃、苯酚均未检出，其余各项有毒有害物质虽有检出，且在鱼体内发生不同程度的富集效应，但各项指标均未超过《NY 5073—2006 无公害食品 水产品中有毒有害物质限量》的标准限值。

表 3-4　2010 年 10 月 19 日猎德涌水样与鱼样检测结果

项目	水样/(mg/kg)	鱼样/(mg/kg)	富集倍数/倍	国家标准限值/(mg/kg)
多氯联苯	<0.002	<0.01	5	—
邻苯二甲酸酯类（16 项）	未检出	未检出	—	—
多环芳烃（16 项）	未检出	未检出	—	—
苯酚	未检出	未检出	—	—
甲基汞	<0.001	<0.2	<200	0.5
Pb	<0.05	<0.5	<10	0.5
Cd	<0.05	<0.1	<2	0.1
Cu	<0.05	<5	<100	—
Zn	<0.05	6.9	>138	—
Cr	<0.05	<0.5	<10	2.0
无机砷	0.032	<0.1	<3	0.1
Se	<0.05	0.66	>13	1.0
F	0.48	1.18	2	2.0

3.3.7 工程小结

2020年，广州市内沙河涌、猎德涌等河涌的水质达到地表水V类水质指标，广州市河涌从污染至水质改善经历了20余年时间。

为实现城市河涌的生态恢复，应对城区污染源进行全面调查，做好城市排水总体规划。城市河涌全面截污保证了主要污染物不进入城市河涌，是河涌生态恢复的基础。河涌淤泥清疏与处理是对城市河涌水质的直接改善措施，同时也提升了水体的自净功能；城市河涌截污后再实施清淤，对河涌水质改善效果好且持续时间长。城市雨污分流工程的不断完善会逐步减少合流污水进入城市河涌，城市河涌水环境将会逐渐提升。对重点河涌实施循环补水，加快了城市河涌和周围环境物质与能量的交换，是对城市河涌截污与淤泥清疏措施的完善。

4 广州市污水处理系统的建设与管理

4.1 广州市污水处理厂概况

广州市第一座污水处理厂（大坦沙污水处理厂）建成于1989年。2003年广州市污水治理有限责任公司成立，承担广州市中心城区污水系统的建设与经营；2013年更名为广州市净水有限公司。2020年广州市中心城区建成并营运的污水处理厂有13座，污水处理规模为$4.96\times10^{6}\ m^{3}/d$。

2010年，全国首座地下污水处理厂——京溪地下污水处理厂建成。2016—2020年，广州市中心城区共建成沥滘三期地下污水处理厂、西朗二期地下污水处理厂、大沙地二期地下污水处理厂、石井地下污水处理厂、健康城地下污水处理厂、江高地下污水处理厂、大观地下污水处理厂与龙归三期地下污水处理厂等8座地下污水处理厂，主体工艺流程选用了AAO+MBR膜或者AAO+滤池。

广州市中心城区污水处理厂概况如表4-1所示。

表4-1 广州市中心城区污水处理厂概况

污水处理厂		设计水量/($10^{4}\ m^{3}$)	主体工艺	除臭工艺	污泥处理工艺
猎德厂	一期	22	AB	生物法	板框+低温干化+水泥窑协同焚烧
	二期	22	UNNITANK	生物法	
	三期	20	AAO	生物法	
	四期	56	AAO	生物法	
大坦沙厂	一期	16.5	AAO	生物法	板框+低温干化+电厂协同焚烧
	二期	16.5	AAO	生物法	
	三期	22	倒置AAO	生物法	
沥滘厂	一期	20	AAO	生物法	板框+低温干化+水泥窑协同焚烧
	二期	30	AAO	生物法	
	三期（地下）	25	多级AAO（AAO-AO）	生物法	

续上表

污水处理厂		设计水量/($10^4\ m^3$)	主体工艺	除臭工艺	污泥处理工艺
大沙地厂	一期	20	AAO	生物法	板框+圆盘干化+电厂协同焚烧
	二期（地下）	25	AAOA+MBR膜	化学法+生物法	
均禾厂	一期	15	AAO	化学法+生物法	板框+低温干化+电厂协同焚烧
	二期	15	AAO		
龙归厂	一期	5	AAO	化学法+生物法	板框+低温干化+电厂协同焚烧
	二期	9	AAO		
	三期（地下）	15	AAOA+MBR膜		
西朗厂	一期	20	AAO	生物法	板框+低温干化+电厂协同焚烧
	二期（地下）	30	AAOA+MBR膜	化学法+生物法	板框+圆盘干化+电厂协同焚烧
石井厂	一期（地下）	15	AAO	化学法+生物法	板框+低温干化+电厂协同焚烧
	二期（地下）	15	多级AAO（AAO-AO）	化学法+生物法	一体化板框干化+电厂协同焚烧
竹料厂		6（含一期扩建）	AAO	生物法	板框+低温干化+电厂协同焚烧
京溪厂（地下）		10	AAO+MBR膜	生物法	离心脱水+干化+电厂协同焚烧
江高厂（地下）		16	AAOA+MBR膜	化学法+生物法	板框+圆盘干化+电厂协同焚烧
大观厂（地下）		20	AAO	化学法+生物法	一体化板框干化+电厂协同焚烧
健康城厂（地下）		15	AAOA+MBR膜	化学法+生物法	板框+圆盘干化+电厂协同焚烧

4.2 广州市污水处理系统的技术创新与精细化管理项目

4.2.1 地下式污水处理厂建设的重要性

集约化土地资源利用是许多城市未来发展的一个重要方向，在有限的地域空间里，能否高效地组织生产和保障生活是考验一个城市治理能力的方面之一。城市污水处理设施是提升基本环境公共服务、改善水环境质量所必需的重大环保民生工程，加大污水处理设施建设也是促进城市节能减排的重要举措。

城镇污水处理设施作为一种公共服务设施，其空间配置需符合公共服务设施区位均衡理论，即在半径一定的城市区域内合理布置污水处理厂是节约水体污染治理费用的理想方式。污水远距离输送，不仅敷设管道成本巨大，而且产生的臭气和污泥对城市的二次污染也十分严重。水体污染的治理思路，是在兼顾效率和公平的原则下，在有限的财政预算框架内实现社会效益的最大化，通过合理的空间布局，力求以最小的社会成本，尽可能提供完善的社会服务保障。因此，污水处理厂合理的分布对保障城市正常生活、生产以及生态环境的保护具有十分重要的作用。

在对城市污水处理厂进行规划和选址时，不但需要考虑处理设施和管网的建设运行成本，还需重点考虑“邻避效应”。以往的污水处理厂均在地上进行建设，开放式设施中污水、污泥处理产生的臭气和对景观的负面影响让周边群众对污水处理厂产生排斥心理。许多城市污水处理厂的建设不仅受到周边居民的排斥，还造成局部地区经济滞后，土地价值下跌。对于土地资源相当紧缺的城市，当地政府在规范和建设污水处理设施时，不得不选址在远离城市中心、开发价值更低的地带，这无疑大大增加了污水处理的输送和运营成本，也加剧了周边居民的误解和矛盾冲突。因此，在技术上能够实现地下式污水处理设施运行的可能性，以及有效解决臭气、污泥围城的问题，对于缓解甚至解决邻避效应、降低用地成本、提升地区价值，甚至对于污水处理厂建设运营企业的长远发展都具有举足轻重的意义。

以往的邻避问题和土地稀缺制约问题，从某种角度来看，是因为污水处理厂的运行方式受到了来自技术层面的约束，包括无法进行有效的臭气消除、污泥减量技术不完备、地下式污水处理设施的建设技术不成熟等；在污水处理厂的生产过程中，一方面是在治理、净化水体，另一方面也在产生生产性的外部负效应，造成臭气弥漫、污泥成堆。近年来，由于创新技术飞跃式的发展，制约以往经营模式的几项关键性技术获得了突破，促进了地下式污水处理设施建设和运行的发展。

本项目以地下式污水处理厂建设为代表的技术创新为基础，同时开展一系列的企业集成管理创新，从而实现土地集约化运用管理。这是近年来不断摸索、总结出来的，可有效解决当前污水处理厂建设运营企业面临主要问题的一套方法，为不断创新、不断发展，解决企业发展问题做出了重要规划和指引，也为各污水处理企业发展壮大提供了良好的发展思路。

4.2.2 技术创新思路

广州市地下污水处理厂设施的设备主体是在一个平均深约 15 m 的长方形深基坑内，并被精巧有序地安装为三层。在建设中，通过城市地下污水处理厂生产工艺技术的突破，创新地下式污水处理厂建设运营技术；同时积极开展企业精细化管理，以及争取土地集约化运用政策支持，使在全市范围内的污水处理厂分布走向均衡化。技术的进步带来运作模式的改变，土地集约化利用缓解了未来扩大发展的约束瓶颈，地下式处理设施有效地克服了以往臭气扰民、污泥围城造成的“邻避效应”问题，也使得污水处理真正达到全方位促进城市水体生态环境恢复的目标，营造了居民、政府、企业等方面多赢的格局，使得污水处理厂的新建和扩建顺利开展，实现城区均衡分布，进一步提高污水处理能力，改善城市水体环境。

1. 污水处理系统建设

1989—2020 年，广州中心城区建成并运行的污水处理厂有 13 座，包括猎德－京溪污水处理系统、大坦沙－石井净污水处理系统、沥滘污水处理系统、西朗污水处理系统、大沙地污水处理系统、江高污水处理系统、龙归污水处理系统、竹料污水处理系统等 8 个系统。污水处理厂的区域分布均衡化、合理化。广州市中心城区污水处理系统分布图见图 4－1。

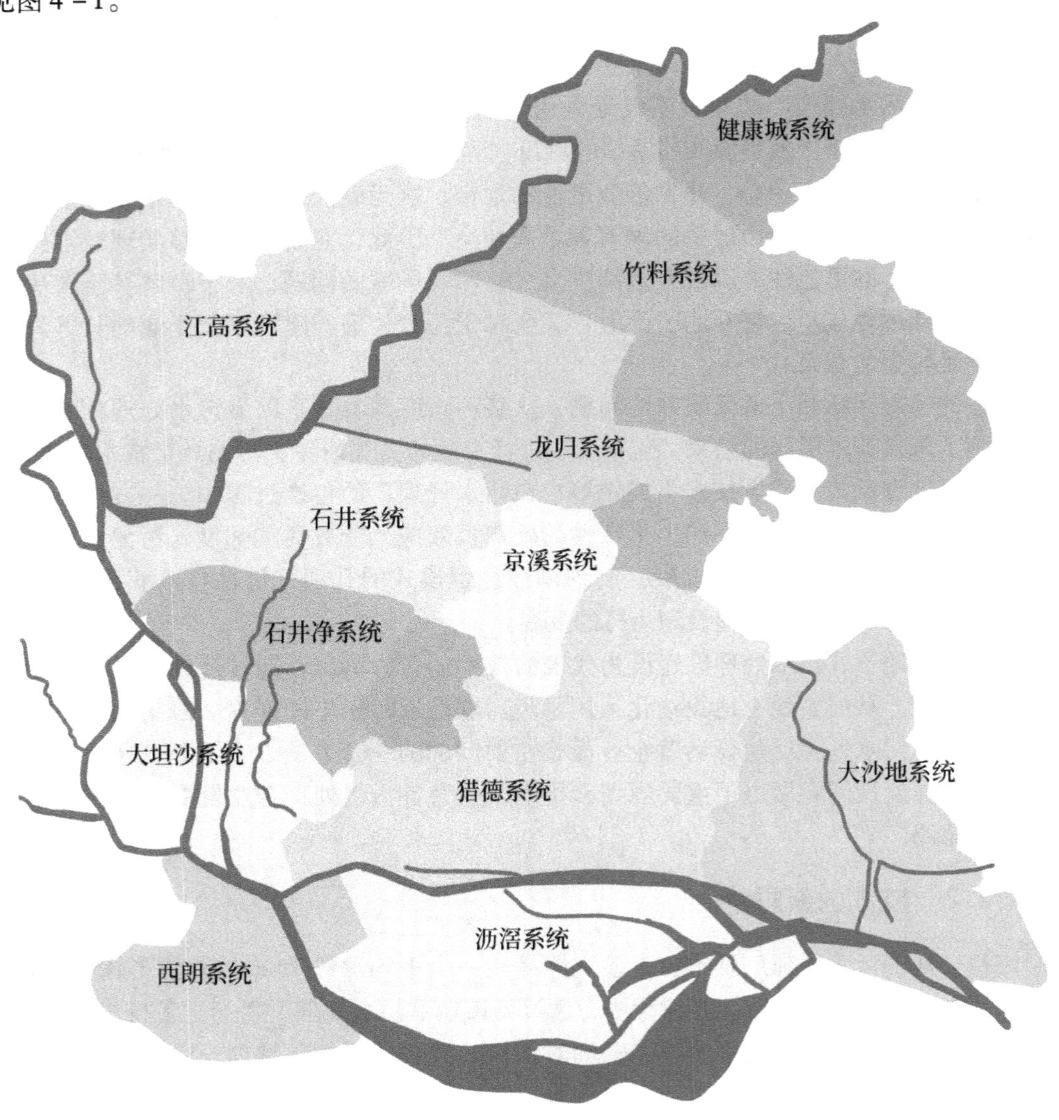

图 4－1　广州市中心城区污水处理系统分布示意图

2. 地下污水处理厂的技术集成与创新

为解决土地集约化运行管理所面临的技术难题，项目团队在提标技术、污泥减量技术、臭气治理技术等方面开展了技术创新。

1）地下污水处理厂工艺流程创新

国内第一座全地下式城市污水处理厂——京溪地下污水厂于2010年9月成功运行，其主要处理设施均位于地下，日处理水量为1.0×10^5 m^3，占地面积为1.8 ha。污水处理采用AAO + MBR膜处理工艺，出水水质达到地表Ⅴ类标准，作为沙河涌景观补水的主要水源，实现再生水回用。

2）各污水处理厂最优工况研究

项目团队建立同步脱氮除磷（SND）示范工程，并在龙归污水厂采用了化学除磷絮凝剂自动投药系统；研究了化学法除臭技术、催化活性炭除臭技术、等离子体除臭技术和生物滴滤床除臭技术，并应用到广州市污水处理厂厂区及污水泵站，消除了污水处理厂厂区及污水泵站臭味；广州市所有污水厂都安装了进水与出水在线监测仪器。地下空间的臭气经过3～4级除臭装置处理后，由25 m高的高空排放塔排放。地下污水厂采用了先进的PLC自动化控制系统，中央控制室的电脑能够实时查看绝大部分设备的运行参数并控制其运行状态。

配套的闭路电视监控系统能够对生产工艺各环节的主要设备工况进行监控，同时为厂区的安保工作提供便利。电力自动监控系统对污水厂的高低压配电系统、变压器、直流屏、中压电源系统等实施自动监测，实现电力系统的自动化，提高供配电系统运行的可靠性。

此外，控制系统的设计遵循“分散控制、集中管理”的思路，即使某一部分发生故障，其他部分仍能正常工作。多重消防设计增强了工厂的安全性和可靠性。地下厂内的排水系统能够确保在百年一遇的暴雨天气下，地下空间不水浸。

3）地下污水处理厂工艺调控创新

污水厂出水水质提标是污水处理企业发展的必然方向与水环境的要求。项目团队大力挖掘现有工艺的内部潜力，使原有部分污水厂的出水标准得到极大的提升。为了保证各污水厂均能稳定达到国家一级A出水标准，采取强化内部优化调控的措施，对于新建厂丰富生化工艺设计的调控手段，对于旧厂则进一步挖掘内部潜力。

在工艺调控中，生化池厌氧末段的NH_4^+-N和NO_3^--N控制得越低越好。将沿程NO_3^--N最低点控制在厌氧前段，可使进水碳源合理地保障生化池的反硝化脱氮过程，同时也可保证除磷过程中尽可能多地获得碳源。通过分析这些指标，可使内回流量、除磷药剂投加量等更加准确，节省能耗药耗。正常情况下，绝大部分NH_4^+-N在好氧池中段已氧化完成。对于NH_4^+-N指标的监控可有效地指导好氧池曝气量，避免过度曝气，节省风机能耗。好氧池末段回流至生化池前段的DO和NO_3^--N的状态对于缺氧和厌氧段的厌缺氧环境及反硝化过程都有很大的影响，所以在生化池前段和好氧池末段的DO

和 NO_3^- -N 的监控对于控制内回流量具有很大指导意义。

在线仪表安装点位为缺氧区与好氧区交界段，其中氨氮在线仪 1 套，硝氮在线仪 1 套，磷酸盐在线仪 1 套，采水、预处理、一体柜、数据传输设备各 1 套。通过大数据统计，积累过程反应各工艺段水质指标及其合理波动范围，提出过程段水质预警范围。对累积的经验数值进行深度分析，建立适用于各厂、生产线水质变化的数学模型。开发专家系统，对人为经验判断、工艺调控等措施进行智能模拟，形成污水生化处理过程段预警、诊断机制。

4）公园式的地面景观

地下污水厂的地面部分除了办公楼及变电房等必要的设施外，其余部分全部设计为景观园林，并设有花坛、喷水池、凉亭、休闲长廊、草坪等，整个厂区的绿化率大于 50%，看起来像一座小型公园，景观优美，赏心悦目。

5）地下空间布局精巧，集约有序

（1）构筑物全地下布置。

污水处理厂的主要处理构筑物均布置在地下，在纵向上分为地面层、地下负一层、地下负二层，共三层。地面建设为绿地和园林式建筑，打破了民众对污水处理厂的传统认识。图 4-2 为京溪地下污水处理厂剖面图。

图 4-2　京溪地下污水处理厂剖面图

（2）工艺单体组团集成化布局。

地下污水处理厂改变常规的分散布局模式，将各种设备间、处理构筑物组团化、集成化，组拼成预处理区、污泥区、生化区、深度处理区等多个矩形模块，中间保留必要的人行通道、检修通道、管线通道，各种构筑物和设备在不同的标高层垂直布置，充分利用空间以节约用地。图 4-3 为京溪地下污水处理厂单体集成图。

图 4－3　京溪地下污水处理厂单体集成图

地下一层设置污水预处理设施、污泥处理设施、除臭设施以及车辆通道，地下二层设置生物反应池及综合管廊，有效利用了空间。处理每吨污水仅用地 0.18 ～0.50 m^2，节地效果非常明显。图 4－4 为石井地下污水处理厂地面景观。

图 4－4　石井地下污水处理厂地面景观

6）地下污水处理厂环境设计标准

为打造一个环境优良的地下空间，规定地下空间臭气值 <20，温度 <30 ℃，噪声 <65 dB，粉尘指标达到国标要求。地下空间的臭气经收集后，由化学法、生物法、物理法等多级串联方法处理并集中排放。污泥经厂内干化后由热电厂或水泥厂协同焚烧。

项目采用世界领先的水质分析检测技术、生物技术、膜处理技术、滤池过滤技术与臭气处理技术等技术，并将污水处理的主要工艺池体及构筑物全部埋于地下，充分考虑了各种节地措施和地下空间综合利用方法，同时地面建成公共绿地，优化了周边居民的居住环境，不仅获得政府部门的肯定，也受到民众的欢迎。项目筹备之初，受到周边许多居民反对。居民普遍认为污水处理过程将散发有害气体，对周边居民身体健康不利，征地阻力较大。项目建成后处理厂占地小，污水处理的过程全密闭，不散发任何异味，周边居民甚至表示并未注意到污水处理厂的存在。

3. 以制度为保障、智慧化建设为工具的精细化管理

1）以制度强化内外管理

广州市净水公司坚持以精细化管理为主线，提升管理水平，在服务上以提高群众满意度为目标，突出重点、创新细节、内外发力，推动企业运营服务保障工作的科学发展。搭建与污水设施建设运营企业相适应的管理制度体系。建立一套包括党务管理、议事决策、经营管理、账务管理、安全管理、工程管理、人事管理、督办管理等在内的十九大项的制度，组成一个精细化的制度网络，以制度管理人、以制度管理企业、以制度保障企业稳定发展，最终保障企业高效率优品质地完成区域的净水任务。

在生产业务上，出台《经营管理业绩考核实施办法》《水质管理业绩考核实施办法》。以经营管理业绩责任书为主体，对内强化责任抓落实、问责倒逼抓落实，通过层层签订责任书，建立工作考核责任追究机制；同时坚持抓重点、补短板、强弱项，实施挂图作战，确保每一项工作的高效落实，高标准、严要求地规划建设，完成了一批带动治水工作全局的重大基础设施工程，有效地推进了当地治水公共目标，解决了重点考核区域水污染问题。

2）建设以服务为导向的精细化污水治理运营管理体系

广州市净水公司严格控制招标、工程、生产材料、运营、安全等方面，严格以制度为保障，围绕企业稳定运行、服务社会、增加营收、提高利润水平的目标出台和修订各项制度。

圆满完成每年处理污水总量，主要污染物削减量均优于排放限值，实现出水水质达标率100%。污水厂制订的《营运生产安全管理工作标准》坚实地保障了区域治水任务的完成，制订的《污泥处理处置管理工作指引》保证了污水处理厂安全妥善、减容减量地处置污泥，并加快实施各污水处理厂的污泥干化减量。沥滘、石井、西朗及大坦沙等城区大型污水处理厂的厂内污泥减量设施正式投产，每日生产含水率约为35%的污泥1200 t，解决了区域污泥围城难题，节约了大量土地资源。

3）以信息化建设为基础进行智慧型营运管理

在日常生产的过程监管方面，各污水处理厂均建设了信息化中控系统，实现了对设备运行、进出水水质、生产流程的在线监控和控制。在此基础上，广州市净水公司搭建了自控数据中心，统筹各厂自控数据，对各运行数据实现实时采集，并进行集中展示和统一管理。

此外，建成了覆盖关键节点的高清视频监控系统，现已实现13座污水厂、20座泵站各主要通道和生产场地的监控，具备可视化高清视频的实时浏览、切图、上月录像回放

等功能，并支持手机 app 操作，实现了安全生产管理工作信息化管理。图 4 - 5 为石井地下污水处理厂的信息控制系统。

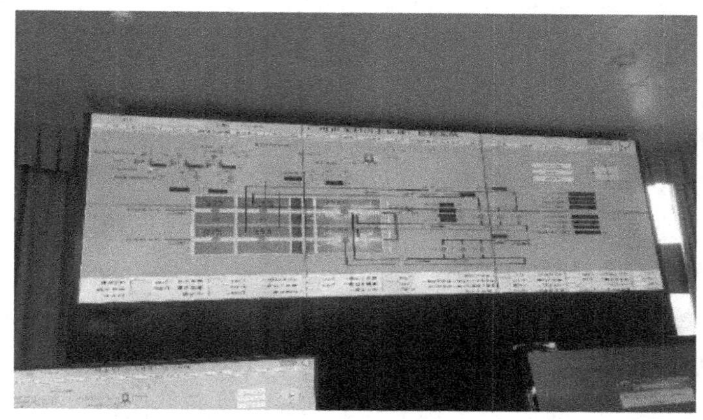

图 4 - 5　石井地下污水处理厂信息控制系统

4）专项业务信息化管理

在专项业务信息化方面，广州市净水公司建立了设备管理系统，可以实现设备设施台账录入存档、设备档案查询、设备维修工单和保养计划管理、设备 KPI 分析、采购管理、仓库管理等功能，为制订营运大修计划及方案、技改立项（方案）、重大抢修项目、大宗生产物资及服务采购提供依据。

建设了包括药剂合同管理、药剂收货、药剂进出库、采样化验、统计汇总等功能的药剂管理系统，提高了药剂管理水平，规范了下属各污水厂药剂管理流程，统一药剂台账管理，实现了对药剂全流程监管。

4.2.3　开拓资金渠道

1. 基于地下式污水处理厂的土地盘活

京溪污水厂、石井污水厂等 9 座地下污水处理厂采用集约、便捷、绿色、亲民的设计理念，将水污染治理与城市更新改造、生态景观营造相结合，通过优化的空间、实体、场地构成整个建筑环境，在力图节约用地的基础上，对建筑空间、交通组织、入口、广场及室外绿化等的设计进行了反复论证。从丰富市民的空间体验与感知的角度入手，成功地做到最少的用地、最流畅的建筑流程、最小化的噪声与废气排放，把地面绿地和景观留给市民，提升了周边土地的环境质量和使用价值。

在部分厂区，将地面绿地与湿地相结合，建成一个向市民开放的公园。将市政设施用地与城市绿地相结合，缓解了周边区域绿地面积不足的问题。这一做法最直接的社会效益是，让周边社区的居民体验到了污水处理厂实现了改善小环境和服务大环境的有机统一。居民与污水处理厂之间的环境友好和善关系的建立、邻避问题的消除，对于污水处理企业有着十分重大的意义。

石井地下污水厂总占地面积14.20 ha，污水处理设计规模$3.0\times10^5\ m^3/d$。项目采用全地下生态型污水处理模式，有机地融合了城市三旧改造、景观提升与环保设施建设功能，整体建设用地节约40%，厂区绿化率大于50%，并通过优化的建筑空间和格局，彻底改变传统污水厂的笨重粗放工业形象，融入岭南建筑风格，设计出一座与石井河相协调、独具特色的生态公园型污水厂，提升了周边土地的环境质量和使用价值，取得了良好的社会、经济和环境效益。建厂基建总投资16亿元，地块范围内的可供开发面积为$4.6\times10^4\ m^2$，开发任务完成后，将有170亿元收益。

地下式污水处理厂的建设，不仅不像传统污水处理厂建设那样，造成区域土地和潜力的贬值，反而由于景观和环境的改善，减少了对周边居民的资金补偿，从减少资金流出方面为业主在一定程度上降低了成本。业主方着力与政府就处理厂土地节约式建设所盘活土地转化为盈利点开展的磋商，推进了该创新模式获得政策上的保障，土地集约式建设的地下污水处理厂将成为一个重要的收益增长点。

2. 推进污水处理特许经营补充协议

广州市净水公司密切加强与水务、财政等政府部门协调对接，加快推进污水处理特许经营补充协议的落地实施。项目采用“政府投资建管、企业自主建厂”模式，依托广州市城市污水处理特许经营补充协议，充分发挥企业自主建设投资主体责任，实现了自我平衡发展。

2020年以后的特许经营费用，覆盖了存量污水处理设施投资运营的完全成本，以及新建污水处理、污泥处置运营维护和大中修的成本，地块一级开发收益将在很大程度上补偿中心城区的污水处理厂运营成本。

建设一个传统的污水处理厂需要占用的土地面积为日处理0.2万吨污水/亩土地，若污水处理厂有20万吨污水处理能力就需要100亩；现在地埋式的污水处理厂需要占用的面积为0.5万吨污水/亩土地，只需要土地近40亩，节约土地资源达60%①。

因此，企业和政府签署的污水处理特许经营补充协议，为企业在发展建设污水处理设施布点上，解决了成本约束的问题。

---

① 亩为非法定计量单位，1亩≈666.67 m^2≈0.06667 hm^2，此处为使占地面积的对比清晰明了，不作换算。

3. 开拓融资新思路

广州市净水公司积极开拓新融资思路，全力保障治水计划资金。主动加强与省、市发改委，银行金融和财政等部门对接，加快推进绿色债券发行；凭借污水处理特许经营补充协议签订的利好，解决了企业的亏损之忧，而且在城市土地稀缺性日益提高、土地价值快速攀升的情况下，企业与政府的特许经营补充协议给予了与金融机构对接、开展项目融资的企业效益基础，融资因有了还款保障而得以顺利开展。

4.2.4 地下污水厂精细化管理的实施成效

1. 公共服务能力大幅提升

作为以环境净化为主要服务目标的公共企业，城市污水厂提质增效的主要思路为先优化运行、后工程措施。基于生化池调控灵活性的考虑，在大部分污水厂设置多个进水口、内回流口和外回流口，大大提高了污水厂内部工艺调控的潜力，后期运行取得良好的效果，大大提高了污水处理能力。

2. 污染物削减量提升，环境效益巨大

通过不断改进技术工艺，解决了污水处理厂提升改造中生化池系统存在的碳源竞争、污泥龄、混合液回流比和污泥回流比等主要矛盾。通过合理分配碳源、合理控制内外回流和曝气，使得污水厂出水水质得到明显提升，充分挖掘了系统内部潜力，完成了污水厂的提标改造，使得主要污染物削减量大大增加，对珠江水环境质量的提高做出巨大贡献。

5 城市污泥好氧堆肥技术的研究与应用

5.1 城市污泥处理处置问题的提出

2020 年，广州市日污水处理能力达 4.96×10^6 m^3，污水厂污泥产生量突破 2500 t/d（折合含水率 80%）。城市污泥处理处置已是广州市环境保护的热点与难点课题。

5.1.1 城市污泥好氧堆肥处理处置现状

随着我国城市化进程的加快和污水处理率的不断提高，城镇污水处理厂污泥的产量也大幅增加。一方面，污泥成分复杂，含有大量的有害物质（如病原微生物、寄生虫卵、有毒有机物和重金属等），对环境和人类健康造成了潜在的危害；此外，污泥由于含水率高、体积庞大，给运输、贮存以及最终处置带来了不便。另一方面，污泥中含有丰富的有机质和营养元素，能量巨大。因此，有效地消除污泥中的有害物和重金属威胁、降低污泥含水率、回收污泥中潜在的能源、变废为宝，即实现污泥的“减量化、稳定化、无害化、资源化”，已经成为国内外污泥处理处置的市场发展需求及政策导向。

传统的污泥土地处理方式不仅可利用土壤的自净能力对污泥做进一步无害化处理，还可通过污泥中的有机质、腐殖质改善土壤结构，也可回收利用有机质、促进植物生长，使生产费用降低。无论是从经济因素还是从肥效利用出发，污泥的土地利用，特别是污泥农用都是一种符合我国国情的处置方法。

然而，国内绝大部分企业都凭传统经验进行堆肥，堆肥技术存在处理技术水平低、工业化程度不高、产品质量不稳定以及处理后的产品仍然对环境和作物产生危害等问题，既难以生产出真正合格的肥料产品，也不能满足在土地紧张的城郊进行大规模污泥处理的产业化要求。而过去从国外引进的技术，虽然工业化程度高，但往往运行成本高、能耗大，生产的有机肥产品缺乏市场竞争力，因而经济效益不佳，未被市场普遍接受。

我国在污泥堆肥处理技术方面开展了一系列的研究工作，但在规模化和产业化水平上的研究不多，与我国巨大的市场需求相比，目前的技术和产品仍有一定的差距，主要体现在以下两个方面：

（1）规模化城市污泥堆肥处理关键技术有待突破，缺乏适合我国国情的节能、低耗、高效的规模化城市污泥堆肥技术集成。

（2）对城市污泥堆肥最终产品的开发缺乏深入研究，产品定位不清，缺乏针对城市污泥特征的堆肥产品的功能化和系列化研发。

基于上述背景，本项目团队开展了针对城市污泥好氧堆肥技术及其应用的研究工作。

5.1.2 研究目标、内容及技术路线

1. 研究目标

（1）研发产业化水平上的城市污泥快速生物干化技术、快速除臭技术、重金属钝化去除技术等关键技术并集成于生产实际。在实际应用中，使含水率80%左右的城市污泥经过7 d左右的生物干化，含水量降低至40%，干化耗能和运行成本比常规处理降低30%；堆肥过程和产品的臭味得到有效控制；污泥堆肥产品中有机污染物和重金属含量符合农用标准。

（2）利用污泥堆肥，研发质量稳定且适合华南地区林业和园林花卉的系列肥料产品，包括养分控释－保水－防病功能一体化的高效花卉营养基质、高效桉树专用肥、保水型控释肥等功能集成产品，实现污泥堆肥产品高附加值功能升级。

（3）规模化城市污泥堆肥处理监测和控制技术体系集成，形成适合华南地区污泥特征和气候特点的城市污泥堆肥处理技术规程，并进行日处理300 t污泥的堆肥产业化示范。

2. 研究内容

（1）规模化城市污泥堆肥节能高效快速生物干化技术参数的优化；

（2）规模化城市污泥堆肥臭气污染控制技术；

（3）城市污泥堆肥产品的功能升级与高附加值园林用肥系列产品的开发。

3. 技术路线

针对目前规模化城市污泥堆肥中存在的实际问题，通过产学研结合，研发规模化城市污泥节能高效快速生物干化、堆肥过程臭气趋零排放、污染物控制等关键技术；针对广州市城市污泥特征及南方水热充足、红壤为主的土壤气候条件，对城市污泥堆肥产品进行功能升级，研发高附加值园林用肥系列产品，解决规模化污泥堆肥产品质量不稳定以及低附加值影响最终产品出路等问题；对关键技术集成并进行产业化应用示范，促进城市污泥处理及其产业化持续健康发展。

5.2 城市污泥好氧高效堆肥技术小试研究

5.2.1 污泥堆肥小试研究

1. 材料与方法

以污水处理厂污泥作为堆肥基质，以蘑菇渣作为调理剂。污泥取自广州市均禾污水处理厂，生物质炭购于商丘市三利新能源有限公司。

酸化生物质炭方法：将生物炭与40%[1]柠檬酸按照1 kg：1 L混合，于60 ℃下烘干后储存待用。

菌种的配制：高温菌种的配制培养主料为麦秆糠、玉米芯糠和黄豆粉等，占95%以上；辅料为普钙、麦麸、尿素、淀粉、葡萄糖、蔗糖、蛋白胨、磷酸二氢钾和硫酸镁等。将全部试验材料按比例混合均匀，堆制成堆体，调节堆体水分在50%～60%，在室内车间自然通风条件下培育，培育时间为1个月。每天监控堆体温度，当堆体温度超过37 ℃时即开始翻抛，以降温和补充水分，将水分控制在50%～60%之间。经过30天时间形成黄色或米黄色菌种载体，培育后的成品菌种装袋常温保存。

堆肥试验处理设计见表5－1。试验共设3个处理组，分别在3个滚筒中进行。处理堆体1：污泥与蘑菇渣调配成C/N比（碳氮质量比）为25的堆体，作为空白处理（具体方法是：20 kg新鲜污泥＋15 kg蘑菇渣＋1 kg菌种）；处理堆体2在处理堆体1的基础上按照堆体质量添加6%的生物质炭原料；处理堆体3在处理堆体1的基础上按堆体质量添加6%的经酸化处理的生物质炭。堆肥期间，堆体采取强制通风与人工翻堆相结合的方式，具体措施为：每隔2 h强制通风10 min，每次采样时翻堆一次，翻堆具体方法是将滚筒沿着一个方向翻滚4周。

表5－1　堆肥试验设计

处理	C/N	污泥/kg	菌种/kg	生物炭
1（CK）	25	20	1	0
2（T1）	25	20	1	6%
3（T2）	25	20	1	6%（酸化）

2. 结果与分析

1）温度

堆肥过程中温度的变化是评价堆肥是否腐熟的重要指标之一。从图5－1可以看出，各处理堆体在堆肥期间均经历了升温、高温、降温、腐熟四个阶段。堆肥初期，微生物快速分解有机物，释放大量能量，使得堆体温度迅速上升，各处理堆体在堆肥第3天均达到50 ℃，T2处理升温速度最快，于第4天升温至55 ℃以上，其次是T1处理。这说明添加生物质炭有利于堆体温度的快速升高。高温阶段，微生物不断消耗堆体中的营养物质，大肠杆菌、病毒、寄生虫等致病微生物在堆肥的高温期被杀死或灭活。CK、T1、T2处理的最高温度分别为59 ℃、63.6 ℃、62.3 ℃，高温期（高于50 ℃）分别维持10 d、12 d、14 d。根据《GB 7959—2012粪便无害化卫生标准》的要求，堆肥最高温度达50～55 ℃以上持续5～7 d，或者在55 ℃以上维持3 d，堆肥即达到无害化处理标准，因此本试验的三个处理堆体均符合要求。堆肥后期，有机质几乎被分解完全而趋于稳定，堆体温度下降，接近室温；最后达到稳定腐熟阶段，各处理堆体均在第25天温度稳定在25 ℃左右。

① 除非特别说明，本章中的含量（%）均指质量分数。

由以上分析可得，在污泥堆肥过程中，添加生物质炭（T1，T2）有利于堆体温度的快速升高，而添加酸化处理的生物质炭（T2）能有效延长污泥堆肥的高温期。

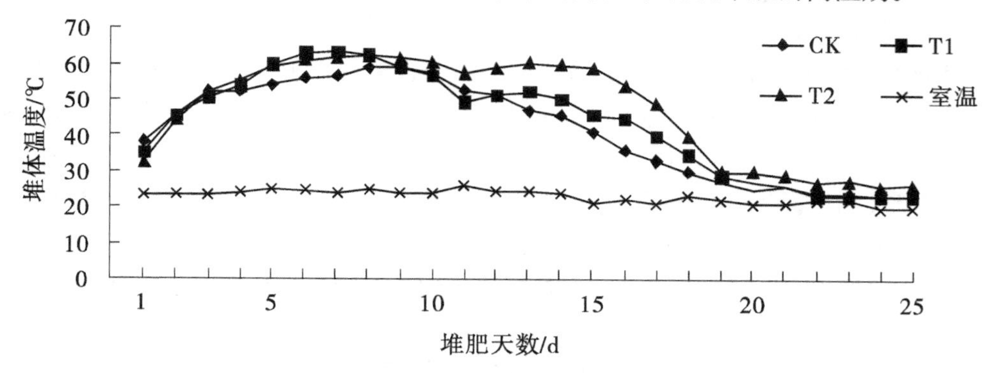

图 5－1　堆肥过程中堆体温度及室温变化情况

2）pH 值

由图 5－2 可以看出，在堆肥过程中，各处理堆体的 pH 值的变化趋势相同，总体呈上升趋势。堆肥初期，堆体 pH 值上升可能是因为初期产生大量氨气而不能完全挥发。在整个堆肥过程中，添加生物质炭对污泥堆肥 pH 值影响不显著。

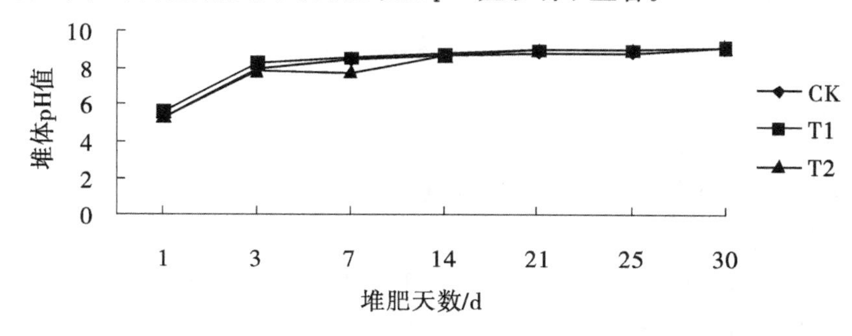

图 5－2　堆肥过程中堆体 pH 值变化情况

3）电导率

由图 5－3 可以看出，除处理堆体 CK 外，其他处理堆体在整个堆肥过程中电导率呈微上升趋势。总体上来看，污泥中添加生物质炭及改性生物质炭能适当增加堆肥产物的电导率。

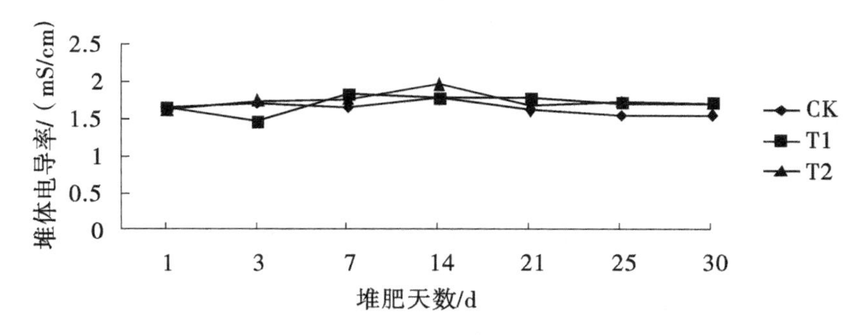

图 5－3　堆肥过程中堆体电导率变化情况

4）含水率

水分是污泥堆肥过程中微生物生长代谢、有机物分解的重要因素。堆肥适宜的含水率为50%～70%，而城市污泥的含水率一般在80%左右，因此污泥堆肥需调节水分。本试验采用蘑菇渣和秸秆生物质炭调节污泥堆肥水分含量。堆肥过程中含水率的变化是一个动态平衡过程，由两个因素决定：微生物分解有机物产生水分及水分受热蒸发。由图5－4可以看出，各处理堆体含水率变化趋势相似，堆体含水率在14 d之前缓慢下降，14～25 d之间缓慢上升，25～30 d逐渐下降。堆肥结束时，CK、T1、T2处理堆体的含水率分别为69%、62.03%、60.01%，与堆肥初始相比较，含水率分别下降了2.90%、11.95%、14.03%。由此得出生物质炭及酸化生物质炭可加快污泥堆肥过程中水分的散失。

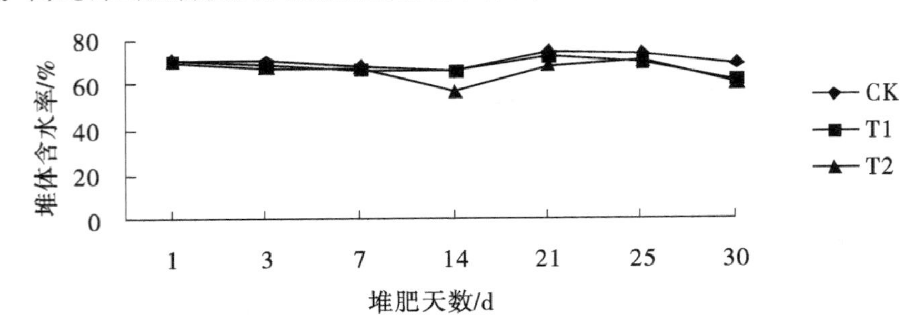

图5－4　堆肥过程中堆体含水率变化情况

5）总有机质

在堆肥过程中，堆体中的有机质是微生物赖以生存和繁殖的重要因素。在高温下，有机质被好氧微生物不断分解，因此，城市污泥堆肥实际上也是一个有机质含量减少的过程，有机质的变化能在一定程度上反映出堆肥的进程。由图5－5可见，随着堆肥的进行，各处理堆体的总有机质含量逐渐降低。堆肥结束时，与初期相比，处理堆体CK、T1、T2的总有机质分别下降了20.85%、16.79%、17.86%，以处理堆体CK的总有机质下降最多，但各处理堆体有机质变化的差异不明显，说明生物质炭对污泥堆肥过程中有机质降解的影响不显著。

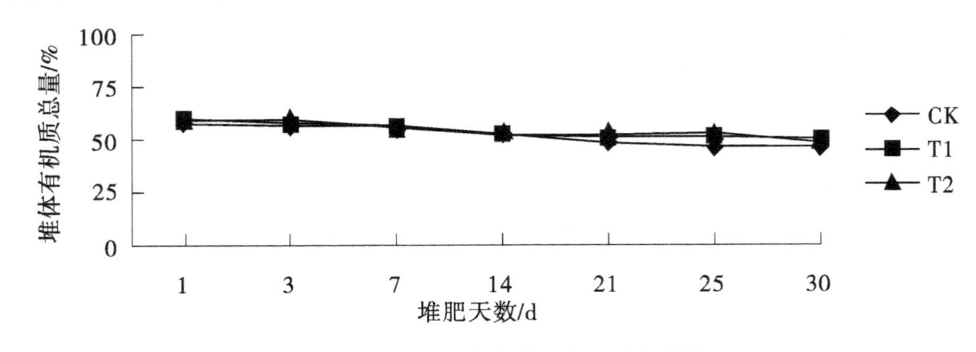

图5－5　堆肥过程中堆体总有机质变化情况

6）胡敏酸（HA）和富里酸（FA）

胡敏酸和富里酸是腐殖质的重要组成成分，对腐殖质的质量起决定性的作用。许多研究认为，堆肥物料不同，得到的腐殖质及其组分存在差异。由图 5－6 可见，在污泥堆肥过程中，胡敏酸、富里酸和胡敏酸/富里酸之比（HA/FA）都发生了变化。在整个堆肥过程中，各处理堆体中的 HA 总体上呈上升趋势，FA 总体上呈下降趋势，HA/FA 总体上呈上升趋势。堆肥结束时，CK、T1、T2 中 HA 的含量比堆肥前分别增加了 1.92%、2.71%、5.88%，T2 中 HA 的含量增加最多；CK、T1、T2 中 FA 的含量比堆肥前分别降低了 29.84%、38.87%、38.07%，T2 中 FA 的含量降低最明显；在整个堆肥过程中，HA/FA 不断增加，说明堆肥中腐殖化的程度不断提高，在堆肥结束时，CK、T1、T2 中的 HA/FA 分别较堆肥前增加了 45.27%、68.03%、70.97%，T2 的腐殖化程度高于其他处理堆体，进而说明污泥中添加酸化生物质炭能有效提高污泥堆肥腐殖化程度，加快污泥堆肥进程，提高污泥堆肥质量。

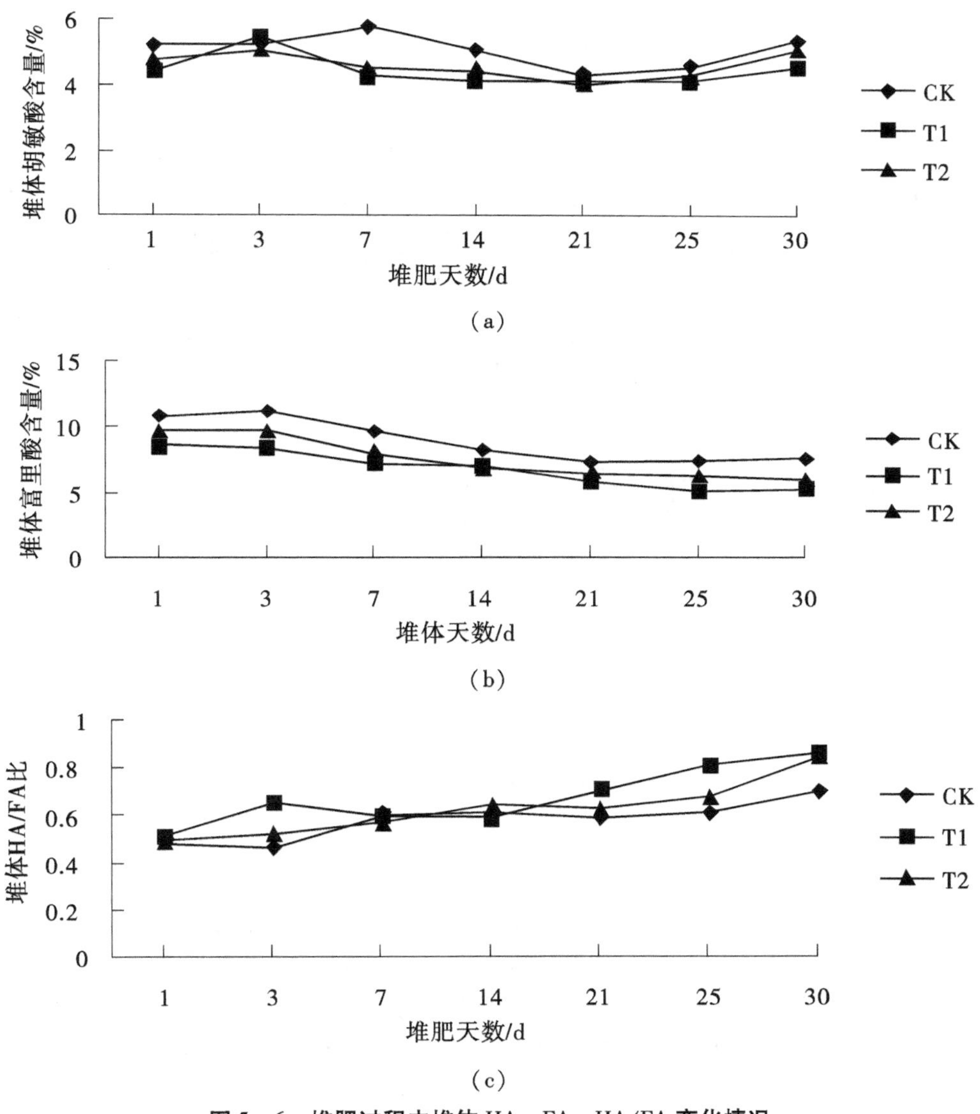

图 5－6 堆肥过程中堆体 HA、FA、HA/FA 变化情况

7）氮素指标

从图 5 – 7 可以看出，随着堆肥过程的进行，堆体的 NH_3含量逐渐上升，在高温期的上升趋势更为明显。与空白处理堆体 CK 相比，污泥中添加生物质炭（T1）和酸化生物质炭（T2）能显著降低堆体 NH_3含量，但两者之间的效果差异不显著。

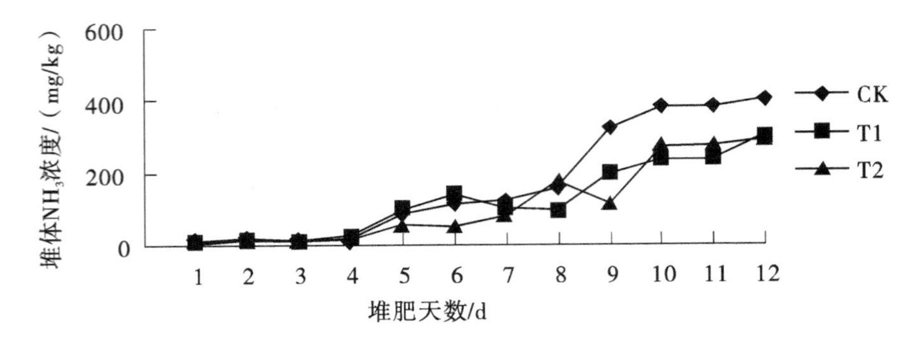

图 5 – 7　堆肥过程中堆体 NH_3 含量变化情况

由图 5 – 8 可以看出，污泥堆肥过程中，各处理堆体的全氮含量（总氮）总体上呈现下降的趋势，其下降的原因与堆肥高温期打开堆体罐，加之通风作用导致 NH_3挥发有关。在整个堆肥期间，处理堆体 CK 中全氮的含量始终高于 T1、T2 处理堆体，其原因可能是 T1、T2 中添加的生物质炭使得全氮含量稀释。在堆肥结束时，处理堆体 CK、T1、T2 中全氮含量分别较堆肥前降低了 11. 14%、10. 45%、6. 26%，说明污泥中添加生物质炭及酸化生物质炭在一定程度上能起到污泥堆肥过程中的“保 N”作用。

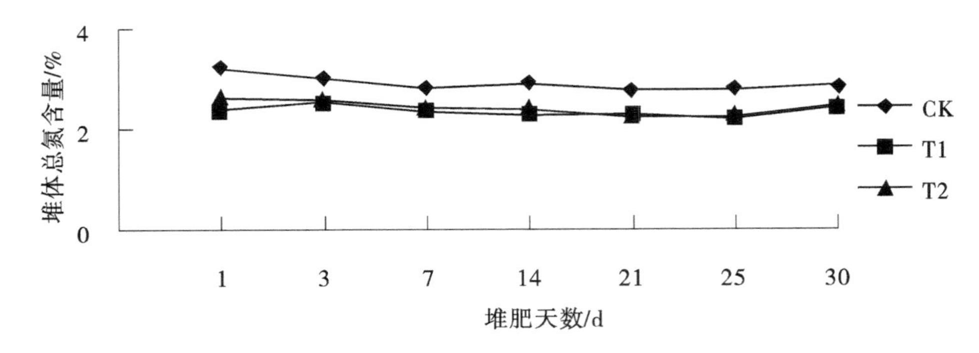

图 5 – 8　堆肥过程中堆体总氮变化情况

8）重金属总量

由图 5 – 9 可以看出，除 Cr 之外，污泥堆肥过程中重金属总量的变化趋势相似，均呈现一定的递增趋势。一方面，污泥在堆肥过程中添加了一定量的调理剂，对污泥起到了稀释作用。另一方面，对比污泥堆肥前初始值，重金属总量均有所增加，这是由于堆肥过程中水分、二氧化碳和挥发性物质挥发损失，以及堆体在堆肥中体积减小、重金属浓缩所致。污泥经 30 d 堆肥后，处理堆体 CK、T1、T2 堆肥产物中的 Cu 总含量分别增加 0. 03%、63. 2%、34. 5%；Zn 总含量分别增加 21. 5%、56%、30%；Pb 总含量分别增加

0.27%、49.7%、29.3%；Cd 总含量分别增加 34.3%、58.2%、45.2%；Ni 总含量分别增加 3.7%、47.9%、29.3%。

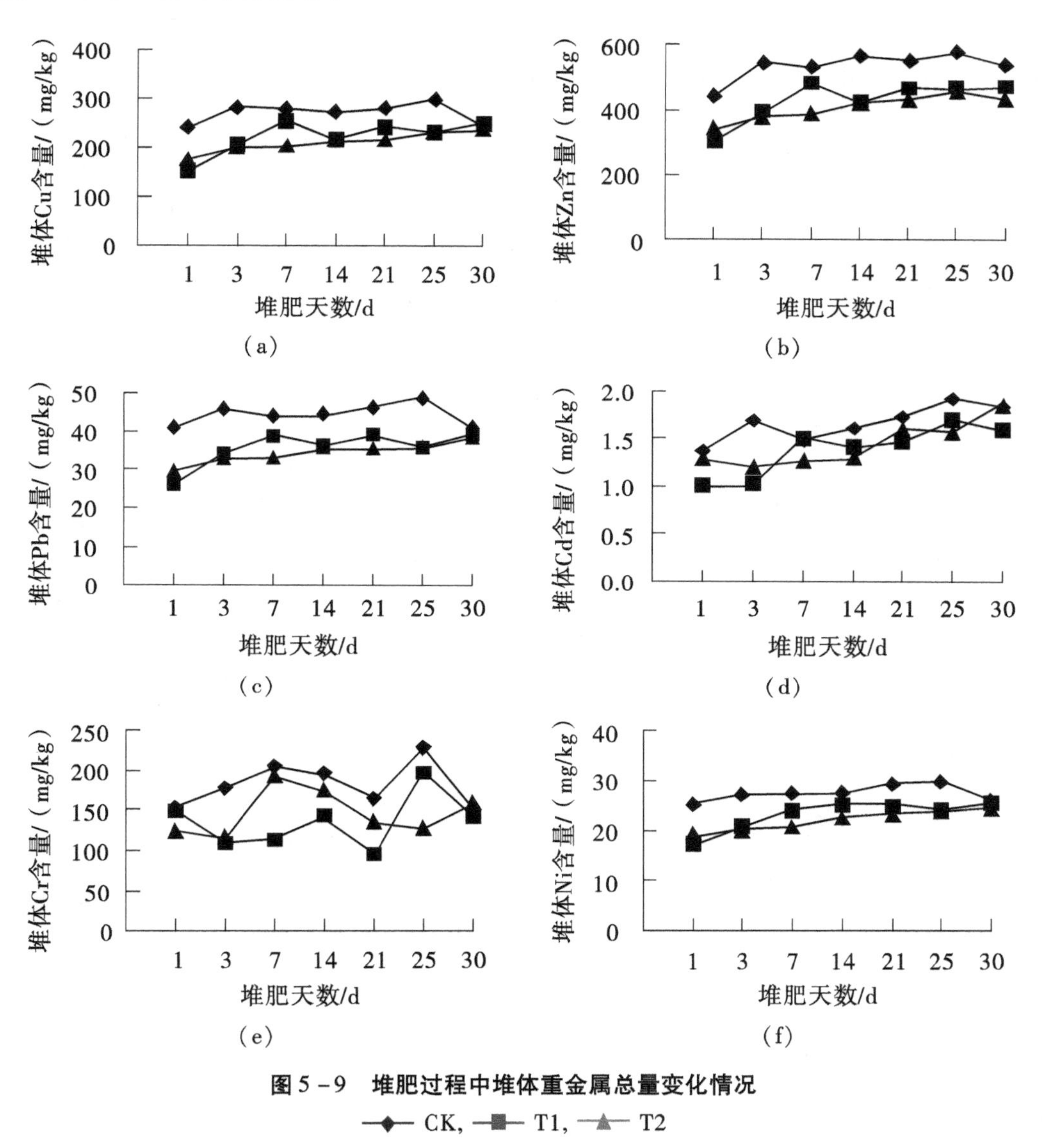

图 5-9　堆肥过程中堆体重金属总量变化情况

—◆— CK, —■— T1, —▲— T2

9）重金属有效态含量占总量比例（可交换态含量与铁锰结合态含量之和）

重金属有效性与其形态关系密切，其有效性排序为：可交换态 > 碳酸盐结合态 > 铁锰氧化物结合态 > 有机结合态 > 残渣态，其中，前 3 种形态的生物有效性较强，属于不稳定形态，后 2 种被认为是稳定形态。一般来说，可交换态重金属是最易迁移的形态，只要增大介质中的离子强度，就会释放出来，同时植物对重金属的吸收与土壤中重金属的可交换态、碳酸盐结合态和铁锰氧化物结合态呈显著的相关性。

污泥中的重金属随着堆肥化的进行，其形态发生了明显的变化，不同元素的形态变化有所不同，这是由于不同金属与非腐殖质及腐殖质之间的亲和力不同。总的来说，由于堆肥过程中有机质及腐殖质的变化，重金属的络合效应增加，因此堆肥化处理可以改变重金属的形态，使其不稳定形态含量降低。本试验研究结果符合这一规律。由图5-10可以看出，污泥堆肥过程中，对不同重金属而言，试验中的三个处理堆体的变化趋势基本一致，且差异并不显著。堆肥结束时，堆肥产物与初始相比，处理堆体CK、T1、T2中的Cu有效态比例分别降低46.59%、58.51%、64.54%；Zn有效态比例分别降低45.69%、47.39%、47.02%；Cd有效态比例分别降低51.65%、42.34%、46.8%；Cr有效态比例分别降低50.28%、59.97%、67.6%；Ni有效态比例分别降低60.97%、64.56%、70.02%。由此可看出，污泥中添加生物质炭及酸化生物质炭能加快降低污泥堆肥过程中Cu、Zn、Cr、Ni有效态比例，其中酸化生物质炭的效果更为明显。（注：污泥堆肥产物中未检测出Pb有效态）

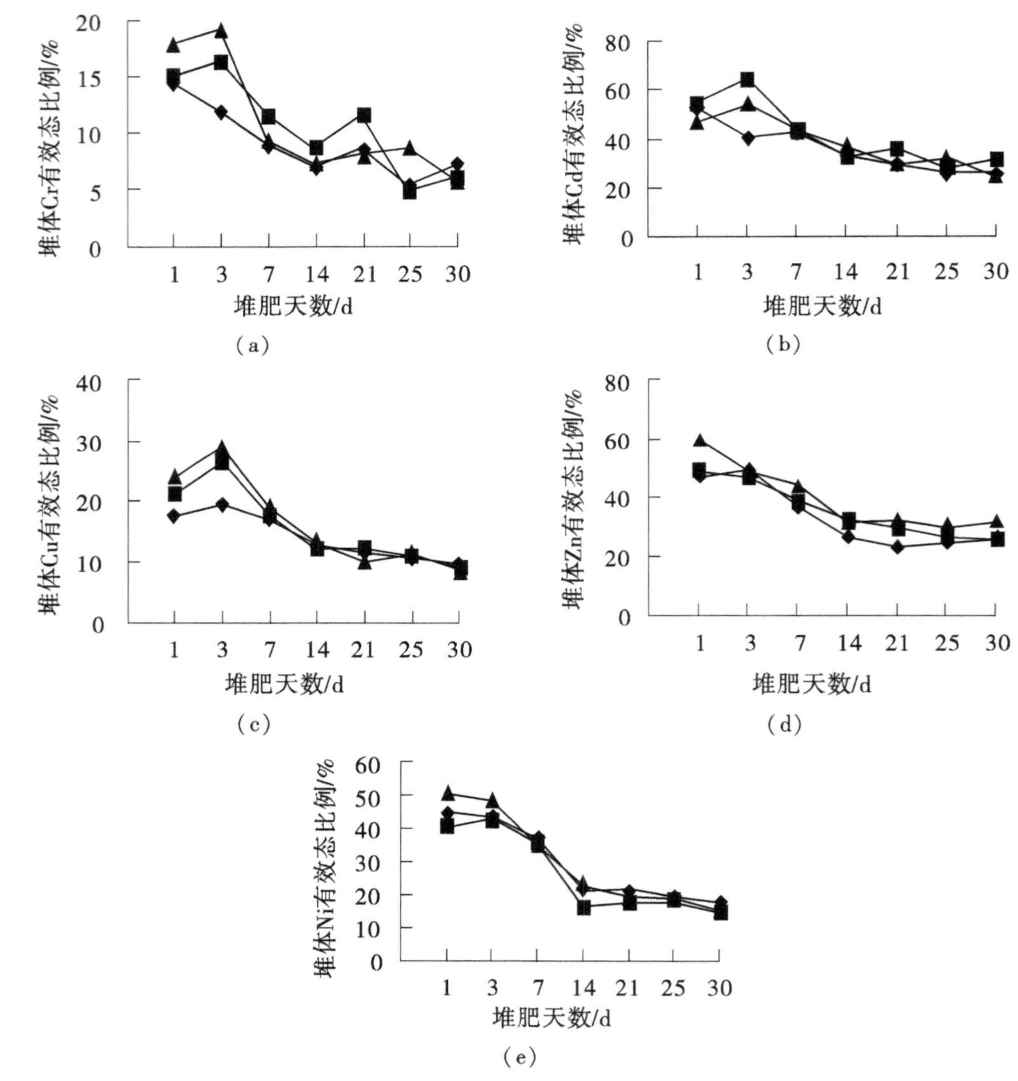

图5-10　堆肥过程中堆体重金属有效态含量占总量比例变化情况

—◆— CK, —■— T1, —▲— T2

3. 小试研究结论

污泥堆肥过程中，添加生物质炭有利于堆体温度的快速升高，而添加酸化处理的生物质炭能有效延长污泥堆肥的高温期。

污泥中添加生物质炭和酸化生物质炭能显著降低堆体 NH_3 含量，也可加快污泥堆肥过程中水分的散失。

尽管生物质炭对污泥堆肥过程中有机质降解的影响不显著，但在污泥中添加酸化生物质炭能有效提高污泥堆肥腐殖化程度，加快污泥堆肥进程，提高污泥堆肥质量。

污泥中添加生物质炭及酸化生物质炭在一定程度上能起到污泥堆肥过程中的“保 N”作用。

从总体上看，添加生物质炭及酸化生物质炭能降低污泥在整个堆肥过程中的重金属含量，也能加快降低污泥堆肥过程中 Cu、Zn、Cr、Ni 有效态比例，其中酸化生物质炭的效果更为明显。

5.2.2 生物除臭小试研究

1. 试验材料与方法

1）除臭材料选型

在生物除臭过程中，臭气物质先被填料上附着的水膜吸收，然后被填料上附着的微生物氧化分解，从而完成臭气的除臭过程。为了使微生物保持较高的活性，应为之创造一个良好的生存环境，包括适宜的湿度、pH 值、氧气含量、温度和营养成分等。

填料是微生物生存和工作的场所，既是微生物生长的支撑载体，又是气液固传质介质，其性能直接影响除臭效果，因此填料是生物除臭装置最核心的技术。一种好的载体填料应满足以下条件：①比表面积大，容许生长的微生物种类丰富，微生物的相容性好；②亲水保湿性能好，能为微生物的生存创造良好的环境；③抗强酸、耐腐蚀，对产生的强酸有耐腐蚀性；④具有一定的机械强度，无压密性，保证气体停留时间和通量；⑤不随水分的变化而膨胀和收缩，保证各种情况下的通气量；⑥结构均匀，孔隙率大，压力损失小，通气阻力小；⑦自身无异味，具有一定的吸附能力；⑧耐老化，使用寿命长；⑨填料材料易得且价格便宜；⑩运行、养护简单。

小试研究中，选择陶粒、火山石、腐殖土壤、细岩石等作为载体填料。其中，腐殖土壤的主要功能是引入其中的除臭菌株，经驯化培养和繁殖，不断增加除臭菌的种群和数量，以提升其除臭能力和缓冲能力。

2）试验材料

生物除臭填充材料：陶粒、火山石、腐殖土壤、细岩石等。

- 粗白陶粒：又名生物珠，直径 2 cm，圆形多孔质轻，市售产品。
- 细红（黑）陶粒：直径 0.3 cm，圆形质轻，市售产品。
- 火山石：无规则，直径 2 ～ 3 cm，质轻，市售产品。
- 腐殖土壤：取自华南农业大学树木园表层腐殖土壤，黑色，无杂草。

脱硫菌培养液：NaCl 4.0 g/L，K_2HPO_4 1.0 g/L，$MgSO_4·7H_2O$ 4.0 g/L，$Fe(NH_4)_2(SO_4)_2·6H_2O$ 1.0 g/L，酵母膏 2.0 g/L，NH_4Cl 2.0 g/L，Na_2SO_4 1 g/L，$CaCl_2$ 0.2 g/L，70%乳酸 10 mL/L。其中 $Fe(NH_4)_2(SO_4)_2·6H_2O$ 在紫外线下杀菌，并在灭菌后的培养基的温度降到 60 ℃以下后再加入，最后调节 pH 到 7.5，呈暗橙色，无沉淀。

硝化菌培养液：$NaNO_2$ 1 g/L，$MgSO_4·7H_2O$ 0.03 g/L，$MnSO_4·4H_2O$ 0.01 g/L，K_2HPO_4 0.75 g/L，Na_2CO_3 1 g/L，NaH_2PO_4 0.25 g/L，$CaCO_3$ 1 g/L（呈乳白色，悬浊）。

3）试验装置

试验装置按填充料高宽比 7∶4 设计，总高度 1000 mm，填充料高度 700 mm，分为上下填料层，其中下填料层为粗颗粒，高度 200 mm，颗粒直径 20 ～30 mm，主要填充成分为粗陶粒、深黑色腐殖土壤、粗火山石；上填料层为细颗粒，高度 500 mm，颗粒直径小于 20 mm，主要填充成分为细陶粒、深黑色腐殖土壤、细火山石和生物炭粉末，详见图 5－11。

装置设计参数最大进风量为 5 m^3/h，设计风力停留时间为 60 s，试验实际进风量为 0.6 m^3/h，实际风力停留时间 378 s。堆肥通风量 0.0625 ～0.1875 m^3/(min·m^3)，风力停留时间 251 ～754 s。

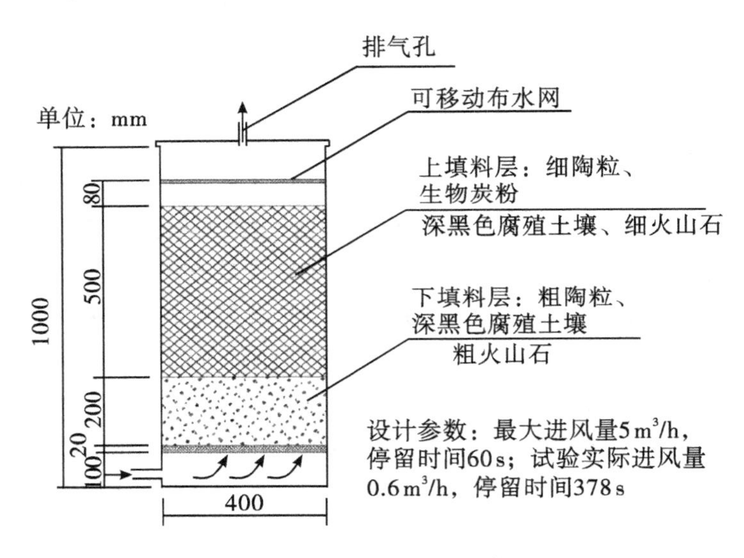

图 5－11　生物除臭试验装置

4）试验方法

污泥堆肥产生的臭气主要成分为 H_2S 和 NH_3，因此除臭菌的驯化培养以脱硫菌和硝化菌的培养为主要目标，利用臭气和营养液培养菌种，实现菌种的迅速繁殖与扩增，达到生物除臭的目的。除臭菌种的培养时间通常需要 10 ～20 d，营养液添加频率为每天 1 次，每天添加量以一次性润湿载体为基准或者采用连续滴滤方式润湿载体。

本次除臭试验设 3 个处理组，每组 3 个重复样品，各组的填充材料与生物培养方式完全相同，检测处理前后的气体浓度变化。除臭菌种培养 14 d 时即检测臭气成分变化。本次检测委托具有检测资质的第三方单位广州分析测试中心开展现场抽样和检测工作，共选取 6 个样点，分别为堆肥对照处理（C0）前后、堆肥工艺添加木炭粉处理（C1）前后和堆肥工艺添加酸化木炭粉处理（C2）前后的臭气气体。各组同时采集气样，以减少除臭前后样本的差异性变化。堆肥通风量30 L/min，取样气体流速为0.5 L/min，采集1h气体混合样，现场采集环境温度为33 ～35 ℃。

2. 试验结果

污泥堆肥产生的臭气经生物除臭塔处理前后的成分变化见表5－2。从表5－2可知，污泥好氧堆肥过程中基本不产生三甲胺、甲硫醇、甲硫醚、二甲二硫和苯乙烯等，产生极少量的硫化氢和二硫化碳，主要臭气成分为氨，其中除臭处理前的氨气质量浓度平均达到了123.3 mg/m³。经处理后，氨气质量浓度降至0.13 mg/m³，几乎达到了完全去除的效果，而少量的硫化氢也被完全去除，低于检测限值。污泥堆肥产生的二硫化碳浓度极低，除臭装置仍对去除二硫化碳产生一定的效果。另外，堆肥前后的平均臭气浓度分别为1365和593.7（无量纲），也减少了56.5%，臭气中可能含有其他难降解的有机气体。污泥堆肥气体经处理后，受检的所有气体成分含量均远远低于《GBZ 2.1—2007 工作场所有害因素职业接触限值》的标准限值，可满足人体现场作业的气体环境要求。

表5－2 生物除臭塔臭气去除效果

处理号		C0		C1		C2		《GBZ 2.1—2007 工作场所有害因素职业接触限值》	
堆肥处理方法		污泥＋蘑菇渣		污泥＋蘑菇渣		污泥＋蘑菇渣		时间加权平均容许质量浓度PC－TWA（8h工作日）	短时间接触容许质量浓度PC－STEL（15min）
气体采集点		处理前	处理后	处理前	处理后	处理前	处理后		
检测项目/（mg/m³）	氨	116	0.10	118	0.16	136	0.13	20	30
	硫化氢	0.005	N.D.	0.004	N.D.	0.004	N.D.	—	—
	三甲胺	N.D.	N.D.	N.D.	N.D.	N.D.	N.D.	—	—
	甲硫醇	N.D.	N.D.	N.D.	N.D.	N.D.	N.D.	1	—
	甲硫醚	N.D.	N.D.	N.D.	N.D.	N.D.	N.D.	—	—
	二甲二硫	N.D.	N.D.	N.D.	N.D.	N.D.	N.D.	—	—
	二硫化碳	0.15	0.09	0.19	0.13	0.16	0.11	5	10
	苯乙烯	N.D.	N.D.	N.D.	N.D.	N.D.	N.D.	50	100
	臭气（无量纲）	1068	573	1612	608	1416	600	—	—

注：N.D.＝未检出。

3. 堆肥生物除臭试验小结

（1）污泥好氧堆肥过程中基本不产生三甲胺、甲硫醇、甲硫醚、二甲二硫和苯乙烯等，产生极少量的硫化氢和二硫化碳，主要臭气成分为氨。除臭装置几乎能去除全部的氨和硫化氢，对浓度极低的二硫化碳也具有一定的去除效果。

（2）污泥堆肥气体经处理后，受检的所有气体成分含量均远低于《GBZ 2.1—2007 工作场所有害因素职业接触限值》的标准限值，远低于8h工作日浓度和15min短时间接触容许浓度，满足人体现场作业的气体环境要求。

5.3 城市污泥好氧高效堆肥技术中试研究

5.3.1 污泥堆肥中试研究

1. 材料与方案

1）试验材料

高温菌种的配制培养与小试试验相同，使用时均匀撒在污泥堆体上，然后拌匀。图5－12为添加高温菌种现场。

图5－12 添加高温菌种现场

试验污泥取自广州市石井污水处理厂的脱水污泥，污泥样品的理化性质见表5－3。

表5－3 试验污泥样品的理化性质

项目	数值
含水率/%	75.0
总氮（TN）/(mg/kg)	22695
总磷（TP）/(mg/kg)	41281
有机质/%	36.5
铬/(mg/kg)	844
铜/(mg/kg)	2465
镍/(mg/kg)	93.6
锌/(mg/kg)	1815
锰/(mg/kg)	489

草蘑菇渣：生产金针菇的基体，含水率51.76%，有机质含量58.23%。

含磷物料：有效磷≥12%，有机质含量≥8%，腐殖酸、氨基酸含量≥3%。

鸡粪：含水率43.8%，有机质含量66.06%。

园林枯枝半成品：含水率20%～30%，黑色，直径1～5cm。

2）试验方法

（1）堆肥场地处理。

试验场地位于项目合作单位广州市从化区鳌头生产基地车间内。在堆肥车间中长 40 m、宽 5 m 的范围内设置 6 个污泥堆肥区域，每个堆肥区域长 4.5 m、宽 4 m，堆体体积约 10 m^3，每个区域中间设置两条鼓风槽，通过鼓风机对堆体污泥进行鼓风处理。

对原有硬化地面开凿通风槽，形成宽 1 m、长 40 m 的 2 条通风管路，由数根 ϕ110 mm 的 PVC 通风管连通形成排风管道，管道表面每 3 cm 开一排小孔排风口，风口尺寸 2 ～ 3 mm。堆肥堆体长 40 m、宽 3.5 m，在发酵槽内总处理量约 50 t。现场配置 1 台变频器，3 台鼓风机。为满足污泥堆肥的压力需要，鼓风机的最大吸入风压为 28 kPa，最大排气压力为 28 kPa，最大通风量为 265 m^3/h，因此堆肥的最大通风量为 0.35 m^3/(min·m^3)①。在选定区域内开凿两条通风槽，将条堆三等分，槽宽 10 cm，深 12 cm。通风槽中放置直径 8 cm 的通风管，上面铺木板面层保证通风槽与条堆整体平整，以确保翻堆机的顺利翻堆。与常规好氧堆肥不同，本试验采用独特的通风设计，主要目的是均匀布气和通风量优化，使气体均匀分布在堆体的每个部分。根据《CJ/T 3059—1996 城市生活垃圾堆肥处理厂技术评价指标》，静态堆肥通风量规定为 0.05 ～ 0.2 m^3/(min·m^3)，本工艺设计参数选定 0.15 m^3/(min·m^3)，间歇式鼓风，每 2 h 运行 30 min。条堆采用一台鼓风机控制对应的两个相邻堆体，鼓风机出口与通风主管连接，通风主管连接两个次通风管，每个次通风管连接一个堆体，管上安装一个蝶阀，并均匀分成两个支管埋置在堆体下面，在堆体下面的支管两侧均匀设置出风口（支管两侧每 2 cm 设置一个出风口，每个孔直径 3 mm），确保气路顺畅与均匀。支管上面水平覆盖木板，木板与条堆保持水平，风从木板缝隙中吹出。每台鼓风机设置一台变频器，这样就能方便地控制每个堆体的风量与风速大小，通风设计见图 5－13。

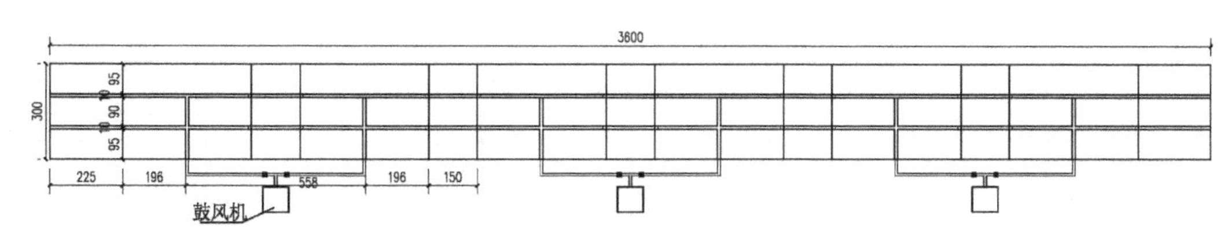

清单：一、设备清单：

1. 电机功率1.2kW鼓风机3台；
2. 直径8.5cm蝶阀6台；
3. 变频器3台，电控柜1个，含电源开关、调节开关、电缆等；

二、管道及其他安装材料清单：

1. 风机房及鼓风机底座3座；
2. 通风管直径8.5cm，长98m，三通18个，四通6个，首端24个；
3. 挖2条36m × 0.1m × 0.1m，6条2.1m × 0.1m × 0.1m地沟；
4. 通风槽覆盖木板2条36m × 0.14m × 0.025m，6条2.1m × 0.14m × 0.025m；

说明：

1. 长度单位为cm；
2. 污泥堆肥区共设置6个堆肥区，2区共用一台鼓风机，鼓风机配变频器和阀门，可调节通风量。
3. 设两条通风槽；通风槽大概在10cm宽，12cm深，内置通风管道直径约8cm，通风管两侧交错开孔：孔径0.3cm，每40cm区间开8孔，堆肥区盲端封闭。通风槽上表面下沉2cm，铺设覆盖板，风从覆盖板与槽接触的缝隙中出来。

图 5－13　堆肥堆体通风设计

---

① 污泥量为 50 t，其体积约为 50 m^3，按 50 m^3 污泥计算。

（2）堆肥方案设计。

堆肥采用好氧堆肥方法，要求物料系统具有适宜的含水率、孔隙率和 C/N 比等，而污泥的含水率高、致密、黏稠、透气性差等特点，使其并不适合直接进行好氧发酵，必须混入辅料改善其高含水率、差透气性和低 C/N 比的弊端。本试验采用将污泥混入草蘑菇渣、鸡粪、含磷物料、菌种等辅助物料的方法来调节整个堆体物料的含水率、孔隙率、C/N 比和稳定重金属等，结合曝气鼓风和翻抛工艺，使其达到最佳的堆肥运行条件，促进堆肥快速干化和腐熟，同时减少臭气产生和促进重金属钝化。经检测，堆体物料各项物化指标满足农用标准。

本中试试验设 6 个处理组，其中 1 个为重复组，见表 5－4。首先将园林枯枝半成品与蘑菇渣按质量比 1∶1 混合，形成膨化剂；再将脱水污泥与膨化剂按质量比 1∶2 用搅拌机混合拌匀，二者拌匀后再在堆肥体中拌入含磷物料、鸡粪和高温菌种等，再次混合均匀成为初始发酵物料。初始发酵物料的含水率为 55%～60%。然后用铲车将其运送至预先设计好的堆肥条块区域制成堆体，堆体采用梯形条状，每个条堆长 4.5 m、宽 3.0 m，堆体高 1.2～1.5 m，共设置 6 个堆体，每个堆体间隔 2 m，每个堆体大约 10 m^3。

通风，记录试验时间、温度等，每天取样测定水分、初始发酵物料的温度，并在第 1,3,5,7,9,12,15,22,30 d 取样进入实验室测定有机质含量、总碳、总氮、总磷、总钾等。

表 5－4　堆肥试验处理方案

堆体编号	脱水污泥/m^3	膨化剂/m^3	含磷物料	鸡粪	高温菌种	是否翻抛	是否通风
1	3.33	6.67	—	—	—	是	是
2	3.33	6.67	100 kg（1%）	100 kg（1%）	—	是	是
3	3.33	6.67	100 kg（1%）	—	10 kg（1‰）	是	是
4	3.33	6.67	—	100 kg（1%）	10 kg（1‰）	是	是
5	3.33	6.67	100 kg（1%）	100 kg（1%）	10 kg（1‰）	是	是
6	3.33	6.67	100 kg（1%）	100 kg（1%）	10 kg（1‰）	是	是

配好的物料进入堆肥条堆后，开启鼓风机开始好氧发酵堆肥。堆肥时间 30 d，并测定相应物理化学指标。为确保好氧堆肥物料混合均匀发酵，翻堆机每天翻堆一次，鼓风量为 0.15 $m^3/(min \cdot m^3)$。

2. 结果与分析

1）运行条件的影响分析

（1）菌种的影响分析。

污泥好氧堆肥过程是微生物与其周围环境因子（有机物、温度和 pH 值）相互影响和相互作用的结果，有机物和温度在污泥堆肥过程中是影响微生物类群结构变化的主导环境因子。本次试验采用微生物菌种来形成复杂而稳定的生态系统。该菌种的接种菌种先在堆肥厂区菌种培养驯化区驯化，驯化培养基成分与堆体几乎相同，可以直接用于堆肥接种。

该菌种具有发酵速度快，能快速腐解秸秆、禽畜粪便、污泥、塘泥、城市生活垃圾、农产品加工废料等有机废弃物的特点；堆肥 5 d 后堆体就散发出泥土的芳香，能显著提高堆肥腐熟进程，缩短堆制时间。菌种能耐高温，含有大量的嗜热菌，在好氧发酵高温阶段嗜热菌大量繁殖，使堆体的温度明显提高，能一直维持在 75 ℃以上，堆体中的寄生虫和病原菌被杀死，对降解堆体中的毒性有机物具有显著效果，可加速堆体腐熟进程。

在除臭效果方面，菌种中含有大量的硝化细菌、硫化细菌等，能有效吸收堆肥过程中产生的代谢不完全产物（厌氧产物与代谢中间产物中的 H_2S、NH_3、CO、CH_4），减少臭气的产生，降低氮的气态损失，显著提高堆体的有机质和氮素的保留率。

（2）蘑菇渣的影响分析。

本试验采用的蘑菇渣是草菇渣，相对于其他膨化剂（如枯枝落叶、秸秆、农产品加工其他废料等）具有以下优点：蘑菇渣里含有大量具有相当活性的细菌、真菌等微生物，一方面可增加堆体发酵的菌种数量，加快发酵的进程；另一方面也减少了菌种的用量，提升菌种对堆体的适应速度，加快了城市污泥好氧堆肥的快速升温过程。

蘑菇渣的粒料小、通透性好、孔隙率高、比表面积大，使堆体膨松，能为各种微生物提供良好的栖息场所。一方面提高了菌种对氧气的吸收与传质，加快了菌种的繁殖与代谢速度，为快速发酵提供了基本保障；另一方面也加快了堆肥过程中好氧分解过程产生的能量与代谢产物（CO_2、H_2O）的吸收与传递的进程，同时比表面积大也提高了微生物对厌氧发酵或好氧不完全发酵产生的代谢产物的再吸收，为减少臭气的产生提供保证。

此外，添加适量蘑菇渣能够提高 C/N 比和降低堆体的含水率。城市污泥中的氮素含量较高，但水分含量在 75% 以上，加入蘑菇渣能显著提高 C/N 比，降低堆体的含水率，为好氧堆肥生物氧化提供必需条件。

（3）通风条件的影响分析。

好氧堆肥过程中的通风供氧是堆肥成败的关键影响因素。在通风供氧条件上，并不是通风量越大效果越好，而是取决于向系统提供的氧总量是否充分，是否既始终维持堆体空隙间有足够的氧气，又不过量通风。一方面要避免由于供氧不足使堆体得不到足够的氧，导致代谢不完全（生成厌氧产物、代谢中间产物）产生臭气；另一方面也要避免由于过量通风，导致堆体温度下降，反应速度降低，过多的中间产物（臭气）产生，同时导致过高的能耗与运行费用。

堆体中氧气含量、温度及通风供氧量是彼此相互影响和相互对应的三个参数。在生化反应速率一定的情况下，增大通风量可以提高氧气含量，但同时会造成堆体物料温度的下降及物料表面物质吹脱速率的增加。而较小的通风量又会导致系统缺氧，虽然短时间内不会使堆肥整个过程或堆肥产品出现质量敏感性的降低，但厌氧情况将造成大量的臭味物质排放，影响现场环境。另外，良好的通风环境有利于代谢不完全的产物（厌氧产物、代谢中间产物）在有可能吹脱之前被微生物吸收或被氧化；有利于在堆体空隙之间存在足够氧气的前提下，将通风量降到最小，提高生物代谢产生的热量的利用率，从而增加堆体的温度，杀死堆体中的病原菌、虫卵和草籽；有利于提高重金属自身的氧化还原作用，提高微生物对重金属的钝化作用，使污泥中的重金属形态由不稳定状态向稳定状态转化、由有毒状态向毒性较小的形态转化，降低重金属的危害，为城市污泥生态农用提供产品质量保证。

2）堆肥过程监控结果与分析

（1）温度。

在有氧的条件下，堆体中的微生物利用有机物和营养物质生长繁殖，并产生 CO_2和水，同时释放大量的能量促使堆体温度迅速上升。好氧堆肥过程由 4 个阶段组成，即升温阶段、高温阶段、降温阶段和腐熟阶段，每个阶段的温度都不一样。温度的变化反映了堆体内部微生物活性的变化，能很好地反映堆肥各阶段的运行状态，图 5 – 14 为污泥堆肥温度变化情况。

由图 5 – 14 可知，随着堆肥的进行，堆体的温度逐渐升高，升高到一定程度后，堆体的温度趋于稳定，稳定在较高温度，一直到堆肥的第 20 天左右，堆体温度才慢慢降低。各堆体温度在 50 ℃以上的时间都维持了 7 d 以上，根据《GB 7959—2012 粪便无害化卫生要求》，符合堆肥卫生学要求和腐熟度指标要求。

堆体 4#、5#、6#在 24 h 内温度就升高到 60 ℃以上，48 h 后堆体 5#、6#温度升高到 70 ℃以上，在第 5 天堆体 5#达到最高温 79 ℃，在第 6 天堆体 6#达到最高温 78 ℃，在第 6 天堆体 4#也达到最高温 70 ℃。由此可见：堆体 5#、6#升温效果较好，实现了快速升温，有利于加速好氧堆肥进程，物料快速干化，堆体快速腐熟。

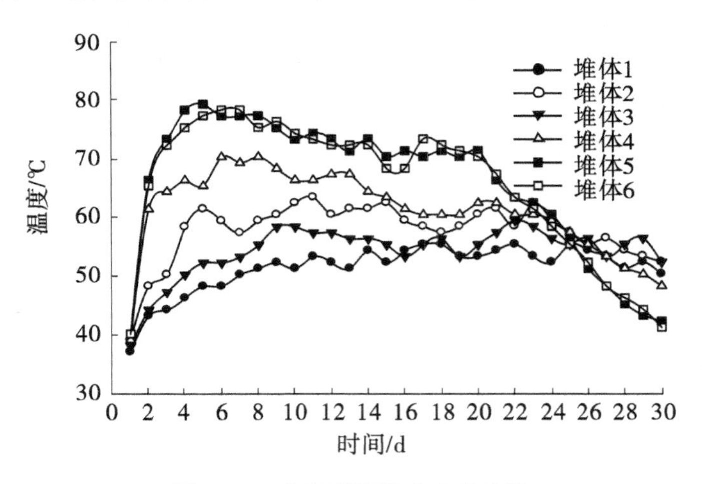

图 5 – 14　污泥堆肥温度变化曲线

结论：添加少量菌种并辅加一定的辅料，污泥堆体容易升温，升温幅度大且持续时间长，有利于高效杀灭有害病源菌，加速堆体物料的快速干化和腐熟进程，从而提高堆肥效率与堆肥产品品质。

（2）含水率。

对于堆体中微生物的生长繁殖、有机物的分解、重金属的钝化，良好的水分含量是堆肥不可缺少的条件。一方面微生物的生物代谢会增加含水率，另一方面堆体水分因好氧堆肥通风和高温而以水蒸气的形式散失，这两方面的共同作用导致了堆体含水率的变化。污泥堆肥含水率变化曲线见图 5 – 15。

由图 5 – 15 可知，堆肥在堆体垒成时，各堆体的含水率都在 60% ～65% 之间，堆体此时含水率最高。随着堆肥的进行，堆体的含水率逐渐降低。在第 11 天时，堆体 5#和 6#含水率已降至 40% 以下；在第 30 天时，堆体 1#、2#、3#、4#、5#、6#分别降低到 55%、51%、44%、31%、28%、30%。堆体 5#、6#的含水率降低速度快，堆肥效果较好，实现了物料快速干化，有利于加速好氧堆肥进程，物料快速腐熟。

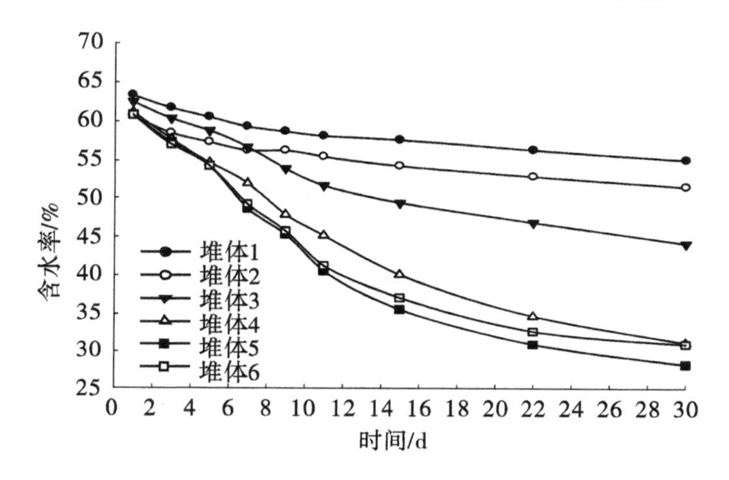

图 5 – 15　污泥堆肥含水率变化曲线

结论：为降低城市污泥好氧堆肥的含水率，堆体 5#、6#对应的好氧堆肥方案对快速降低含水率的效果较好，实现了物料快速干化，有利于加速好氧堆肥进程，物料快速腐熟，好氧堆肥效果较好。

3） 营养学指标

（1） 有机质。

在好氧堆肥过程中，堆体中的有机质是微生物赖以生存和繁殖的重要因素，给微生物的生长繁殖提供了所需的碳源。在堆肥进程中，有机质被微生物不断分解，因此城市污泥堆肥过程实际上也是一个有机碳含量减少的过程。

微生物不能直接利用堆体中的固相成分，需要通过微生物分泌胞外酶将堆体中的可降解成分水解为水溶性的有机物后才能直接利用。随着堆肥的进行，微生物大量繁殖，堆体中的有机固相物质（纤维素、半纤维素和木质素）在胞外酶的作用下发生水解，生成水溶性的有机碳，水溶性的有机碳含量升高，致使堆体中的有机质含量也增加；随后由于有机固相物质（纤维素、半纤维素和木质素）的量逐渐减少，有机质也逐渐被微生物分解为 CO_2和水，所以有机质含量逐渐减少。污泥堆肥有机质的变化曲线见图 5 – 16。

由图 5 – 16 可知，污泥堆肥过程中的有机质含量总体呈现下降趋势，随着微生物的生长日益旺盛，有机固相物质强烈分解，有机质含量逐渐减少，被微生物利用而发生了消耗。经过 30 天的堆肥过程，堆体 1#、2#、3#、4#、5#和 6#的有机质分别下降了 9.97%、4.83%、9.28%、7.94%、3.65%和 0.04%。总体降幅在 10%以内，表明微生物对有机质产生了较强的降解作用。

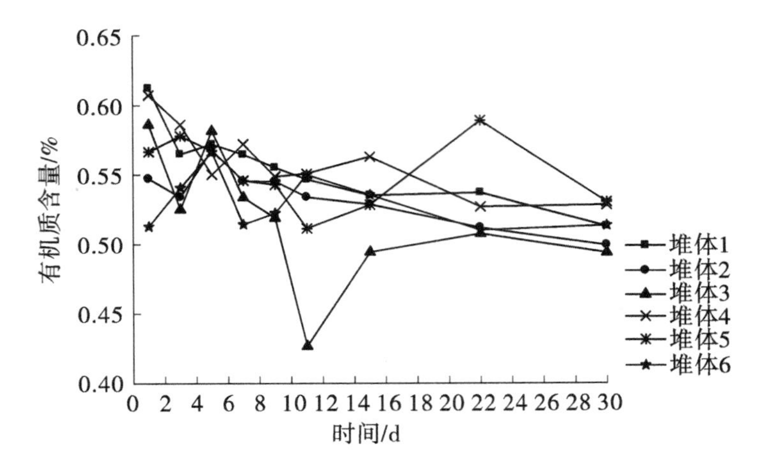

图 5-16　污泥堆肥有机质含量变化曲线

（2）氮。

氮的循环包括氨化作用、硝化作用、反硝化作用、固氮作用，其形态包括有机氮、氨态氮、硝态氮、亚硝态氮等。在污泥堆肥过程中，氮素转化是微生物生化过程的结果，主要包括氮素的固定和释放。堆肥结束后，氮素通常都有一定的损失，这主要是由于有机氮的矿化和持续性氮的挥发以及 NO_3-N 可能存在的反硝化。减少城市污泥好氧堆肥中氮素损失的方法有：加入富含碳的物质，提高 C/N 比；调整堆体的 pH 值，减少 NH_3 的挥发损失等。污泥堆肥总氮含量的变化曲线见图 5-17。

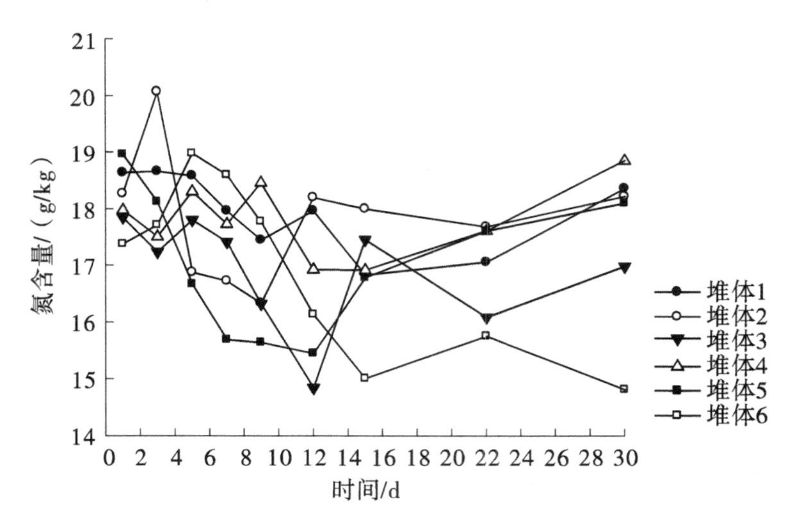

图 5-17　污泥堆肥总氮含量变化曲线

由图 5-17 可知，污泥堆肥过程中的氮含量出现减少的趋势，氮含量总体控制在

14.6 ～20.0 g/kg 之间。随着微生物的生长日益旺盛，氮素以氨形态的挥发在轻微下降。但从总体变化情况来看，损失量并不大，堆体 6#的氮损失较多，从 17.3 g/kg 降至 14.8 g/kg，氮损失 14.8%，其余处理堆体均少于 4%，损失不明显。从整个污泥好氧堆肥过程来说，总氮含量变化不大，呈下降的趋势。各堆体氮含量变化都相差不大，且都存在氮素损失的过程。

（3）C/N 比。

C/N 比会影响有机物被微生物分解的速度。微生物自身的 C/N 比为 4 ～30，故有机物的 C/N 比最好也在此数值范围内。当 C/N 比在 10 ～25 之间时，有机物的分解速度最大。发酵后 C/N 比一般会减少 10 ～20，甚至更多。如果成品堆肥的 C/N 比过高，向土中施肥时，农作物可利用的氮会过少而导致微生物陷于氮饥饿状态，直接或间接影响和阻碍农作物的生长发育。故应以成品堆肥 C/N 比为 10 ～20 作为标准来确定和调整原料的 C/N 比，一般认为城市固体废物堆肥原料的最佳 C/N 比在（20 ～35）：1。

从图 5 - 18 可知，所有处理的 C/N 比在堆肥开始时处于 14 ～21，结束时处于 12 ～16，平均下降了 3 ～6。其中堆体 6#在前 5 天下降了 7，这可能与堆肥开始时氮急剧而且大量释放有关；随后 C/N 比呈现小幅上升趋势，在堆肥第 30 天时最终下降了 6.3，振幅和降幅均最大，表明该堆体降解有机物过程最为强烈。其余堆体也表现出随堆肥时间的进程而呈现缓慢下降的趋势，虽然氮素在减少，但有机物碳素减少更为明显。

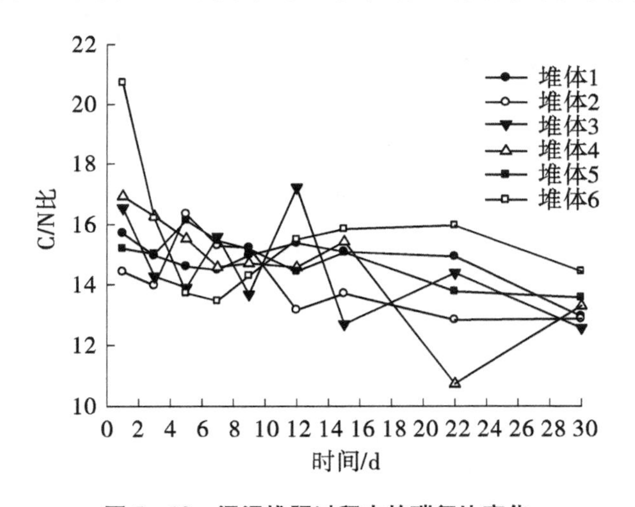

图 5 - 18　污泥堆肥过程中的碳氮比变化

（4）磷。

污泥堆肥的有效磷含量变化曲线见图 5 - 19。由该图可知，污泥堆肥在堆体垒成时，未加含磷物料的堆体有效磷含量平均大约为 29.6 g/kg，加了含磷物料的堆体有效磷含量大约增至 37.8 g/kg。随着好氧堆肥的进行，堆体的有效磷含量都在逐渐增加，在第 30 天有效磷含量达到最高，堆体 1#、2#、3#、4#、5#、6#经 30 天堆制分别增加了 14.56%、11.69%、52.35%、9.40%、31.23%和 43.49%。其中以堆体 3#增加最多，其次为 6#，这可能与添加的含磷物料在堆肥过程中不断释放磷元素有关。因此，堆体添加含磷物料有利于堆体有效磷含量的增加，而加入菌种则有利于含磷物料对磷的释放，促使堆肥产品的有效磷含量符合农用标准。

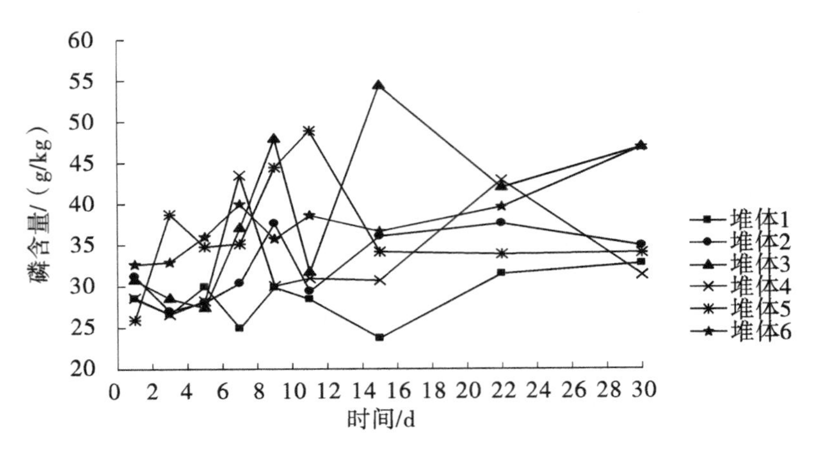

图 5－19　污泥堆肥有效磷含量变化曲线

（5）钾。

图 5－20 为污泥堆肥的有效钾含量变化曲线。由图可知，污泥堆肥过程中的有效钾含量是波动增加的过程。堆肥开始时各堆体的有效钾含量相差不大，都在 8. 5 g/kg 至 9. 2 g/kg 之间，随着好氧堆肥过程的进行，有效钾含量逐步增加，第 30 天时堆体 1#、2#、3#、4#、5 # 和 6 # 的有效钾含量分别增加了 19. 02%、24. 13%、21. 87%、29. 51%、38. 13% 和 31. 58%，其中堆体 5#的增幅最大，表明其生物干化过程也最为强烈。堆肥过程中有效钾元素的增加与堆肥期间微生物作用逐步释放钾有关。随着堆肥的进行，各堆体的有效钾含量变化都相差不大，呈现逐渐增加的趋势。

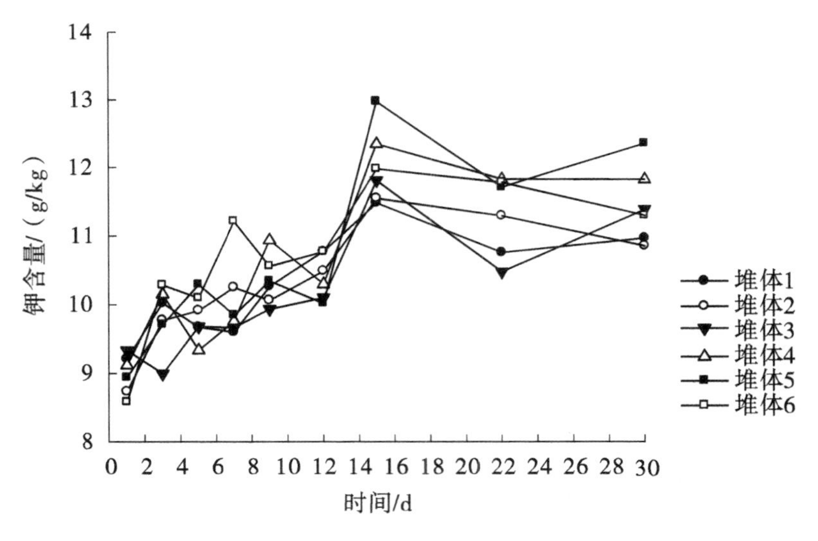

图 5－20　污泥堆肥有效钾含量变化曲线

根据《CJ/T 309—2009 城镇污水处理厂污泥处置 农用泥质》，污泥农用时其营养学指标氮磷钾含量（干基）≥30 g/kg。本次中试试验形成的堆肥产品营养学指标远高于30 g/kg 标准值（见表5－5）。在城市污泥好氧堆肥进程中，有机质含量、氮含量均呈现逐步下降的态势，加入鸡粪有利于堆体有机质的提高，但增幅不大，这是微生物新陈代谢不断消耗营养物质的结果。而磷钾含量却呈现缓慢上升的趋势，可能与其残渣态在微生物强烈作用下被缓慢释放有关。根据城市污泥好氧堆肥过程中各堆体营养学指标，结合堆体温度和含水率的变化情况进行分析，堆体5#、6#的堆肥方案相较于堆体1#、2#、3#、4#的堆肥方案更优。

表5－5　城市污泥好氧堆肥营养学指标　（单位：mg/kg）

项目	堆体1	堆体2	堆体3	堆体4	堆体5	堆体6
氮含量	18 351	17 212	16 974	18 842	18 092	14 810
磷含量	32 679	38 845	46 821	31 322	45 018	46 833
钾含量	10 959	10 844	11 376	11 814	12 347	11 292
氮磷钾总量	61 989	66 901	75 171	61 978	75 457	72 935

3．中试试验结论

在中试堆肥试验中，6个堆体中同时添加菌种、含磷物料和鸡粪，在翻抛和鼓风的条件下升温速度最快，在24 h内温度就升高到60 ℃以上，48h后堆体温度升高到70 ℃以上，在第5天堆体温度可达到79 ℃，实现了快速升温和快速腐熟过程，有利于加速好氧堆肥进程，物料快速干化。而堆肥期间，各堆体温度均可以在50 ℃以上维持7天以上，按照《GB 7959—1987 粪便无害化卫生标准》，符合堆肥卫生学要求和腐熟度指标要求。

随着堆肥的进行，堆体的含水率逐渐降低。第11天时，添加了菌种、鸡粪和含磷物料的堆体5#和6#的含水率已降至40%以下；在第30天时，更降至30%以下，实现了物料的快速生物干化过程，加速了好氧堆肥进程，这也可以从其C/N比降幅最多的监测结果得到印证。

在污泥好氧堆肥进程中，有机质和氮含量均呈现逐步下降的态势，加入鸡粪有利于堆体有机质的提高，但增幅不大；而磷钾含量却呈现明显上升的趋势，其营养学指标氮磷钾含量（干基）大于30 g/kg的农用标准限值。

综合堆肥干化速率、臭气排放和有机营养成分的指标变化，添加一定比例的菌种、鸡粪和含磷物料的堆体在翻抛和鼓风条件下堆肥是堆肥的最佳方案。

5.3.2　生物除臭中试研究

1．试验材料与方案

试验材料与方案同5.3.1中“1．试验材料与方案”。

在堆肥过程中，保持通风，记录试验时间、温度等，每天取样测定水分、初始发酵物料的温度及表面臭气（NH_3、H_2S、CH_4、CO）浓度。

2. 结果与分析

1）污泥堆肥的臭气来源与成因分析

城市污泥好氧堆肥过程中散发的臭气主要由含硫化合物、含氮化合物和挥发性有机物（VOCs）组成。含氮恶臭物质主要有氨、胺、吲哚和粪臭素，其中氨是最受关注的。当氧气足够时，物料中的有机成分如蛋白质等，在好氧细菌的作用下会产生刺激性气体（NH_3等）；当氧气不足时，厌氧细菌会将有机物分解为不彻底的氧化产物，如含硫化合物（H_2S、SO_2、硫醇类等）、含氮化合物（胺类、酰胺类等）。恶臭气体在好氧和厌氧条件下均可产生，主要的致臭物质来自厌氧过程；即使在充分好氧条件下，堆体也会产生少量致臭物质，如氨、乙酸、丙酮酸、柠檬酸等，但臭味相对较小。

在城市污泥好氧堆肥过程中，可通过控制堆体的组成、氧气浓度、温度、含水率等条件来调节和减少臭气的产生。堆体中的有机质含量会影响堆体温度的上升与通风供氧条件，当有机质含量过低，分解产生的热量不足以维持堆肥所需要的温度上升状态，影响堆肥的无害化进程；当有机质含量过高，则 O_2消耗太快，供氧不足也有可能产生厌氧状态，有机物不完全分解产生的中间代谢产物往往都是恶臭化合物。堆体中的 C/N 比过高，氮含量相对不足，堆体微生物在生长繁殖过程中会发生氮饥饿，微生物不能正常地生长繁殖；C/N 比过低，则微生物在生长繁殖过程中的碳源不足，造成产生过量的氮不能用于微生物细胞合成，最后转变成 NH_3挥发，引起氮素的损失和臭味问题。

通风是补充氧气的主要途径，通风量过低，会形成厌氧的堆肥环境，产生大量的恶臭物质；通风量过高，尽管提高了供氧量，使恶臭物质的产生量减少，但由于风量过大，也可能会因为吹脱作用导致恶臭物质的总散发量相对增大。

堆肥物料的含水率直接关系到堆肥过程能否顺利进行。一方面，含水率越高，有机质的溶解和扩散越快，越有利于微生物的生长；另一方面，氧气在水中的扩散系数远小于在空气中的，含水率过高会造成堆体中 O_2难以扩散到物料的内部，使微生物处于缺氧或厌氧环境，从而导致厌氧发酵，产生恶臭。

2）臭气成分变化

（1）NH_3。

在堆肥过程中，氨气由氨氮有机物的降解产生，在通风作用下挥发。硝化细菌在有氧的情况下将 NH_3-N 转化为 NO_3-N，氨气的产生量减少；反硝化细菌在缺氧的情况下将 NO_3-N 转化为 NO_2-N，进而转化为 N_2，氨气的产生量增加。随着堆肥的进行，可降解的氨氮有机物成分减少，氨气的产生量也将减少。污泥堆肥堆体表面的 NH_3质量浓度变化曲线见图 5－21。

由图 5－21 可知，在污泥堆肥过程中，堆体表面的 NH_3 质量浓度先稳中有升，在第 4 天左右达到最高值后逐渐减低。堆体 3#、5#、6#产生的 NH_3质量浓度相对较低，堆体 1#、2#的 NH_3质量浓度相对较高，堆体 4#的 NH_3质量浓度变化比较大，这可能与含磷物料释放磷元素形成相对酸性环境而固定了部分氨有关。根据 GBZ 2.1—2019 要求，工作场所 NH_3平均质量浓度限值为 20 mg/m^3，短期接触质量浓度限值为 30 mg/m^3。在堆肥过程

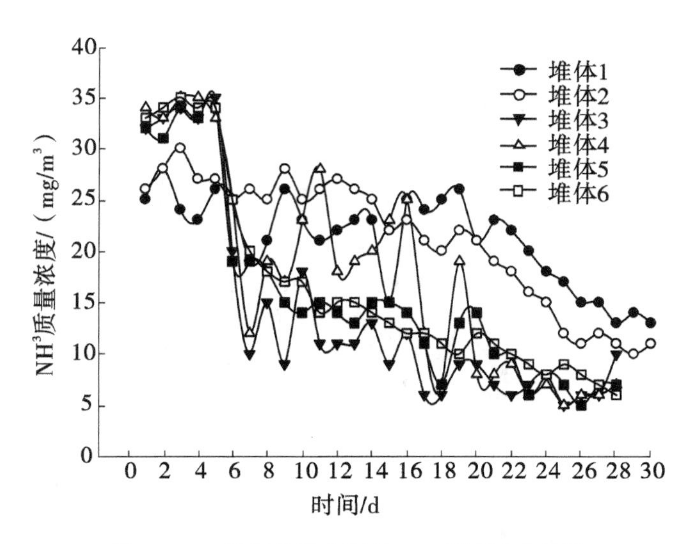

图 5-21 污泥堆体表面的 NH_3 质量浓度曲线

中，NH_3的短期接触质量浓度基本能够满足该标准的要求。

（2）H_2S。

MX6 臭气测定仪的量程下限为 1 ppm①，且只能显示整数；现场多次测量 H_2S 的浓度都显示为“○”，说明好氧堆肥现场 H_2S 的质量浓度小于 1 ppm，低于 MX6 臭气测定仪检测限值，表明城市污泥好氧堆肥过程中产生并释放的 H_2S 较少。

（3）CO。

污泥堆肥堆体表面的 CO 质量浓度变化曲线见图 5-22。由图 5-22 可知，在城市污泥好氧堆肥过程中，堆体表面 CO 质量浓度波动较大。这一现象主要与氧气的供应量（通风量）有关，氧气的供应量局部不均匀或者供应量不足都会导致微生物不完全降解有机物，从而产生 CO。由图可知，随着堆肥的进行，堆体表面的 CO 质量浓度先降低后不断波动，堆体 6#的 CO 质量浓度在堆肥过程中几乎始终最低，堆体 5#次之。

（4）CH_4。

MX6 臭气测定仪的量程下限为 1 ppm，且只能显示整数；现场多次测量 CH_4的浓度都显示为“○”，说明好氧堆肥现场 CH_4的质量浓度小于 1 ppm，低于 MX6 臭气测定仪检测限值，表明城市污泥好氧堆肥过程中产生并释放的 CH_4较少。

结论：在城市污泥好氧堆肥过程中，产生的臭气主要成分是 NH_3，CO 次之，其他成分 H_2S、CH_4因产生量相对较少而未检出。因此，控制好氧堆肥过程臭气的产生主要是控制 NH_3的产生。通过调节蘑菇渣、鸡粪等调节剂的加入量，将堆体的有机质含量、C/N 比、含水率控制在一个合理范围内；通过接种加入适量微生物，将通风量调节氧气的供应控制在一个适度范围内，营造一个适合的城市污泥生物好氧堆肥环境，就能有效控制堆肥的进程，降低臭气的产生。根据以上分析，堆体 3#、5#、6#产生的 NH_3质量浓度相

① 尽管 ppm 为非法定计量单位，但其在气体检测仪中仍广泛使用，在标准大气压下，1 ppm 约合 0.76 mg/m³。

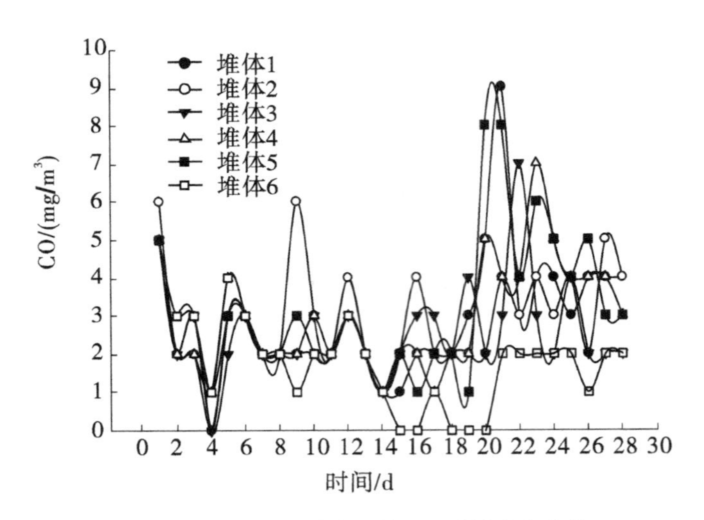

图 5-22　污泥堆体表面的 CO 质量浓度曲线

对较低，其对应的堆肥方案较优于堆体 1#、2#、4#对应的方案。

3. 中试除臭小结

（1）堆肥期间，产生的臭气主要为 NH_3，堆体表面的 NH_3 质量浓度先稳中有升，在第 4 天左右达到最高值后逐渐降低。堆体 3#、5#、6#产生的 NH_3 质量浓度相对较低，堆体 1#、2#的 NH_3 质量浓度相对较高，堆体 4#的 NH_3 质量浓度变化比较大。本次堆肥产生的 NH_3 质量浓度都能够满足 GBZ 2.1—2019 短期接触限值的要求，而其他成分 H_2S、CO、CH_4 等因堆肥处于好氧状态，逸出量相对较少，甚至未达到检出限值。

（2）污泥堆肥中添加的含磷物料，有利于形成堆体的相对酸性环境，从而固定了部分氨气，减少了氮损失，也改善了污泥堆肥的工作环境。

5.3.3　重金属控制中试研究

1. 试验材料与方案

1）试验材料与方法

试验材料与方法同 5.3.1 节“1. 材料与方案”。

2）测定方法

在堆肥第 1、3、5、7、9、12、15、22、30 天取样，进入实验室测定重金属总量和残渣态含量。重金属测定方法：消解 + ICP 仪测定法。

总量：准确称取 0.3000 g 污泥样品于聚四氟乙烯消解罐内，加入 1 mL HCl、4 mL HF 和 5 mL HNO_3，放置 20 min 使样品中的有机物充分氧化后盖上内盖并压紧，拧紧外盖放入转盘上。采用梯度温度程序，在 120 ℃下消解 5 min，在 180 ℃下消解 30 min，再在 120 ℃下消解 5 min。待消解程序结束后，取出样品并冷却至室温，在 4000 r/min 条件下离心 30 min 后再用定量滤纸过滤残渣，滤液移至容量瓶中用 HNO_3 溶液（2%）定容至 50 mL，用电感耦合等离子体原子发射光谱仪（ICP - AES）分别测定污泥中的 Cu、Zn、

Cr、Ni、Mn、Cd 和 Pb 含量。

残渣态量：准确称取 0.5000 g 过筛污泥，放入 50 mL 聚丙烯离心管中，按修正的 BCR 连续提取步骤进行浸提，使用 ICP - AES 测定上清液中重金属浓度，具体过程如下。

（1）水溶态。

加入 20 mL 去离子水，移入恒温水浴振荡器中振荡反应 16 h（200 r/min、5 ℃ ±1 ℃）后取出，在 4000 r/min 下离心 20 min，上清液用 0.45 μm 膜过滤，将滤液储存在 10 mL 的聚乙烯管中，于 4 ℃下保存，待测。残留污泥使用 10 mL 去离子水冲洗，离心 20 min 后，去除洗涤水。

（2）酸溶/可交换态。

在步骤（1）的残留污泥中，加入 20 mL 0.11 mol/L CH_3COOH，余下步骤同步骤（1）。

（3）可还原态。

在步骤（2）的残留污泥中，加入 20 mL 0.1 mol/L 盐酸羟铵（$NH_2OH \cdot HCl$，用 0.1 mol/L HNO_3调至 pH =2），余下步骤同步骤（1）。

（4）可氧化态。

在步骤（3）的残留污泥中加入 5 mL 8.8 mol/L H_2O_2（30%），加上盖后断续振荡反应 1 h，然后打开盖，在 85 ℃水浴中反应 1 h。接着加入 5 mL 8.8 mol/L H_2O_2反应 1 h，然后再加入 25 mL 1 mol/L CH_3COONH_4（用 0.1 mol/L HNO_3调至 pH =2），余下步骤同步骤（1）。

（5）残渣态。

将步骤（4）的残留污泥取出，烘干后消解，测定步骤同重金属总量测定。

2. 结果与分析

污泥中的重金属可分为 5 种化学形态，分别为水溶态、酸溶/可交换态、可还原态、可氧化态和残渣态。其中，水溶态主要是指可自由移动和以与水溶性有机物相结合的形式存在的离子，易被雨水冲洗迁移，污染地表水或饮用水源。酸溶/可交换态主要是指以可交换、吸附或与碳酸盐结合的形式存在的离子，该形态迁移性较强，可以直接被生物利用。可还原态的主要存在形式是与无定形的铁锰氧化物和水合氧化物结合；可氧化态主要是与有机质和硫化物结合，可以被植物间接利用；随着土壤 pH 改变，可还原态和可氧化态能部分转化为可被植物利用的有效形态。残渣态主要与硅酸盐矿物、结晶铁镁氧化物等结合，很难被生物利用，迁移性很小。

5 种形态的有效性顺序为：水溶态 > 酸溶/可交换态 > 可还原态 > 可氧化态 > 残渣态。可交换态、碳酸盐结合态和铁锰氧化物结合态属于非残渣态，有机结合态、残留态属于残渣态。

堆肥是一种降低污泥中重金属活性的简单有效的方法，经过堆肥后重金属的活性被钝化，可以有效降低其生物有效性。利用城市污泥与不同配料配比进行好氧堆肥处理后发现，堆肥中重金属总量没有降低，但堆肥后重金属形态发生了变化，残渣态所占的比例增加，表明通过堆肥，重金属的活性和毒性减小，提高了污泥农用的环境安全性。本次试验中城市污泥好氧堆肥各堆体的重金属总量均值见表5－5。

表5－5 城市污泥好氧堆肥各堆体的重金属总量均值 （单位：mg/kg）

项目	堆体1	堆体2	堆体3	堆体4	堆体5	堆体6	限值	
							A级	B级
总Cr	350.9	336.7	325.2	322.7	280.2	273.5	<500	<1000
总Cu	1012	983.2	924.5	948.1	832.4	807.0	<500	<1500
总Ni	41.2	41.3	38.9	39.4	36.9	34.6	<100	<200
总Zn	1300	1250	1180	1262	1176	1138	<1500	<3000
总Mn	672.2	380.7	686.9	355.4	694.1	389.8	未规定	未规定
总Cd	3.98	5.48	3.94	5.12	3.88	5.48	<3	<15
总Pb	39.7	41.4	50.4	43.2	36.6	33.7	<300	<1000

注：上述数据是取样9次所得的各重金属总量均值。

由表5－5可知，城市污泥好氧堆肥各堆体的重金属总量均满足《CJ/T 309—2009 城镇污水处理厂污泥处置 农用泥质》中的B级泥质标准，除总Cu和总Cd外，其他重金属指标都满足A级泥质标准。

1）残渣态Cr

堆肥过程中残渣态Cr所占比例的变化曲线见图5－23。由该图可知，污泥堆肥残渣态Cr在堆肥过程中总体呈现先急剧上升再保持稳定的变化趋势。

第3天，各堆体的残渣态Cr比例急剧增加，其中堆体1#、3#、4#和6#的残渣态Cr所占比例仅2天时间即分别提升了86.3%、69.9%、87.0%和76.5%，而堆体2#和5#在这一过程中残渣态Cr所占比例几乎没有变化，分别保持在49.6%和66.1%。

第9天，所有堆体的残渣态Cr所占比例基本达到了一致水平，平均在80%左右，之后都呈现缓慢增加的趋势。

第30天，堆体1#、2#、3#、4#、5#、6#的残渣态Cr比例分别达到了91.8%、76.2%、86.2%、80.3%、80.5%和84.8%，较堆肥第1天分别增加了154.9%、52.8%、83.6%、60.0%、25.3%和86.4%。

而在堆肥期间，由于各处理堆体中膨化剂的添加比例相同，各处理堆体中重金属Cr的残渣态比例也基本相似，最终平均所占比例分别为72.3%、68.3%、76.8%、78.8%、73.4%和72.9%。以上结果表明重金属Cr很容易在堆肥过程中发生形态的转变，由其他形态向对生物无效的残渣态转变，同时逆向转化的比例极低。因此，污泥堆肥利于快速降低城市污泥中重金属Cr的生物活性和毒性，显著提高了城市污泥农用重金属Cr的环境安全性。

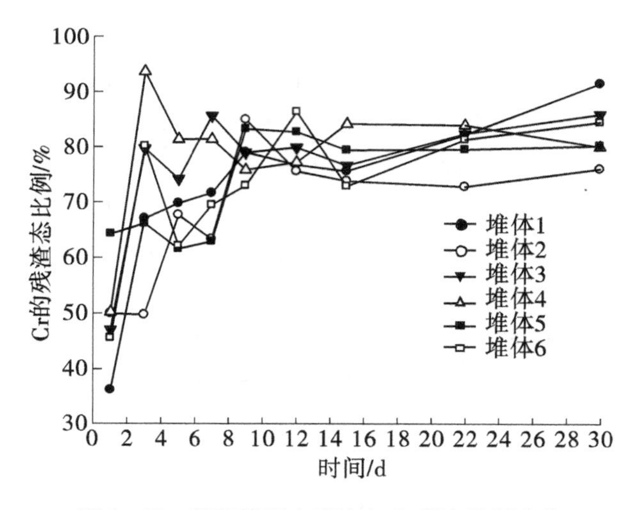

图 5-23　污泥堆肥中残渣态 Cr 所占比例变化

2）残渣态 Cu

各堆体中残渣态 Cu 所占比例的变化曲线见图 5-24。由该图可知，在堆体垒成时，各堆体中残渣态 Cu 所占比例在 10%～15% 之间，此时残渣态 Cu 的比例也最低。随着堆肥的进行，第 3 天开始呈现急剧上升趋势，在第 12 天时达到最大值，比例达到了 35%～55%，此时相比第 1 天，6 个堆体中残渣态 Cu 的比例分别增加了 151.2%、184.6%、183.8%、302.5%、318.9% 和 321.7%。随后，各堆体中残渣态 Cu 所占比例缓慢下降，表明残渣态 Cu 随着堆肥的进行在向其他形态转变，存在逆向转化的过程。在第 30 天，各堆体中残渣态 Cu 比例分别达到了 26.4%、25.7%、27.7%、27.4%、32.9% 和 35.3%，较最高峰的第 12 天回落了 10% 左右，各堆体之间的残渣态 Cu 并没有明显的差异性。这一变化过程表明，污泥堆肥时间过长反而不利于重金属 Cu 的稳定化过程，选取 12 天的堆肥时间是比较合适的。

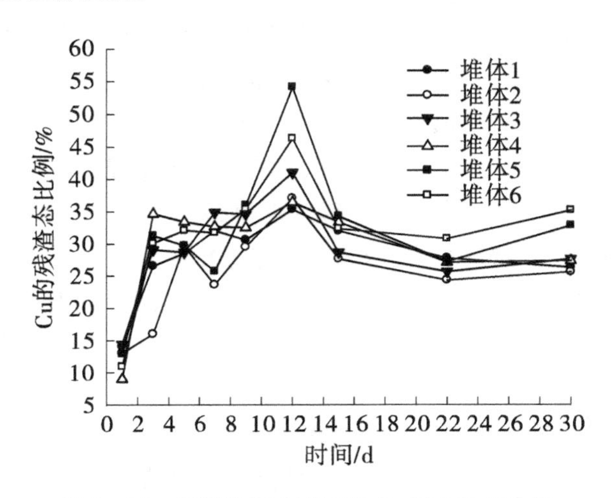

图 5-24　污泥堆肥中残渣态 Cu 所占比例变化

3）残渣态 Ni

各堆体中残渣态 Ni 所占比例的变化曲线见图 5－25。从该图可知，污泥堆肥初期，各堆体中残渣态 Ni 的比例在 45%～50%之间，在整个堆肥过程中相对较低。随着堆肥的进行，堆体中残渣态 Ni 的比例逐渐增加，在第 12 天达到最高，堆体 1#、2#、3#、4#、5#、6#中残渣态 Ni 的比例分别达到了 60.7%、59.7%、56.0%、58.1%、62.8%和 51.8%。随后比例缓慢减少，在第 30 天分别为 52.8%、49.6%、52.1%、49.4%、54.5%和 53.4%。以上结果表明在堆肥第 12 天之后 Ni 的残渣态比例开始缓慢下降，呈现缓慢的逆转化过程，但幅度较小，在 10%以内。因此，堆肥 12 天较适合重金属 Ni 的稳定化过程，可降低城市污泥中重金属 Ni 的生物活性和毒性，提高其农用的环境安全性。

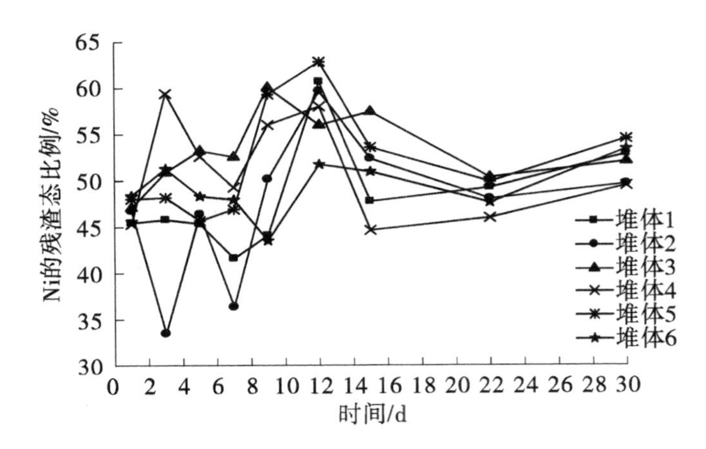

图 5－25　污泥堆肥中残渣态 Ni 所占比例变化

4）残渣态 Zn

各堆体中残渣态 Zn 的比例变化曲线见图 5－26。从该图可知，堆肥初期，各堆体中残渣态 Zn 的比例在 10%～15%之间，在整个堆肥过程中为最低。随着堆肥的进行，堆体中残渣态 Zn 比例迅速增加，特别是在堆肥前 3 天增长非常迅速，第 12 天达到了最大，堆体 1#、2#、3#、4#、5#、6#中残渣态 Zn 的比例分别增加到 80.5%、80.9%、87.5%、85.4%、94.9%和 81.1%。之后再急速下降，第 30 天时残渣态 Zn 的比例各堆体已分别降至 45.7%、48.7%、49.8%、50.3%、54.7%和 52.1%，为最高值的 1/3 左右。这些结果表明，重金属 Zn 极易稳定化，也容易由稳定态转向非稳定态，是一种比较活泼的重金属。由其残渣态所占比例的变化过程来看，12 天的堆肥时间有利于 Zn 的稳定，过长的堆肥时间反而使重金属 Zn 向不稳定态转化，加重了其对生物的毒性作用和环境风险。

5）残渣态 Mn

各堆体中残渣态 Mn 的比例变化曲线见图 5－27。从该图可知，堆肥初期，各堆体中残渣态 Mn 所占比例在 20%～23%之间，为堆肥过程中的最低值。随着堆肥的进行，各堆体中残渣态 Mn 的比例迅速增加，前 3 天增长迅速，且保持较高水平，直到第 12 天。在这期间，各堆体中残渣态 Mn 所占比例在 60%～70%，较初期增加了约 2 倍。而后，

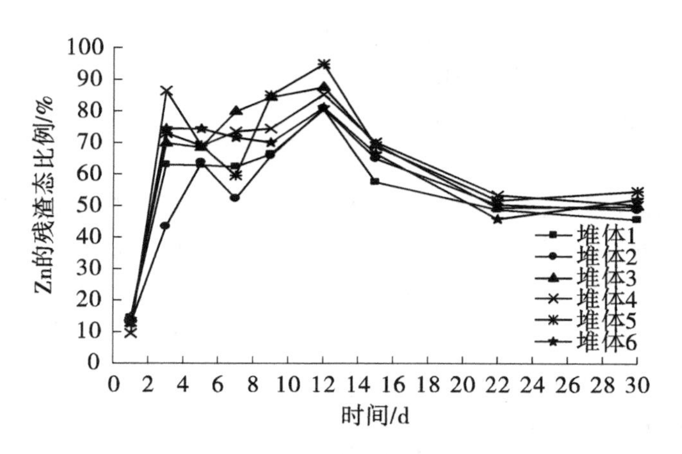

图 5－26　污泥堆肥中残渣态 Zn 所占比例变化

出现了缓慢下降直至第 18 天开始缓慢回升。堆肥第 30 天，各堆体中残渣态 Mn 所占的比例分别为 56.1%、58.1%、56.8%、64.2%、62.2% 和 56.1%。这些结果表明，污泥堆肥过程中，重金属 Mn 容易转化为稳定态，转化的比例较高，堆肥 12 天内 Mn 的残渣态比较稳定，之后出现了缓慢而少量的逆向转化过程，向不稳定态转化但保持在一个稳定化的水平。因此，重金属 Mn 容易在堆肥过程中形成稳定的残渣态，逆向转化不明显，这有利于降低其生物活性和毒性，提高使用的环境安全性。

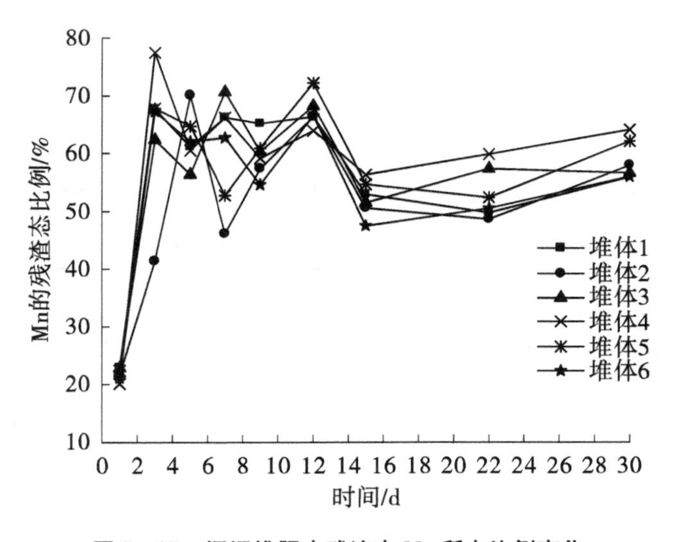

图 5－27　污泥堆肥中残渣态 Mn 所占比例变化

6）残渣态 Pb

本次试验对总 Pb 和残渣态 Pb 分别进行了连续的 9 次监测。各堆体中总 Pb 的平均质量浓度分别为 30.05 mg/L、28.62 mg/L、25.25 mg/L、28.79 mg/L、28.73 mg/L 和 21.86 mg/L，总平均质量浓度为 27.22 mg/L。而各堆体中残渣态 Pb 平均质量浓度分别为 32.91 mg/L、28.28 mg/L、46.28 mg/L、32.57 mg/L、26.01 mg/L 和 26.89 mg/L，总平均质量浓度为 32.16 mg/L。结果发现，残渣态 Pb 与总 Pb 之间未能形成较好的比对关系，残渣态略高于总量可能是检测结果偏差所致，但在检测的质量控制范围之内。试验结果表明，重金属 Pb 很难转化为稳定的残渣态，即使转化后也并不稳定，容易逆向转化。因此，重金属 Pb 在堆肥进程中难以实现向稳定的残渣态转化。

7）残渣态 Cd

本次试验也对总 Cd 和残渣态 Cd 分别进行了连续的 9 次监测。结果表明，污泥堆肥中总 Cd 量较低，各堆体中总 Cd 的平均质量浓度分别为 3.98 mg/L、5.48 mg/L、3.94 mg/L、5.12 mg/L、3.88 mg/L 和 5.48 mg/L，平均值为 4.65 mg/L。残渣态也处于较低水平。经检测，各堆体中残渣态 Cd 平均质量浓度分别为 5.48 mg/L、5.12 mg/L、5.48 mg/L、5.63 mg/L、4.67 mg/L、4.48 mg/L。结果发现，残渣态 Cd 与总 Cd 之间未能形成较好的比对关系。这也表明，重金属 Cd 很难转化为稳定的残渣态，Cd 向稳定的残渣态转化的进程难以在堆肥中实现。因此，污泥中自身含有的 Cd 会直接对生物产生毒害作用，Cd 含量的多少决定了其对生物的危害程度。

3. 重金属控制中试结论

（1）城市污泥好氧堆肥的各堆体中重金属含量全部满足《CJ/T 309—2009 城镇污水处理厂污泥处置 农用泥质》B 级泥质标准，除总 Cu 和总 Cd 外，其他重金属指标都满足 A 级泥质标准。

（2）好氧堆肥没有降低污泥中重金属总量，但其残渣态的比例迅速上升。好氧堆肥是一种快速有效地钝化城市污泥中重金属活性、降低毒性、提高污泥农用环境安全性的重要途径。

（3）污泥好氧堆肥过程中，各堆体中重金属 Cr、Cu、Ni、Zn、Mn 均有不同程度地向残渣态转化的现象。从各重金属的残渣态所占比例来看，转化成残渣态的程度由大至小依次为：Cr > Zn > Mn > Ni > Cu，各堆体中重金属的残渣态所占比例的平均值见表 5－6。

表 5－6 城市污泥好氧堆肥的各堆体中重金属残渣态平均比例 （单位：%）

项目	堆体 1	堆体 2	堆体 3	堆体 4	堆体 5	堆体 6	平均值
残渣态 Cr	72.28	68.27	76.82	78.77	73.43	72.90	73.75
残渣态 Cu	28.17	25.18	29.44	29.67	31.60	31.68	26.75
残渣态 Ni	48.09	46.99	53.31	51.21	52.11	49.25	50.16
残渣态 Zn	55.69	53.61	63.66	63.54	63.31	60.94	60.13
残渣态 Mn	56.52	51.18	56.31	58.67	56.72	54.30	55.62
残渣态 Cd	—	—	—	—	—	—	—
残渣态 Pb	—	—	—	—	—	—	—

注：总 Cd、Pb 量与残渣态含量差异不大，其转化后所占比例无意义。

（4）从堆肥过程中各重金属的残渣态所占比例的变化规律来看，重金属 Cr、Cu、Ni、Zn、Mn 均在堆肥初期即前 3 天时间内迅速转化成残渣态，这一残渣态比例一直保持至堆肥第12天；除重金属Cr外，其余4种重金属在此后均呈现不同程度的逆向转化。重金属Cr转化成的残渣态最稳定，不容易逆向转化，其次是Mn和Ni，再次是Cu，最容易逆向转化的是Zn；因此逆向转化程度由大至小依次为Cr>Mn、Ni>Cu>Zn。

（5）堆肥时间超过12天后，残渣态的重金属均出现不同程度的逆向转化，不利于重金属形成稳定的残渣态。

（6）重金属Cd和Pb的总量与其残渣态之间未能形成较好的比对关系，从其他形态向稳定的残渣态转化的进程难以在堆肥中实现。

（7）污泥堆肥时采用草蘑菇渣、含磷物料、鸡粪、园林枯枝半成品等作为辅助性材料，可以通过堆肥工艺帮助重金属转化形成稳定的残渣态，同时也可有效稀释污泥重金属总量。

5.4 城市污泥堆肥产品的功能开发

5.4.1 污泥堆肥产品的桉树栽培研究

1. *研究方法*

试验以污泥堆肥为主要原料，添加4%的活化轻烧氧化镁和1%的活化硼泥配制成NPK（氮、磷、钾）含量为5.6%、有机质含量为51.6%的桉树专用有机肥，与市售精制有机肥（鸡粪堆肥为主，桉树专用，全NPK 5.5%，有机质45%）对比，见表5－7。

在有机无机复肥的配制中，以污泥堆肥为有机原料，配制了3种有机无机复肥：1号（7－18－10，有机质10%）、2号（5－15－10，有机质15%）、3号（5－8－5，有机质25%）。与市售桉树专用有机无机复肥（10－15－5，有机质8%）对比。

试验设6个处理组，每处理组重复4次，其中有机肥的2个处理组按等重量进行施肥，并按N、P_2O_5、K_2O的量分别为150 mg/kg、120 mg/kg和100 mg/kg补施无机肥；有机无机复肥按等NPK养分进行施肥，每盆装旱地赤红壤6kg，移栽高8cm左右的桉树苗，每盆移栽1株，生长期2个月。

表5－7 桉树专用肥盆栽肥效试验方案

处理号	肥料种类	用量（g/盆）	施用方法
CK2	市售鸡粪有机肥	60	每盆取出约3kg土，将污泥（鸡粪）撒在剩余3kg土表面，再将取出的3kg土填回盆内，移栽桉树苗。
T1	自配污泥有机肥	60	
CK3	市售桉树有机无机复肥	9.0	
T2	自配污泥有机无机复肥1号	7.7	
T3	自配污泥有机无机复肥2号	10.8	
T4	自配污泥有机无机复肥3号	15.0	

2. 结果与分析

试验各处理组的桉树在生长 60 d 后的株高、茎粗（直径）和生物量测定结果如表 5-8 所示。

表 5-8　各处理桉树生长指标测定结果

肥料种类	处理组	株高/cm	茎粗/mm	生物量/(g/株)	生物量比 CK2 或 CK3 增加比例/%
有机肥	CK2	68.5±3.8	8.5±0.6	175.6±3.7	—
	T1	83.8±1.8	10.8±0.8	209.7±2.5	19.42
有机无机复肥	CK3	70.6±1.3	9.6±0.5	186.4±1.6	—
	T2	95.7±1.2	11.7±0.5	223.6±2.6	19.96
	T3	118.5±1.9	12.5±1.0	246.7±3.3	32.35
	T4	93.7±1.5	11.6±0.8	210.3±1.7	12.82

从表 5-8 中可以看出，施用有机肥的 2 个处理组中，污泥有机肥（T1）对桉树的生长比起市售鸡粪肥（CK2）有明显的促进作用，株高、茎粗和生物量积累均显著提高，盆栽 60 d 后生物量提高了 19.42%。

T1 和 CK2 处理组的桉树生长情况如图 5-28 所示。

图 5-28　施用有机肥的桉树生长情况对比

4 个施用有机无机复肥的处理组中，3 个施用自制的污泥有机无机复肥的处理组（T2～T4）相比施用市售桉树有机无机复肥的处理组（CK3），桉树的生长速度显著提高，生物量增加达到 12.82%～32.35%。其中，NPK 总养分含量为 30% 的 2 号配方（T3 处理组）增产效应最明显。

T2 和 CK3 处理组的桉树生长情况如图 5-29 所示。

图 5－29　施用有机无机复肥的桉树生长情况对比

5.4.2　污泥堆肥产品的紫荆树栽培研究

1. 研究方法

试验以污泥堆肥为主要原料，添加1%的硫酸镁、3%的促释型磷肥和2%的活化硼泥，配制成NPK含量为5%、有机质含量为45%的紫荆树栽培用有机肥1号；在1号基础上添加1%的保水材料，制备成紫荆树栽培用有机肥2号；将有机肥与市售精制有机肥（鸡粪堆肥并以泥炭为主，全NPK 5%，有机质45%）进行对比。

试验设3个处理组（表5－9），每个处理组15株紫荆树，等重量施肥。试验在华南农业大学跃进南校区运动场东侧紫荆园进行，移栽胸径为4.7～5.7 cm的紫荆树，行距和株距约2 m×2 m，坑深85 cm，坑直径100 cm。每株施用10 kg肥料，与土壤混合后作为底肥施用。

移栽后即测量各处理组每株紫荆树的胸径，胸径的测定以离地面1.3 m处树茎的直径为准。分别于生长3个月和11个月后测定各处理组的紫荆树胸径，并记录紫荆树的成活率。

表5－9　污泥有机肥在紫荆树上的肥效试验方案

处理号	肥料种类	用量/(kg/棵)	施用方法
CK	市售有机肥	10	将供试肥料与土混合，移栽紫荆树。
T1	自配污泥有机肥1号	10	
T2	自配污泥有机肥2号	10	

2. 结果与分析

1）紫荆树成活率

移栽3个月后，各处理组紫荆树的成活率见表5－10。与市售有机肥相比，施用自配污泥有机肥1号和2号的紫荆树成活率分别提高了18.3%和27.3%。自配有机肥2号添加的保水材料有利于水分的供应，对提高冬季及少雨季节的树木成活率有一定作用。

表 5-10　污泥有机肥栽培紫荆树的成活率

处理号	肥料种类	死亡植株数/棵	成活率/%
CK	市售有机肥	4	73.3
T1	自配污泥有机肥 1 号	2	86.7
T2	自配污泥有机肥 2 号	1	93.3

2）紫荆树胸径增加值

各处理组的紫荆树在栽培 3 个月和 11 个月时胸径的增长情况见图 5-30。从该图中可以看出，在前 3 个月，各处理组的紫荆树胸径增长都较为缓慢，处理组间差异不大，施用污泥有机肥 1 号和 2 号的胸径增加值略高于施用市售有机肥的。

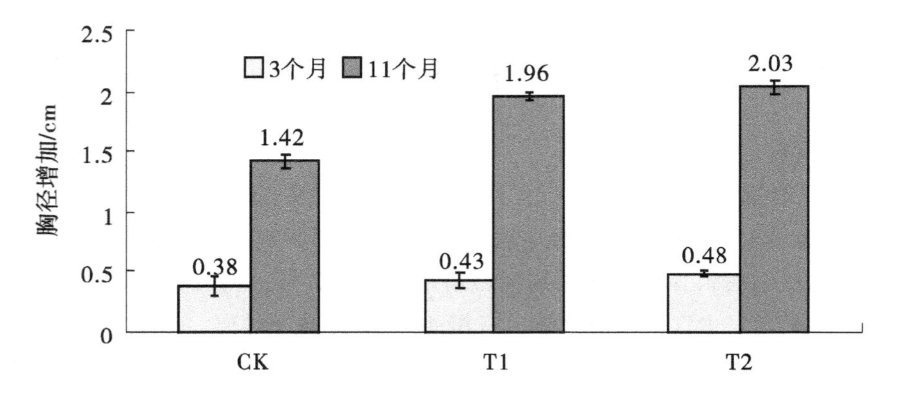

图 5-30　施用污泥有机肥的紫荆树 3 个月和 11 个月的胸径增加值

11 个月时，各处理组的胸径增加值之间有明显的差异。2 个施用污泥有机肥的处理组（T1、T2）胸径增加值分别比施用市售有机肥的处理组（CK）高 38.0% 和 42.9%，其中施用保水型污泥有机肥 T2 的增加值比施用 T1 的高 3.6%。

5.4.3　污泥堆肥产品的樱花树栽培研究

1. *研究方法*

试验以污泥堆肥为主要原料，配制了 2 种有机无机复肥：1 号（12-5-8[①]，有机质 20%）、2 号（15-7-13，有机质 10%）。将其与市售鸡粪有机无机复肥（15-10-10，有机质 8%）和无机复肥（15-15-15）进行对比。

试验设 4 个处理组（见表 5-11），每处理组 10 株樱花树，等重量施肥。试验在华南农业大学校园湿地公园旁樱花林进行。每株施用 2.5 kg 肥料，在樱花树周围挖环沟施用后覆土，见图 5-31。

施肥后即测量各处理每株樱花树的胸径，胸径的测定以离地面 1.3 m 处树茎的直径为准。分别于栽培 2 个月和 9 个月后测定各处理组的樱花树胸径。

① 三个数值分别表示 N、P、K 的质量分数，即 N、P、K 的质量分数分别为 12%、5%、8%，下同。

表 5－11　污泥有机肥在紫荆树上的肥效试验方案

处理号	肥料种类	用量/(kg/棵)	施用方法
CK1	市售有机无机复肥	2.5	在樱花树周围，沿树冠外滴水线挖 30 cm 深的环沟，施肥后覆土。
CK2	市售无机复肥	2.5	
T1	自配污泥有机肥 1 号	2.5	
T2	自配污泥有机肥 2 号	2.5	

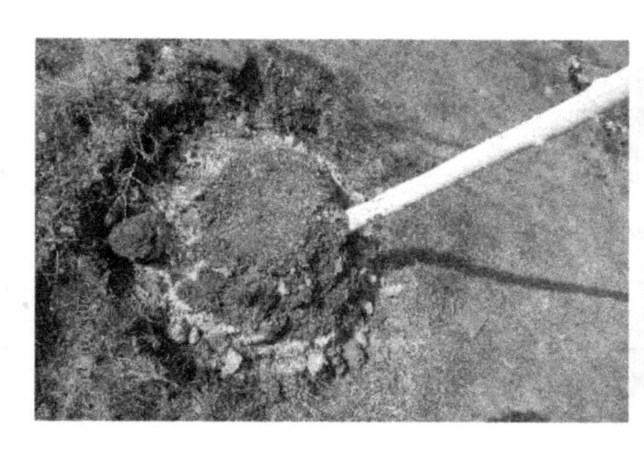

图 5－31　樱花树施肥照片

2. 结果与分析

1）樱花树胸径增加值

各施肥处理组的樱花树在栽培 2 个月和 9 个月时胸径的增长情况见图 5－32。从该图中可以看出，在前 2 个月，各处理组的樱花树胸径增长都较为缓慢。2 种市售肥料中，施用有机无机复肥樱花树（CK1）胸径增加值略大于施用无机复肥的（CK2），施用由污泥堆肥配制的 2 种有机无机复肥的樱花树（T1、T2）胸径增加值分别比 CK1 高 8.3%、25%，比 CK2 分别增加 23.8%、28.6%。

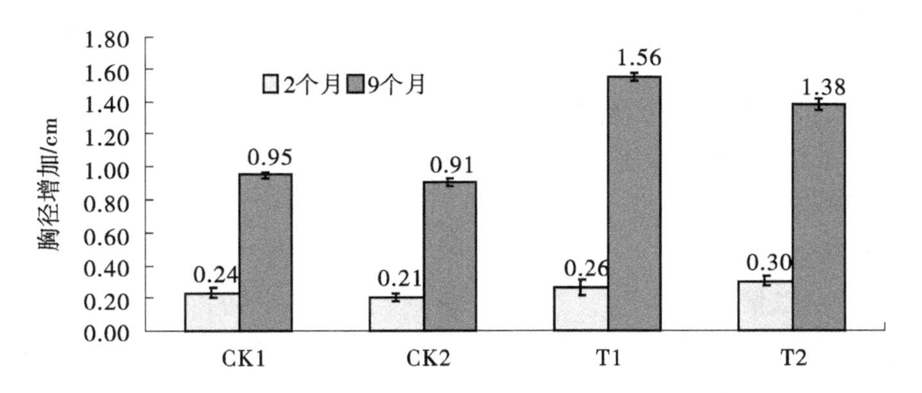

图 5－32　施用污泥有机肥的樱花树 2 个月和 9 个月的胸径增加值

9 个月时，各处理组的樱花树胸径增加值之间有明显的差异。2 个施用污泥有机无机复肥的处理组的樱花树胸径增加值分别比施用市售有机无机复肥的高 64.2% 和 42.3%，比施用市售无机复肥的高71.4%、51.6%。施用市售有机无机复肥的樱花树胸径增加值比施用无机复肥的高4.4%。

上述试验结果还显示，樱花树追肥的肥料并不是养分越高就越好。无机复肥的总NPK含量最高（等重量施肥成本也最高），但对应的樱花树胸径增加值最小，这个现象也出现在两个污泥堆肥配制的有机无机复肥中。同时，试验结果还显示，尽管樱花树生长缓慢，但以污泥堆肥配制的高效有机无机复肥能大幅度地提高其生长速度。

5.4.4 高效园林用营养基质系列配方筛选和肥效研究

1. 研究方法

以污泥堆肥为主要原料，辅以泥炭、促释磷肥、活化轻烧氧化镁、活化硼泥、浓缩味精废液等配制成营养基质（基本理化特性见表5-12），与市售花卉栽培营养基质（广州产）进行对比，分别在富贵竹、洒金榕和天竺葵上进行栽培肥效试验。

表5-12 自制污泥营养基质与市售营养基质基本理化性状

指标	污泥堆肥营养基质	市售营养基质
pH	6.3	6.5
电导率/(ms/cm)	0.32	0.55
有机质/%	43.6	55.8
全氮/%	1.65	0.86
全磷/%	1.38	0.62
全钾/%	1.43	0.55
有效氮/(mg/kg)	608.32	876.52
有效磷/(mg/kg)	535.39	623.82
有效钾/(mg/kg)	486.55	729.35

株高为57.2cm左右的富贵竹于栽培4个月之后测定株高、叶片数、茎粗；洒金榕于栽培4个月之后测定株高、叶片数、茎粗；天竺葵于栽培5个月之后测定株高、叶片数、花朵数。每处理组6次重复。

2. 结果与分析

1）富贵竹生长情况

表5-13是施用两种培养基质栽培的富贵竹4个月后的生长情况数据。与市售营养基质相比，施用污泥堆肥营养基质的富贵竹株高平均增长7.64cm，株高增长速度提高30.8%；叶片数平均增加2片，茎粗增加0.03cm。

从图5-33中大致可以看出，与市售营养基质相比，污泥营养基质栽培的富贵竹叶片宽大、叶色浓绿，营养状况明显优于市售营养基质。

表 5－13 两种营养基质对富贵竹生长的影响

营养基质	株高/cm	株高增加比例/%	平均叶片数	叶片数增加比例/%	茎粗/cm
市售营养基质	82.5 ±0.53	25.3 ±0.15	18.3 ±0.23	4.8 ±0.09	0.89 ±0.05
污泥堆肥营养基质	90.26 ±0.41	33.1 ±0.21	20.5 ±0.36	6.9 ±0.02	0.92 ±0.05

市售营养基质　　污泥堆肥制营养基质

图 5－33 富贵竹施用污泥营养基质与市售营养基质 4 个月后对比照片

2）洒金榕生长情况

表 5－14 是施用两种营养基质栽培洒金榕 4 个月后的生长情况测定数据。从表中可以看出，施用污泥堆肥营养基质的处理组株高、叶片数和茎粗均显著高于施用市售营养基质的处理组，洒金榕生长速度显著增加。

表 5－14 两种营养基质对洒金榕生长的影响

营养基质	株高/cm	株高增加比例/%	平均叶片数	叶片数增加比例/%	茎粗/cm
市售营养基质	32.35 ±1.02	12.15 ±0.79	12.3 ±0.35	5.6 ±0.13	0.68 ±0.05
污泥堆肥营养基质	38.78 ±1.38	18.53 ±0.95	15.4 ±0.56	8.7 ±0.24	0.76 ±0.04

图 5－34 为两个处理组的生长对比照片，施用污泥堆肥营养基质的洒金榕生长郁郁葱葱，叶片肥厚，叶色深绿发亮有光泽；而施用市售营养基质 4 个月后洒金榕已明显表现出营养缺乏的问题。

市售营养基质　　污泥堆肥制营养基质

图 5－34 洒金榕施用污泥营养基质与市售营养基质 4 个月后对比照片

3）天竺葵生长情况

表5-15是施用两种营养基质栽培天竺葵5个月后的生长情况测定数据。从表中可以看出，施用污泥堆肥营养基质的天竺葵株高、叶片数和花朵数均高于市售营养基质处理组，特别是花朵数，前者比后者多近一倍，且花大而艳。

表5-15　两种营养基质对天竺葵生长的影响

	株高/cm	平均叶片数/(片/株)	平均花朵数/(朵/株)
市售营养基质	34.87±0.82	28.7±2.03	6.5±2.6
污泥堆肥营养基质	37.26±0.55	29.6±3.17	12.3±1.8

从图5-35大致可以看出，施用污泥堆肥营养基质的天竺葵叶色深绿，叶片大，花朵大而红艳，长势明显优于市售营养基质。

市售营养基质　　　　污泥堆肥制营养基质

图5-35　天竺葵施用污泥营养基质与市售营养基质5个月后对比照片

5.4.5　污泥堆肥产品的保水功能研究

1. *研究方法*

在污泥中添加2%的保水剂并通过混炼制得污泥保水功能材料A；将污泥与膨润土按质量比10∶1混合后再添加2%的保水剂，经过混炼后制得复肥保水功能材料B。分别在凤仙花花圃中添加20g保水材料，与市售普通保水剂或不施用保水剂进行对比，设4个处理组（见表5-16）。试验实施期间，各处理组的浇水量保持一致。试验实施45天后，取盆花土壤测定含水率，取叶片测定叶绿素含量。

表5-16　污泥保水材料在凤仙花上的试验方案

处理组	保水材料	用量/g
CK0	—	—
CK	市售保水剂	20
T1	污泥保水功能材料A	20
T2	污泥-膨润土复肥保水功能材料B	20

2. 结果与分析

经过一个多月的生长，施保水剂处理的凤仙花长势与对照组之间差异显著。施保水材料处理的凤仙花长势较粗壮，叶片和花朵较大、花色较鲜艳，花期比未施保水剂处理的凤仙花要长。而对照组的凤仙花出现萎蔫现象，长势也相对矮小些，叶片和花朵都有卷缩的现象，且开花效果差。

通过测定各处理组的土壤含水率及叶绿素含量可知，加入保水材料能明显提高凤仙花的土壤含水率及叶片的叶绿素含量，如表 5－17 所示。污泥及混合保水剂的保水能力甚至强于商用保水剂，而叶片的叶绿素含量则是使用商用保水剂处理的最高。综合而言，加入保水材料处理有利于土壤水分保持及作物生长，使花多、花艳，花期长。

表 5－17　污泥保水材料各处理土壤含水率及叶绿素

处理组	土壤含水率/%	较对照 增加比例/%	叶绿素 SPAD 含量 （无量纲）	较对照组 增加比例/%
CK0	11.26	—	39.87	—
CK	16.57	47.16	56.46	41.61
T1	17.47	55.15	45.58	14.32
T2	19.59	73.98	47.43	18.96

3. 功能开发结论

（1）施用污泥有机肥比市售鸡粪肥对桉树生长的促进作用更明显，株高、茎粗和生物量积累均显著提高，盆栽 60 天生物量提高了 19.42%。4 个有机无机复肥处理组中，施用 3 个自制污泥有机无机复肥的桉树比起施用市售有机无机复肥的桉树，生长速度显著提高，生物量增加比例达到 12.82%～32.35%。其中 NPK 总养分含量为 30% 的配方增产效应最明显。

（2）与市售有机肥相比，施用自配污泥有机肥 1 号和 2 号的紫荆树成活率分别提高了 18.3% 和 27.3%。自配有机肥 2 号添加的保水材料有利于水分的供应，对冬季及少雨季节提高树木成活率有一定作用。

（3）经过 45 天的生长，经保水剂处理的凤仙花长势与对照组之间差异显著。施保水材料的凤仙花长势良好，叶片和花朵较大、花色较鲜艳，花期比未施保水材料的凤仙花要长。而对照组的凤仙花出现萎蔫现象，也相对矮小些，叶片和花朵都有卷缩的现象，且开花效果差。

（4）加入保水材料能明显提高凤仙花的土壤含水率及叶绿素含量，污泥及混合保水剂的保水能力甚至强于商用保水剂，而叶片叶绿素含量则是经商用保水剂处理的最高。综合而言，加入保水材料处理有利于土壤水分保持及作物生长，使花多、花艳，花期长。

5.5 规模化城市污泥堆肥技术集成与产业化示范

5.5.1 中试基地

1. 中试基地概况

规模化城市污泥堆肥技术的中试基地位于广州市从化区鳌头镇西湖村。2010 年 7 月至 2011 年 12 月，建成占地面积为 16 000 m^2、厂房面积为 8000 m^2 的园林式工厂，建成 1 个 2000 m^2 预发酵车间、1 个 3000 m^2 发酵车间、1 个 1000 m^2 标准成品包装车间和 1 个实验室，年产值约 3000 万元，年产量为 2 万吨。2011 年 4 月至 2013 年 9 月，处理石井污水处理厂湿污泥 4724 t，生产有机肥 1500 t，用于樱花培植。

2. 生产工艺特点

本项目的生产工艺有如下特点：

①堆肥升温速度快，24 h 内堆体温度达到 66 ℃，48 h 内达到 73 ℃，第 5 天达到最高温度 79 ℃，有效杀灭有害病菌；

②干化速度快，好氧堆肥物料混合均匀时含水率为 60%，第 5 天含水率降到 51%，第 7 天含水率降到 47%，第 11 天含水率降到 40% 以下，第 22 天含水率降到 30% 以下，生产周期缩短，产能极大提高；

③臭气浓度低，利用蘑菇渣、鸡粪等调节堆体的有机质含量及 C/N 比，接种加入适量微生物，控制通风量，有效降低 NH_3 的产生；

④稳定态重金属含量比例增加，产品肥质提高，肥料产品的氮磷钾含量远远优于 4% 的标准限值，测定值达到 7.5% ～ 8.2%。

5.5.2 好氧堆肥工厂生产基地

项目团队在肇庆市鼎湖区塘口村的好氧堆肥厂，顺利实现了扩大项目产能、提升生产效率，在优化生产工艺和参数调节方面开展了大量的生产性研究，小结如下。

1）调整传统条堆式堆肥工艺

采用了翻抛机翻抛渐进式堆肥方式，在第 2 天利用翻抛机翻抛向前推进 5 m，第 3 天利用翻抛机翻抛向前再推进 5 m；直至第 8 天，原污泥混合物料在发酵槽内翻抛前进了 40 m，在 8 天内即实现污泥的干化过程，将污泥含水率降至 40% 以下，将生产效率提升 1 倍。

2）新建与扩容生产线

2010 年以前，工厂有 16 个发酵车间，64 条发酵槽，一期发酵工艺处理 300 ～ 400 t/d，每天使用翻抛机翻抛一次，8 ～ 10 天出槽，出槽料需要进行 20 天的二次发酵腐熟，由人工辅助完成。2011 年，建设全自动配料、进料、翻抛和出料的生产线工艺，再形成 8 个发酵车间，32 条发酵槽，二期处理能力为 200 ～ 300 t/d。2012—2013 年，新建三期和四期工艺，其中三期工艺与二期相同，处理能力 200 ～300 t/d；四期工艺是在前三期工艺的基础上进行了改良设计，采用龙门吊翻抛设施，即发酵突破前三期的 4 m 宽，设计成 16 m 宽，龙门吊翻抛机可以在 16 m 宽的发酵槽内按次序翻抛，进一步提升产能，处理能力 300 t/d。总生产能力达到 1000 ～1200 t/d。

3）干化大颗粒污泥与原生污泥混合

按 1 ～2 ：1 的质量比混合，既保证了混合后污泥含水率在 60% 左右，又可引入回料干化污泥内的菌种，快速升温。

4）改进通风设计

前 3 天通风量保持在 0. 15 $m^3/(min \cdot m^3)$，3 天后以 0. 12 $m^3/(min \cdot m^3)$ 的水平通风，最后 2 天保持 0. 075 $m^3/(min \cdot m^3)$ 的通风量。

5. 6　城市污泥堆肥的经济与产业化前景分析

本项目的研究成果具有广阔的应用前景。在堆肥产品出路方面，项目产品定位于园林和速生林用肥，不进入农业市场，将尚有争议的城市污泥堆肥污染风险降到最低，消除了用户食物链安全疑虑。近年来，全国园林绿化、花卉和林业用肥市场需求迅速增长，已占到肥料市场的 10% 左右，氮磷钾纯养分量达到 400 多万吨（肥料实物量超过 1000 万吨），但针对园林绿化、花卉和林业用肥的产品开发极少，林业和园林土地相对贫瘠，有机质匮乏，迫切需要针对性强的、富含有机质和中微量元素且廉价的肥料品种。

根据广东省林业发展中长期规划，全省 50% 的县（市、区）将建成林业生态县（市、区），全省森林覆盖率达到 58%，建设高效生态公益林 5175 万亩（345 公顷）、商品林基地 5000 万亩（约 333 公顷），森林资源综合效益总值达到 8800 亿元，建成以森林植被为主体的稳定、安全的生态屏障，林业产业实力明显增强。按每亩商品林基地施用有机肥 100 kg，则每年需肥达到 500 万吨，而即使城市污泥全部通过高温好氧堆肥生产有机肥，总量也不到 400 万吨，远远不能满足商品林基地需肥量。项目针对桉树等速生林和华南地区土壤气候特点研发的高效桉树专用肥等不仅可利用城市污泥中高含量的铜锌等微量元素，而且可以有效解决林业与农业争肥问题，对保障粮食安全具有积极作用。

项目研发的集养分控释 - 保水 - 防病功能于一体的高效花卉营养基质可广泛应用于花卉、苗木栽培。2019 年，全国花卉种植面积达 138 万公顷，肥料需求达 160 多万吨；盆栽植物 7. 3 亿盆，消耗泥炭等有机基材近 150 万立方米。项目应用城市污泥堆肥研发的专用花卉基质，不仅具有比泥炭等现有常规有机基材更好的效果，且可保护不可再生的泥炭资源，促进花卉种植业健康发展。

污泥经堆肥技术处理后，产品质量提升，重金属钝化明显，稳定态重金属含量比例明显增加；产品肥质提高，污泥堆肥产品的有机质含量远优于国家标准限值（30%），产品销售价格可由原来的 1600 元/t 增至 2300 元/t。

5.7 项目总结

本项目研发了产业化水平上的城市污泥快速生物干化技术、快速除臭技术、重金属污染物钝化技术等关键技术，并集成于生产实践，利用城市污水厂污泥生产有机肥。在传统堆肥工艺基础上创新、优化，将分散条垛式集成为自动专业化；将人工拌料、人工进料、人工出料、经验计量等生产环节进行技术集成，向机械化转变，形成规模产业化生产，极大提高了生产效率。项目取得的主要成果总结如下。

率先在华南地区建成城市污泥堆肥关键技术研发中试生产线 3 条，改造建立日处理 300 t 以上污泥堆肥产业化示范生产线 1 条。已建成 1 条 300 t/d 的生产示范线和具有 1000 ～1200 t/d 规模化集中处理能力的污泥堆肥生产基地。

采用干污泥回流法的规模化污泥堆肥工艺，将堆肥后的干化大颗粒污泥作为回料，与原生污泥混合，混合污泥含水率约为 60% 。引入回料干化污泥内的菌种，实现快速升温，突破了污泥堆肥需要辅料的传统限制。

采用每天利用翻抛机将堆体翻抛向前推进的方式，实现出料的自动化操作，既实现堆体推进传递，又实现堆肥过程的供氧和去除水分。实现高位进料、堆肥翻抛推进、低位仓出料的全自动规模化堆肥工艺，节省人力，优化工作环境，占地面积较传统工艺节约 30% ～50% 。

研发的堆肥技术堆肥升温快，高温时间久，干化速度快，7 ～12 天将污泥含水率从 80% 降至 30% ～40% ，重金属和总养分均满足 CJ 248—2007 标准中的限值。实现了污泥堆肥技术的标准化、规范化与产业化。

研发了质量稳定且适合华南地区林业和园林的系列肥料产品 7 个，主要有机肥品牌有“强果”“小牛”“润锋”“合彩”“宝桔”“壮果基”“金奥磷”“土根旺”“金钱归”等。

处理处置 600 ～800 t/d 的脱水污泥（80% 含水率），年处理量达到 25 万吨以上，年盈利在 7500 万元以上，使城市污泥减量化、无害化和资源化，形成规模化生产，在华南地区形成了巨大的示范应用效果，所生产的有机肥已用在园林绿化、林业中，如樱花种植等。

6 城市污泥高温热水解+中温厌氧消化技术的研究与应用

6.1 污泥厌氧消化问题的提出

有效地消除污泥中的有害物和重金属威胁、降低污泥含水率、回收污泥中潜在的能源、变废为宝，即实现污泥的“减量化、稳定化、无害化、资源化”，已经成为国内外污泥处理处置市场的重要技术路线，也较为完美地契合了碳减排的政策导向。

厌氧消化技术在具备条件时是污泥处置的主流处理工艺之一。但目前我国建立污泥厌氧消化系统的污水处理厂数量并不多，并且有部分未运行或中途停运，其主要原因是传统厌氧消化工艺存在占地面积大、产气率低、投资运行费用高等缺陷。

针对传统厌氧消化技术在实际推广应用过程中存在的技术瓶颈，本项目采用高温热水解技术对污泥进行预处理，使有机物从细胞壁中充分释放，并开发出一套与之相结合的高浓度厌氧发酵技术，提高消化速率与产气效率，降低厌氧反应罐体积。

本项目以最大限度实现污泥资源化利用为目标，产生的沼气经提纯达到车用压缩天然气（CNG）要求或通过沼气发电机发电输出电能。利用回收的余热及太阳能将沼渣干化至含水率40%以下，实现污泥总减量80%。经过处置后的沼渣，既达到了稳定化、无害化的要求，亦可作为有机肥原料，用于园林绿化、土壤改良。沼液同样可以实现资源化利用，作为营养液用于植物施肥；因为项目在污水厂内实施，多余的沼液经氮、磷回收预处理后，可直接回至污水厂处理，无需再另外设置处理设施，进一步降低了投资费用。鉴于华南地区的污水处理厂普遍存在进水碳源不足、C/N比过低的情况，沼液还对碳源有一定的调节补充作用，不会对进水负荷造成冲击。本项目为彻底解决传统厌氧消化技术在实际工程中的技术瓶颈问题，协同处理餐厨垃圾、园林垃圾等城市有机固废物，解决城市污泥等有机固废物带来的环境难题提供了有效的解决方案。

6.1.1 厌氧消化概述

1. 技术简介

厌氧消化是利用兼性菌和厌氧菌进行厌氧生化反应，分解污泥中有机物质的一种污泥处理工艺。根据厌氧消化过程中甲烷菌的适宜温度范围，污泥厌氧消化可以分为中温消化过程（35 ～40 ℃）和高温消化过程（50 ～60 ℃）。高温消化速度快、负荷高、容积小，国外较多使用，而我国受经济水平所限，更多使用中温消化。根据厌氧消化的工艺运行形式，可分为两相消化（两个反应器）和两级消化（一个反应器两环节），现阶段国内外仍以两级厌氧消化运行为主。

1）直接厌氧消化

直接厌氧消化即传统厌氧消化，是指通常不经过任何前期处理而直接进行厌氧消化反应的一种处理模式，多用于处理有机质较高的人畜粪便、秸秆等有机废物，后期也用于市政污泥处理，但通常适用于有机质较高的污泥或掺有高有机质废物的混合污泥。

2）预处理 + 厌氧消化

传统厌氧消化普遍存在消化速率低、停留时间长（20 ～30 d）、处理效率低（挥发性固体 VS 的去除率为 30% ～40%）等不足。为改善这种情况，近年来人们对污泥的预处理技术开展了大量研究。

厌氧消化的过程一般包括水解、产酸发酵和产甲烷 3 个步骤。其中，水解过程是限速步骤，水解过程将颗粒有机物变为可溶解有机物，污泥预处理的目的是加速和提高水解效率。污泥预处理的方法包括加热处理、热化学处理、碱处理和超声处理等。

污泥高温预处理技术具有强化污泥降解、杀灭部分病原菌的功能，具有良好的应用前景。Hariklia[159]等研究发现，采用 70 ℃高温预处理后，中温厌氧消化产甲烷速率最高可达 145%、甲烷产量提高 20% ～26%；Li[160]等发现活性污泥的最佳热处理条件是在 170 ℃ 下加热 60 min，小试实验结果表明，经热解污泥只需 5 d 停留时间，COD 去除率即可达到 60%；Stuckey[161]等发现活性污泥的最佳热解温度在 175 ℃左右，如进一步升高温度，效果会出现下降。

然而，高温预处理技术的能耗高、运行管理较复杂，有待进一步完善。林志高[162]等以及 Mulin Cai[163]等发现，在污泥中加入 NaOH 或 $Ca(OH)_2$可以改善污泥的消化性能，通常污泥固体的质量分数为 0.5% ～2%，碱的用量为 8 ～16 g NaOH/100TS；曹秀芹等[164]在实验室条件下研究得出，污泥经超声处理后，污泥絮体被分解，絮体尺寸变小，超声处理 30 min 可使 SCOD/TCOD 提高 3 倍左右；英国 COS Technik 公司研发的 Biogest Crown 污泥降解系统是一种通过利用压力差来溶解污泥的设备，可使污泥降解程度提高 20%，产气量提高 30%，该反应器处理污泥的质量分数范围为 3% ～8%[165]；李震[166]等在 pH = 12 的条件下对污泥进行厌氧消化处理 2 h，污泥产气效率显著提高，甲烷产量较对照组提升 31%；刘鹏程[167]等发现秸秆热碱超声预处理可作为秸秆污泥混合厌氧消化预处理方式，其甲烷产量较未预处理时提高了 81.8%。

2. 国内外发展历程

1）国外发展情况

截至 2015 年，整个欧洲共有超过 36 000 座厌氧消化反应器，对污泥的处理量占欧洲总产泥量的 40% ～50%。其中，德国每年产生污泥（干重）220 万吨，污泥年产能大于

5000 吨的污水厂均设厌氧消化处理系统；英国和法国每年产生的污泥分别为 120 万吨和 85 万吨，60% 的污水厂有厌氧稳定处理系统。根据美国环保局 1998 年的调查，厌氧消化是美国污水厂最普遍采用的污泥稳定方法，占 60%；至 2010 年，650 座厌氧消化设施处理了全美国 58% 的污泥，厌氧消化占比较为稳定。日本大多数污水处理厂也是采用厌氧消化来处理污泥，而且近年来不断改进消化技术，如通过机械浓缩产生更高浓度的污泥进行厌氧消化，以及对搅拌技术和热效进行改善等。

厌氧消化技术在发达国家的应用较为广泛，除了有机质含量（60% ～ 80%）和分解率较高外，另一个重要原因就是沼气利用途径较为发达。其中，沼气发电更是受到广泛重视和积极推广，如美国的能源农场、德国的可再生能源、日本的阳光工程、荷兰的绿色能源等都涉及沼气发电，而且早在 20 世纪 80 年代，发达国家的城镇污水处理厂由污泥厌氧消化产生沼气转化的电能即可满足污水厂处理时所需电力的 33% ～ 100%。美国波士顿鹿岛污水厂、马里兰州后河污水厂、华盛顿蓝原高级污水厂等均对污泥采用“厌氧消化 + 热电联产”技术，取得了重大的经济效益，其中马里兰州后河污水厂年产电力近 3×10^6 kW，相当于该厂 30% 以上的基本电负荷。

2）国内发展情况

我国污泥厌氧消化技术起步较早，但技术应用发展较慢，与发达国家相比差距较大。截至 2015 年 9 月，建立污泥厌氧消化系统的污水处理厂数量并不多，仅在北京、上海、天津、重庆、青岛、石家庄、郑州、沈阳、南京、济南、襄阳等城市的 60 多座大中型污水处理厂中建设了一批污泥消化设施，当前仍可使用的只有 20 余处（其中部分典型污泥厌氧消化项目见表 6 - 1）。运行效果较为突出的有上海白龙港污泥厌氧消化工程、大连东泰夏家河污泥处理工程、青岛麦岛中温厌氧消化工程、襄阳污泥综合处置示范工程等，其他大部分未运行或中途停运。究其原因，除了消化污泥土地利用政策和管理支撑力度不足、沼气利用缺少激励机制外，我国已建污水厂多采用低负荷处理工艺（泥质有机质含量低）也是重要影响因素。

表 6 - 1　国内部分典型污泥厌氧消化项目

项目名称	池形	厌氧温度	污泥处理量或池容	沼气利用方式
北京高碑店污泥消化处理工程	圆柱形	33 ～ 35 ℃	800 t/d（80%）	470 kW + 652 kW 发电容量
天津纪庄子污水处理厂污泥处置项目	圆柱形	33 ～ 35 ℃	1620 t/d（94%）	4 × 150 kW 沼气发电机组
杭州四堡污水处理厂污泥处置项目	卵形	中温	$3 \times 10\,500$ m^3	发电
郑州王新庄污泥厌氧消化系统	圆柱形	（35 ± 1）℃	500 t/d（95%）	20 000 m^3/d 沼气用于锅炉
大连东泰夏家河污泥处理工程	圆柱形	中温	600 t/d（95%，50 t 餐余）	提纯天然气 11 000 m^3/d

续上表

项目名称	池形	厌氧温度	污泥处理量或池容	沼气利用方式
青岛麦岛中温厌氧消化工程	圆柱形	(35±2)℃	109 t/d，2×12 700 m^3	4×500 kW 沼气发电机组
北京小红门污泥消化处理工程	卵形	35℃	800 t/d（96.3%～99.3%）	30 000 m^3/d 沼气点燃带鼓风机
上海白龙港污泥厌氧消化工程	卵形	中温	1020 t/d（80%）	用于锅炉燃烧提供系统热能
襄阳污泥综合处置示范工程	圆柱形	热水解+40℃	300 t/d（80%，少餐余）	部分供热、部分提纯 CNG

6.1.2 我国城市污泥厌氧消化现状分析

1. 问题分析

污泥厌氧消化处理系统的投资很高，在我国通常占污水厂总投资的1/3～1/2。相关调查表明，我国污水厂污泥厌氧消化处理系统建成但未运行或停运的比例达到37.5%。其主要原因有以下三个方面。

1）泥质分析方面

污泥泥质直接决定着污泥厌氧消化的效果，不同污泥的消化性能存在较大的差异。经调查，多数污水厂在设计前期及运行过程中并没有对污水水质以及泥质进行详细的调研，通常会产生以下后果：①厌氧消化工程建设带有盲目性，很多投资巨大的消化系统直接照搬国外技术，而没有考虑自身泥质含量与国外的差距，因此从开始便无法正常运行。②多数污水厂未能明确污泥有机质含量与分解率的关联，故无法根据实际运行情况做出评价和改良。因此，有必要对进水水质和泥质做全面系统的考察和监测，确保厌氧消化技术可行，经济合理。

2）系统运行管理方面

在系统运行管理方面，污泥厌氧消化工艺存在以下问题：①工艺操作复杂，运行管理难度大。整个工艺涉及污泥厌氧消化、沼气收集和利用等多个环节，对多工种技术水平和配合协调能力要求高，且关键设备大多精密度较高或来自国外，自控和维修相对比较复杂、昂贵，因此对运行管理水平要求较高。②运行费用不足。由于我国现阶段仍处于污水处理设施运营由政府负担向市场经济机制过渡的阶段，部分污水厂的运行费用不能保证整个系统正常运转，加之厌氧运行初期沼气量少、回报率低，所以污泥处理设施往往被搁置。③存在消防隐患。沼气是一种易燃易爆气体，安全储存要求较高，当部分污水厂靠近居民区时，消防安全问题成为最大隐患。

3）政策指引方面

尽管近年来我国政府出台了较多关于污泥处理处置的技术指南或规程，但受制于早期建厂时所形成的“重水轻泥”的传统思维及自身运营成本的考量，再加上贸然采用污泥厌氧消化等新技术需要承担巨大的生产风险（如早期产气不稳定导致沼气收益不足以抵消其运行费用）等因素，大部分污水厂仍习惯于采用“污泥浓缩+外运处理”的老办法。因此，政府需要通过逐步提高污水处理费的征收水平、财政上给予适当补贴、减免沼气发电或并入城市燃气管网的税收等方式，落实污泥处理处置费用，使污水厂扭转亏损局面并进入良性循环。

2. *成功案例解析*

1）大连东泰夏家河污泥处理厂

大连东泰夏家河污泥处理厂项目引进德国利浦公司的高浓度厌氧消化技术，于2009年4月29日至2010年4月30日共处理污泥及其他可降解有机废物65 000 t，其中包括工业类似污泥8380 t、粪便130 t、餐厨垃圾90 t及海关查没食品50 t。产沼气$3.94\times10^6\ m^3$，外售天然气$1.1\times10^6\ m^3$；产沼渣2.5×10^4 t，外售腐殖土1.5×10^4 t。计算可知，该厂污泥产气率高达60.6 m^3沼气/吨湿泥，远远高于传统厌氧消化产气率。而城市污泥与工业类似污泥混合后的有机质含量为40%～60%，由此可见，在污泥中添加少量有机质含量较高的餐厨垃圾、粪便等有机废物可大幅提高污泥厌氧消化效率。

2）襄阳污泥处理厂

襄阳污泥处理厂采用高温热水解预处理和厌氧消化工艺技术，每天处理100 t堆积污泥（有机质含量35%～45%）和200 t污水厂污泥（有机质含量40%～60%），每天产生沼气约16 500 m^3，一部分用于自身污泥加热系统，其余沼气经提纯后用于制作车用CNG。计算可知，该厂污泥产气率可达55 m^3沼气/吨湿泥，在有机质含量相对较低的情况下已属不易。而高温热水解预处理的目的是利用高温高压使污泥结构和性状发生变化，以提高其生物可降解性。因此，高温热水解也是提高污泥厌氧消化的一个重要技术手段。

3. *应用启示*

鉴于国内城市污泥中有机质含量较低的现状，结合以上成功案例，厌氧消化工艺可参考以下技术路线：

（1）向污泥中掺加部分餐厨、粪便等有机垃圾以提高污泥整体的有机质含量及营养成分比例，从而得到较高的消化效率，但需政府大力支持及统筹协调，难度较大。

（2）由于污泥固体的生物可降解性低（30%～50%），污泥固体细胞分解和胞内生物分子水解是厌氧消化的限速步骤，因此提高厌氧消化效率的一个主要途径是促进污泥细胞的分解、增强其生物可降解性，常用技术包括热水解、机械破碎、超声波破碎、酶处理及酸/碱处理。

作为研究最多的污泥预处理技术，高温热水解由于具备高效的水解效率、良好的灭菌除臭效果及充足的能量来源等优势，成为新型厌氧消化工艺的重要组成部分并得到广泛推崇。而对于我国典型城市污水厂而言，污泥有机质含量普遍偏低是一个固有事实，污泥处理处置走向市场化也是一个必然趋势，因而通过预处理提高厌氧降解率以实现资源的利润最大化就显得尤为重要。

6.1.3 广东地区污泥厌氧消化处理现状

1. 广东地区污泥厌氧消化处理现状

广东省污泥厌氧消化处理的比例较低，最大的污泥厌氧消化处理案例为中山市污泥处理处置工程，处理设计规模为300 t/d（折合含水率80%）。相对于国外，我国污泥厌氧消化并未取得广泛应用，其主要原因有：投资成本高、进泥含固率低、有机质含量低、设备配套化水平低、关键设备依赖进口、技术管理与资金存在问题等。而相对于北方地区，我国南方地区鲜有污泥厌氧消化实际工程，其原因主要是南方地区进水有机物浓度较低导致污泥有机质含量低，且南方地区污泥含砂量较高。但是，随着厌氧技术的逐步发展和污泥资源化发展趋势的日益明朗，针对低有机质和高含砂量的污泥厌氧处理技术正在得到不断更新，华南地区将会出现越来越多的污泥厌氧工程。

2. 广东地区污泥厌氧消化的可行性

1）广东地区的污泥泥质

对广州市中心城区污水处理厂的脱水污泥含水率及有机质含量（质量分数）进行统计，其平均值如表6－2所示。

表6－2 广州市部分污水厂污泥含水率及有机质含量均值

污水厂	猎德	大坦沙	京溪	大沙地	西朗	沥滘	石井	龙归	竹料
含水率/%	77.9	80.4	77.2	50.8	75.9	79.4	77.1	75.0	73.0
有机质含量/%	47.7	55.9	54.4	34.6	48.0	50.6	41.3	39.0	41.7

由表6－2可看出，大坦沙、京溪和沥滘污水厂的有机质含量较高，均超过50%；大沙地和龙归污水厂的有机质含量较低，均小于40%；其余各厂有机质含量均处于40%～50%之间。通过加权平均可得出广州市污泥有机质平均含量为49.54%，符合厌氧消化污泥有机质泥质含量要求（经能量核算，有机质含量在40%以上可达到能量供需平衡）。

经过综合调研，广东省内污泥有机质含量处于40%～60%之间，其中毗邻广州南沙的中山市污泥厌氧消化工程的污泥有机质平均含量更是接近广州污泥平均含量，为49.8%，因此具有较高的相关性。由此可推测，广东省内污泥也是符合厌氧消化污泥的有机质含量要求的。

2）广东地区的气候特征

广东地区主要属于亚热带季风气候区，夏季高温湿热，冬季很少严寒天气，1月平均温度高于0℃。我国北方与南方地区温差明显，1月平均温度较低，如北京1月平均气温为－5.6℃，上海为2.3℃，而广州为16.6℃。

厌氧消化的高温消化温度和中温消化温度分别为50～53℃、30～36℃，而运行成本中能耗最大的就是污泥的水解加热和厌氧反应器保温。从南北地区的气候差异可以看出，在节约能耗和保温材料方面，厌氧消化技术在南方地区应用，尤其是在冬季运行会体现出明显优势。

3）广东地区的经济优势

广东地区经济发达，在先进技术的吸收和推广方面有一定的经济实力，而且低碳和可持续发展理念都走在全国前列，并拥有大量的专业技术人才和管理人才，在厌氧消化设施建设和运营管理上都具有明显优势。

4）厌氧技术的优化研究

本项目针对目前国内污泥处理技术现状，通过研究南方地区热水解/碱解对污泥厌氧消化的影响，探索适用于广东地区的城市污泥高温热水解预处理装置及与之相结合的高浓度厌氧消化技术及装备。另外，中试试验所在地中山市民东有机废物处理有限公司，建有目前广东省最大的污泥厌氧消化处理工程，处理规模达300 t/d，存在着优化改造的需求，因此通过本项目的研究可为该公司工程改造提供重要的技术参考。

综上所述，广东地区从各个方面来看均具备厌氧消化的实施条件，而如何最大程度地提高厌氧消化的产气率和降低其运营管理成本则是科学研究需要解决的问题。

6.1.4 研究目标、内容及技术路线

1. 研究目标

本项目的总体研究目标为根据广东省城市污泥泥质特性，优化高温热水解/中温热碱水解及高浓度厌氧发酵技术参数，设计建造先进的工艺和设备，建立示范工程，形成沼气、沼渣和沼液资源化产品。具体的研究开发目标包括：

（1）开发一套适用于广东地区的城市污泥高温热水解预处理装置及与之相结合的高浓度厌氧消化技术。

（2）开展系统热能梯级利用技术研究，实现全系统热能的最佳平衡，最大程度地降低系统能耗成本。

（3）开发一套适用于广东地区城市污泥特性的硫化物、重金属等有害物质的控制技术，解决污泥处置过程中的恶臭问题以及沼肥土地利用安全性问题。

（4）在广东地区污水处理厂内建造规模不小于10 t/d污泥处理量的示范工程。

2. 研究内容

（1）在厌氧消化前设置高温热水解环节/中温热碱水解预处理环节，释放污泥细胞中的有机物质，针对广东城市污泥的泥质特性，优化热水解设备参数及水解条件，获得最佳水解效果。对厌氧发酵罐的构造、进排泥方式、搅拌系统等进行优化研究，开发出适合广东地区城市污泥的高浓度厌氧发酵技术。提高沼气产量，有效降低消化系统的占地面积和投资。

（2）在广东地区的气候条件下，通过对全系统热量进行最佳梯级回收，使系统输入热量得到最大程度的利用，实现热量综合平衡。产生的沼气部分回用于热水解供热，开发设计热能转换装置和余热回收设备，余热用于沼渣干化，同时辅以太阳能干化技术，满足不同季节、气温、工况条件下沼渣干化所需的热源要求，最大程度地降低系统能耗成本。

（3）硫化氢是污泥处置过程中有机物发酵、腐败释放臭味的主要因素。通过调节高

温高压/中温热碱预处理和厌氧消化过程中的各项反应参数，实现硫化物与重金属的结合，使得大量的硫化氢与重金属发生络合反应，转化成稳定的硫化物结合态、残渣态，极大地减少硫化氢的产生量，并将重金属的反应活性及迁移性降到最低水平。另外，通过高温高压/中温热碱的热水解预处理技术，杀灭污泥中所有的病原菌和寄生虫，保证污泥沼肥符合国家相关卫生标准。

（4）项目根据广东地区的污泥特性、自然条件、市场环境，采用“高温热水解/中温热碱水解＋高浓度厌氧消化＋高干度脱水＋余热低温干化”工艺，建设一个规模不小于10 t/d 的示范工程，生产生物质天然气以替代石油能源，生产有机沼肥以代替化肥，全面实现污泥的无害化、减量化、稳定化和资源化。

3．技术路线

利用高温热水解/中温热碱水解对污泥进行预处理，使得污泥胶体结构溶解、有机质充分释放，污泥黏度大幅降低，进而进入高浓度厌氧发酵反应罐，产生的沼气一部分回用作为热水解热源，另一部分作为资源化产品经提纯压缩后制成车用天然气或直接用作沼气发电。沼渣利用余热或自然干化至含水率40%以下，作为有机肥原料用于土壤改良、园林绿化。沼液亦可用作植物施肥，多余的沼液经氮、磷回收预处理后，直接回至污水厂处理，无需再单独设置处理设施。

6.2　污泥高温热水解预处理＋厌氧消化小试研究

2017 年 1 月至 2017 年 6 月期间，项目团队开展了城市污泥高级厌氧消化之高温热水解预处理和厌氧消化配套小试装置设计研究、厌氧预处理技术研究、系统热能梯级利用技术研究，以及硫化物、重金属等有害物质的控制技术研究。

6.2.1　试验流程、装置及测试方法

1．试验流程

将从厂区运至中试现场的80%含水率污泥稀释至90%含水率后投配至高温水解罐，采用电加热方式（或蒸汽加热方式）对其进行高温热解（110～170℃），热解后的污泥经冷却后再转输至中温厌氧消化罐进行甲烷化反应15 d，最后对消化后的污泥进行脱水干化。其小试工艺流程见图6－1。

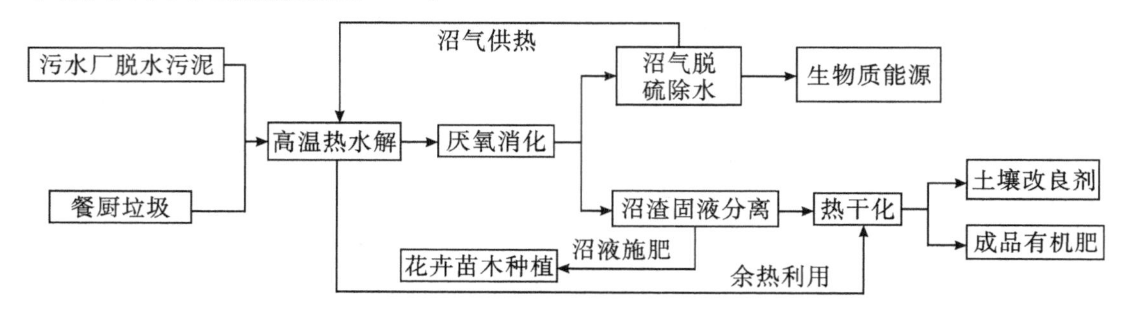

图6－1　小试工艺流程图

2. 试验装置

利用100℃以上的高温热水解对高含固污泥（约90%含水率）进行预处理，使得污泥胶体结构溶解、有机质充分释放，污泥黏度大幅降低，进而进入中温厌氧反应罐消化产气。反应装置设计图如图6-2所示。

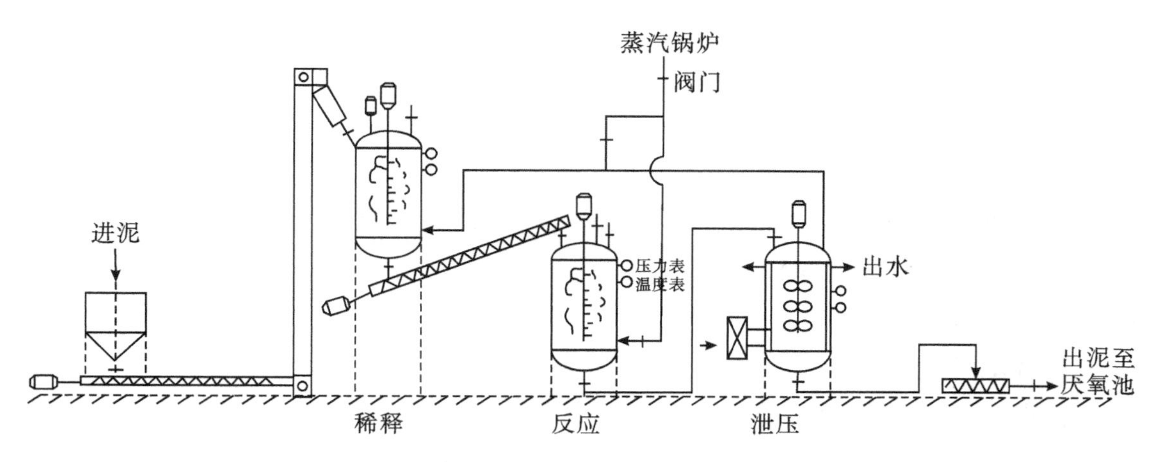

图6-2　高温热水解与中温厌氧消化反应装置设计图

利用该套装置的设计思路，研制了其中主体设备超高温热水解罐，并进行了小试试验。

小试试验处理规模为40 L/次，现场小试装置如图6-3所示。

图6-3　热水解（左）与厌氧消化（右）试验装置

3. 取样与检测

1）取样方式

取样方式为手动取样。

2）检测的项目

（1）原泥：有机质含量、pH、VFA（挥发性有机酸，以乙酸计）、ALK（碱度，以$CaCO_3$计）、COD；

（2）水解泥：有机质含量、pH、VFA、ALK、COD；

（3）消化泥：有机质含量、pH、VFA、ALK、COD；

（4）沼渣：含水率、有机质含量、硫化物、其他（TN、TP、TK、粪大肠菌群、重金属、硼、矿物油和苯并芘）；

（5）沼气：CH_4、CO_2、H_2S含量。

3）检测方法

检测方法如表6-3所示。

表6-3 试验所测项目及测量方法

项　目	测量方法
COD	标准重铬酸钾
pH	酸度计
NH_3-N	纳氏试剂比色法
VFA	气相色谱仪（FID检测器）
ALK	溴甲酚绿-甲基红指示剂滴定法
CH_4、CO_2	便携式检测仪
含水率	含水率检测仪
有机质含量	灼烧法
沼渣中N、P、K和重金属	第三方检测

6.2.2 高温热水解预处理技术研究

1. 试验目的

传统厌氧消化普遍存在消化速率低、停留时间长（20～30 d）、处理效率低（挥发性固体VS的去除率为30%～40%）等不足，且主要受限于厌氧消化中的限速步骤——污泥水解。为了改善这种现状，提高水解效率，小试采用高温热水解预处理方法来探索适合南方特性城市污泥的厌氧消化高效预处理技术。

2. 试验材料和热源

试验污泥：广州市大坦沙污水处理厂提供的含水率约为90%、有机质含量约为50%的污泥。

消化菌种：中山市民东有机废弃物有限公司厌氧消化罐消化污泥。

热源：蒸汽或电加热均可。由于本试验装置旨在考察水解预处理对厌氧产气率的影响，为方便操作，由电加热代替蒸汽加热。

3. 试验方法

在中级厌氧罐消化接种污泥被置换的15天里（全部置换成试验污泥），分别开展污泥温度梯度试验和恒温碱度试验。

（1）温度梯度试验：分别在110,130,150,170,190℃水解条件下对污泥保温30 min，并取水解前后的泥样检测VFA、ALK、COD、有机质含量和pH等指标，根据试验数据确定最佳高温水解温度。

（2）恒温碱度试验：在根据温度梯度试验得出的最佳温度的基础上，分别投加比例为0.005,0.01,0.015,0.02,0.025（kg/kg干泥）的NaOH，并取水解前后的泥样检测VFA、ALK、COD、有机质含量和pH等指标，根据试验数据确定最佳投碱量。

4. 结果与分析

1）水解温度优化

通过分别对在110,130,150,170,190℃下水解前后的污泥进行检测，考察高温水解温度对污泥水解效果的影响。原泥（水解前泥样）和水解泥（水解后泥样）的VFA、ALK、COD、有机质含量和pH检测结果分别如图6-4至图6-8所示。

由图6-4至图6-7可看出，随着水解温度的升高，VFA、ALK、COD、有机质含量在水解前后的两条变化曲线均呈现出近似口袋状（小口、大肚、平底），表明水解温度对污泥中各种复杂物质的分解的影响还是很明显的。当温度在110～170℃之间时，随着温度的升高，“口袋”直径逐渐增大；当温度大于170℃时，随着温度的进一步升高，“口袋”直径趋于稳定并稍有减小。由此可见，高温范围内，170℃左右的水解温度是污泥热水解效果最好的一个温度点位，这与以往文献中的试验结果也是一致的。

超过170℃后水解效果开始下降的主要原因是，污泥在170℃以上会形成一些难降解的有害中间产物，这些中间产物由美拉德反应产生。美拉德反应是氨基化合物和羰基化合物之间的缩合反应，温度越高，反应越剧烈，所生成的系列复杂产物“类黑色素”难以生化降解，从而导致污泥的厌氧消化性能下降。

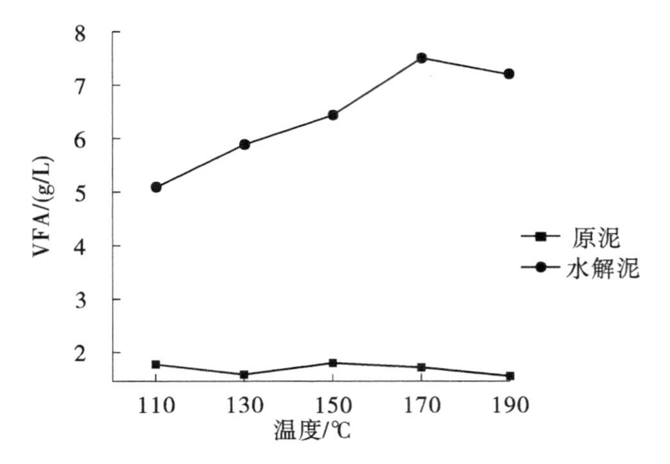

图6－4　不同温度下污泥水解前后的 VFA 变化曲线

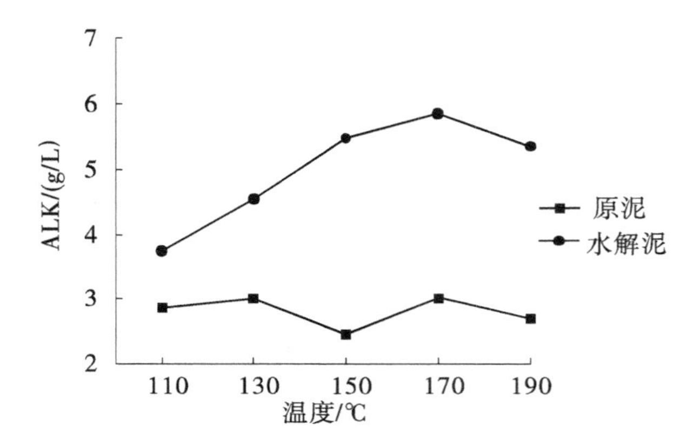

图6－5　不同温度下污泥水解前后的 ALK 变化曲线

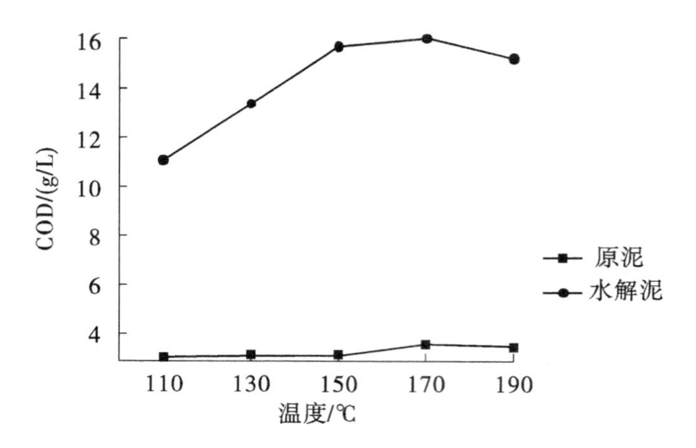

图6－6　不同温度下污泥水解前后的 COD 变化曲线

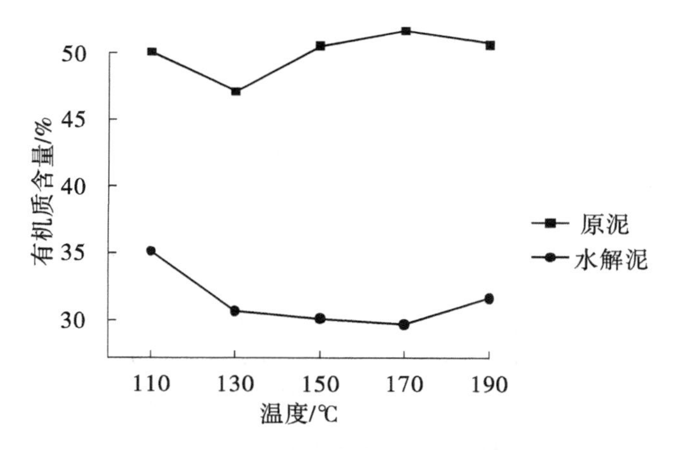

图 6-7 不同温度下污泥水解前后的有机质含量变化曲线

由图 6-8 可知，随着水解温度的升高，水解前后污泥的 pH 变化幅度较小，都在 6.5 ～7.8 之间，表明系统在高温热水解的过程中生成的酸和碱相对平衡，对系统稳定影响较小。

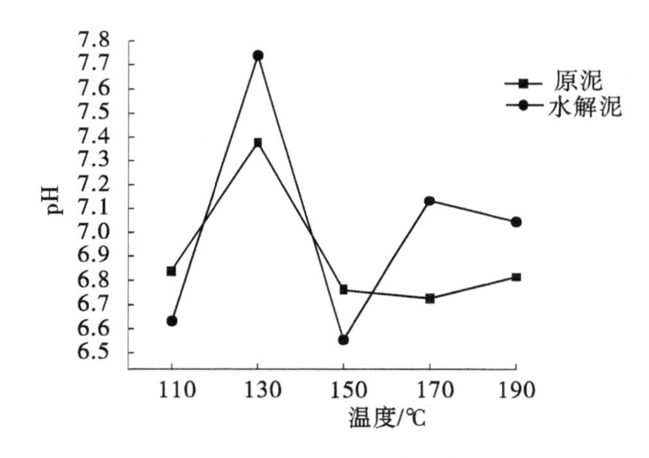

图 6-8 不同温度下污泥水解前后的 pH 变化曲线

2）加碱量优化

在 170 ℃水解温度下，分别投加比例为0.005,0.01,0.015,0.02,0.025（kg/kg 干泥）的 NaOH，并取水解前后泥样检测 VFA、ALK、COD、有机质含量和 pH 等指标，以此考察加碱量对高温污泥水解程度的影响情况，上述指标的检测结果分别如图 6-9 至图 6-13 所示。

由图 6-9 至图 6-13 可以看出，在高温热水解条件下，除了 ALK 和 pH 是随着加碱量的增加而增加外，其他指标受加碱量变化的影响不大。由此可见，在 170 ℃水解温度下，一定范围内的加碱量对污泥水解程度的提升效果已经非常微弱，因此基于综合效益考量，可不在高温热水解中加碱。

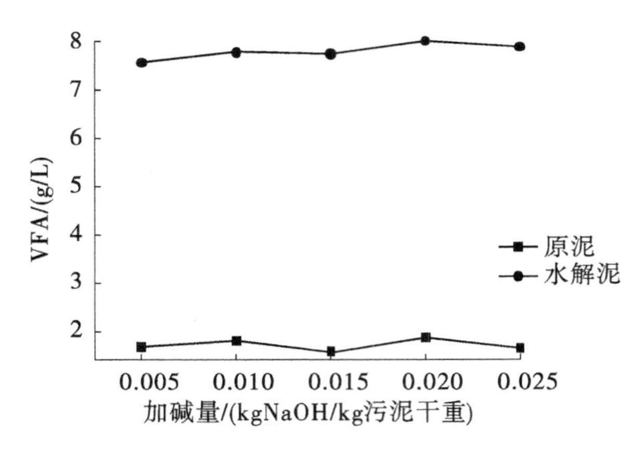

图6-9 不同加碱量下污泥水解前后的VFA变化曲线

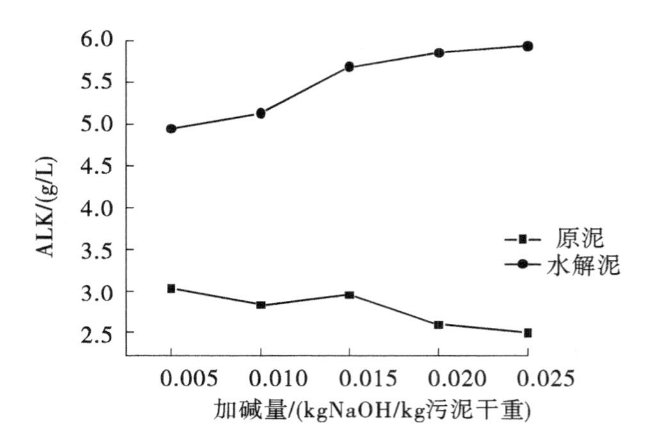

图6-10 不同加碱量下污泥水解前后的ALK变化曲线

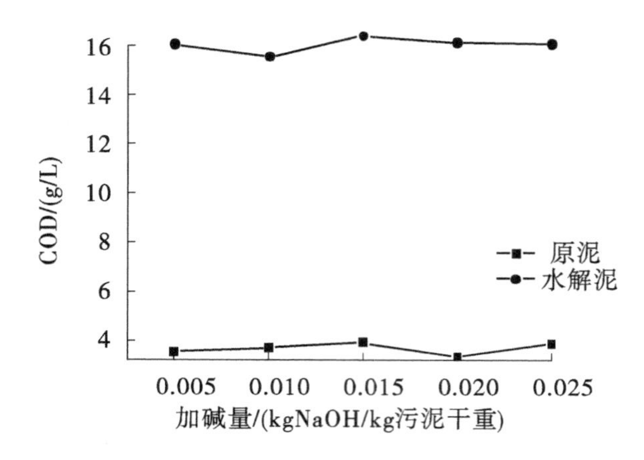

图6-11 不同加碱量下污泥水解前后的COD变化曲线

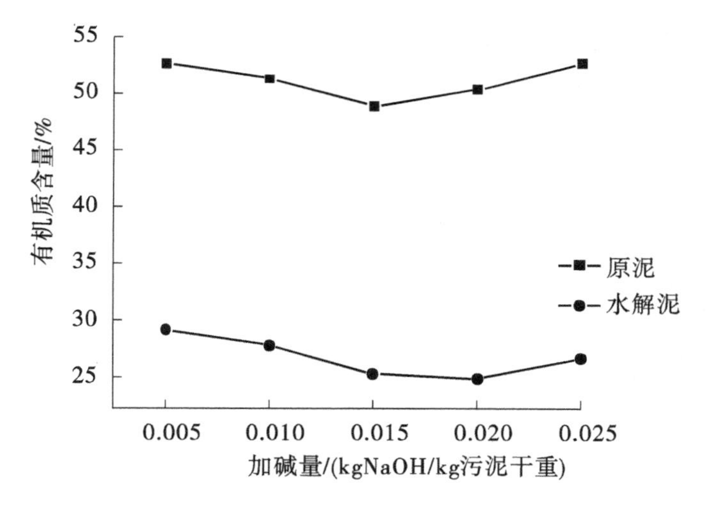

图 6－12　不同加碱量下污泥水解前后的有机质含量变化曲线

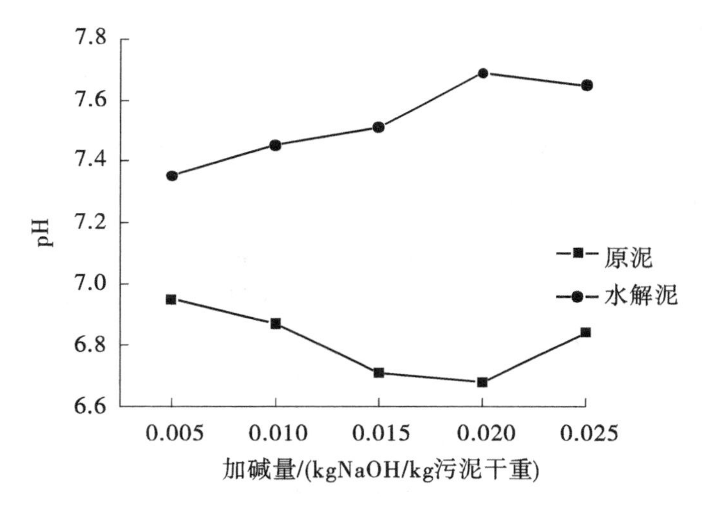

图 6－13　不同加碱量下污泥水解前后的 pH 变化曲线

6.2.3　高温热水解预处理＋中温厌氧消化技术研究

1．污泥物料

本项目中，污泥物料的平均有机质含量约为 50%（40%～60%）。2017 年 3 月 1 日至 2017 年 3 月 15 日为系统启动期；2017 年 3 月 16 日至 2017 年 4 月 16 日为系统稳定运行期。

1）启动期

在启动期间，对原泥和消化泥的有机质含量进行监测，监测数据如图 6－14 所示；对厌氧消化罐内的 ALK 和 VFA 的变化情况进行检测，检测数据如图 6－15 所示；对系统产气量和耗气量进行统计，如图 6－16 所示。

由图 6－14 可以看出，随着启动期时间的推移，原泥与消化泥中有机质含量的差值呈现递增的趋势，表明污泥有机质降解率逐步得到提高，反映了启动期厌氧微生物活性的变化过程，最终有机质降解率可达到43%左右。

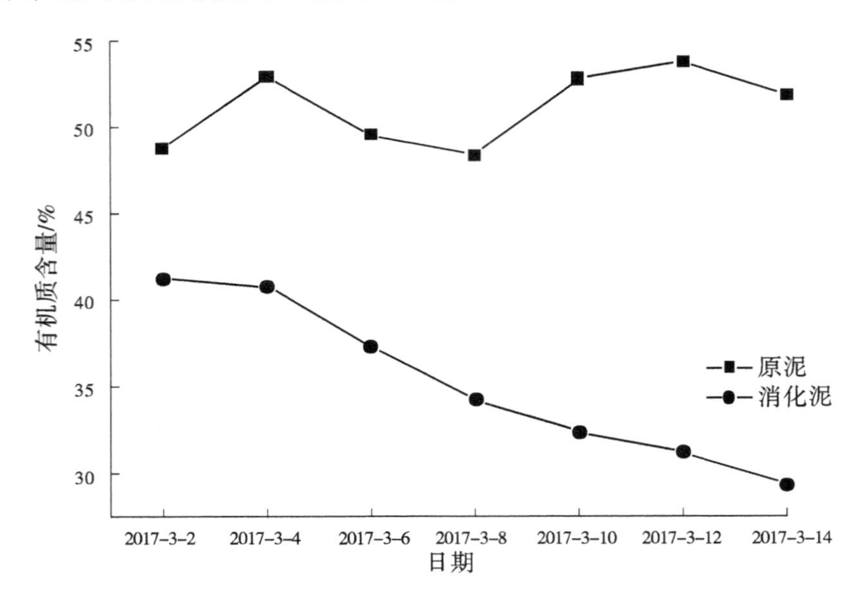

图6－14　厌氧发酵启动期原泥和消化泥的有机质含量变化曲线

由图6－15可以看出，随着时间的推移，厌氧罐污泥的VFA在200～3500 mg/L之间呈递减趋势，而ALK则在6500～7000 mg/L之间波动。由此可见，试验消化污泥的VFA在启动中后期基本降至较低水平，此时系统趋于稳定（VFA稳定降解和甲烷稳定输出）；而ALK相对于原泥保持在较高的浓度范围，表明高温热水解降解过程产生的碱完全满足厌氧消化过程中中和VFA与调节pH所需的碱度，从而为产甲烷菌提供了良好的环境保障，避免了环境酸化。

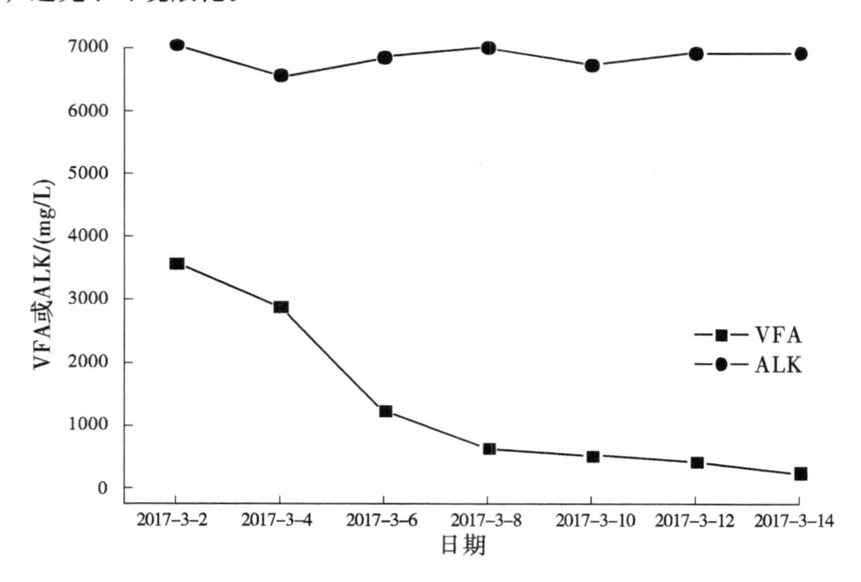

图6－15　厌氧发酵启动期污泥的VFA和ALK变化曲线

由图6－16可以看出，在启动期，随着时间的推移，沼气日产量呈现出逐步递增的趋势，并在后期趋于稳定。对于含水率为80%的污泥，每吨湿泥的沼气产量从最初的不到10 m^3 逐步提高并稳定在约35 m^3。而耗气量则较为稳定，每吨湿泥的沼气耗量始终在25 m^3 附近波动。

由于启动期是一个厌氧微生物快速增长、适应环境的过程，当其产气量达到一个相对稳定的水平时，标志着厌氧消化启动期的完成。

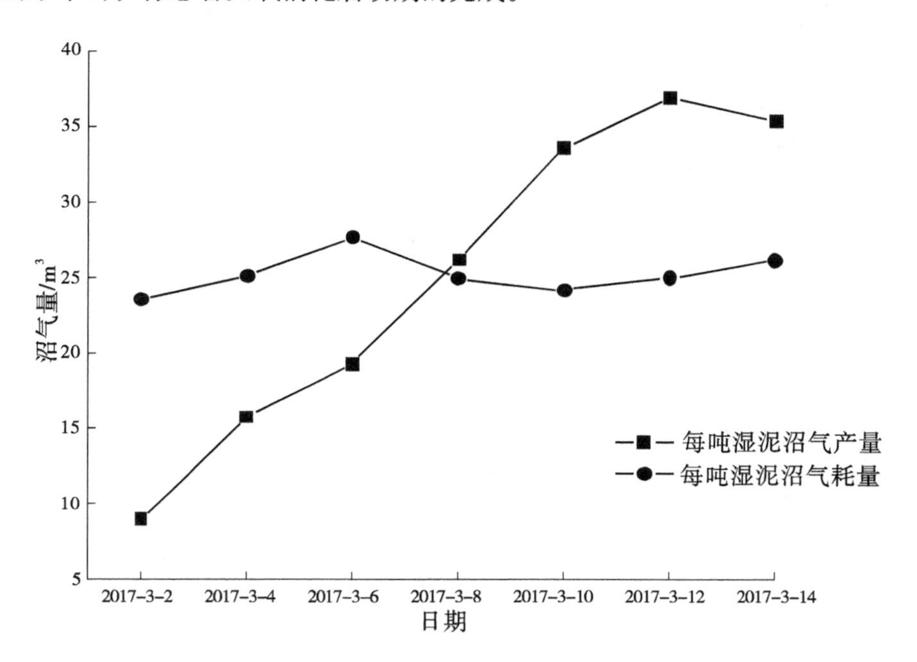

图6－16　厌氧发酵启动期污泥的沼气产量和耗量变化曲线

2）稳定运行期

在污泥厌氧发酵系统稳定运行期间，对原泥、高温热水解泥和厌氧罐消化泥进行同步监测，VFA、ALK、VFA/ALK、有机质含量等各项指标检测数据分别见图6－17至图6－20；对系统产气量和耗气量进行统计，统计结果如图6－21所示。

由图6－17可以看出，在整个污泥厌氧发酵稳定期内，在三种污泥样品中，VFA呈现出的规律是：水解泥＞原泥＞消化泥。

由图6－18可以看出，在整个污泥厌氧发酵稳定期内，在三种污泥样品中，ALK呈现出的规律是：消化泥＞水解泥＞原泥。

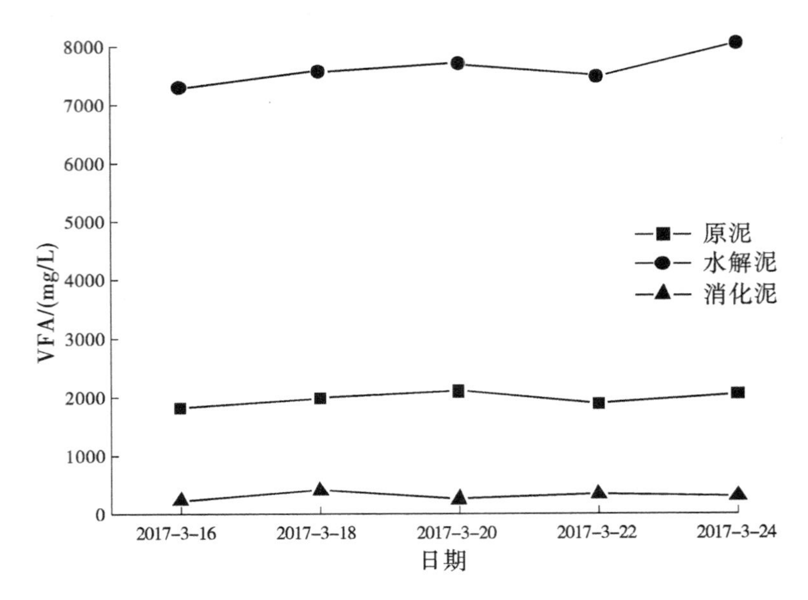

图 6－17　厌氧发酵稳定期污泥的 VFA 变化曲线

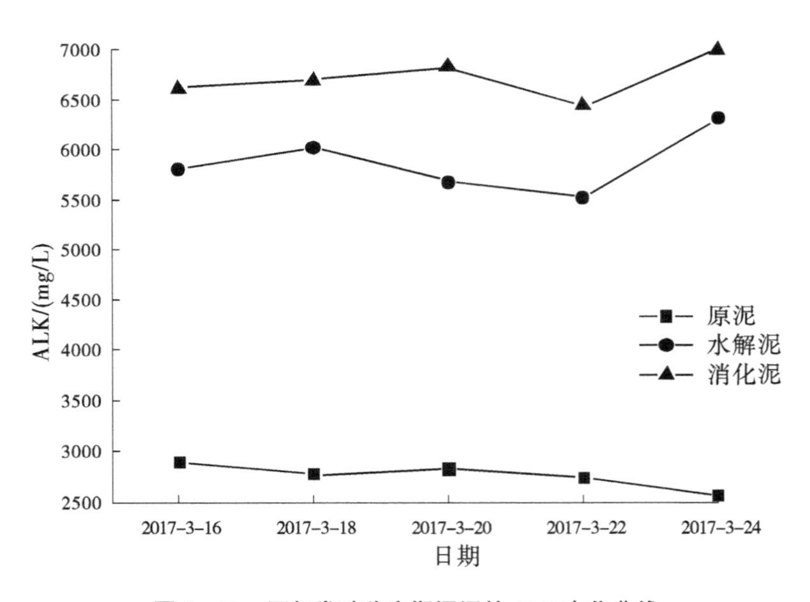

图 6－18　厌氧发酵稳定期污泥的 ALK 变化曲线

由图 6－19 可以看出，在整个污泥厌氧发酵稳定期内，在三种污泥样品中，VFA/ALK 呈现出的规律是：水解泥 > 原泥 > 消化泥，其中消化泥的 VFA/ALK 约为 0.05，表明甲烷化过程正常高效。从 VFA、ALK 和 VFA/ALK 的变化规律变可初步看出高温预处理水解和厌氧降解的明显效果。

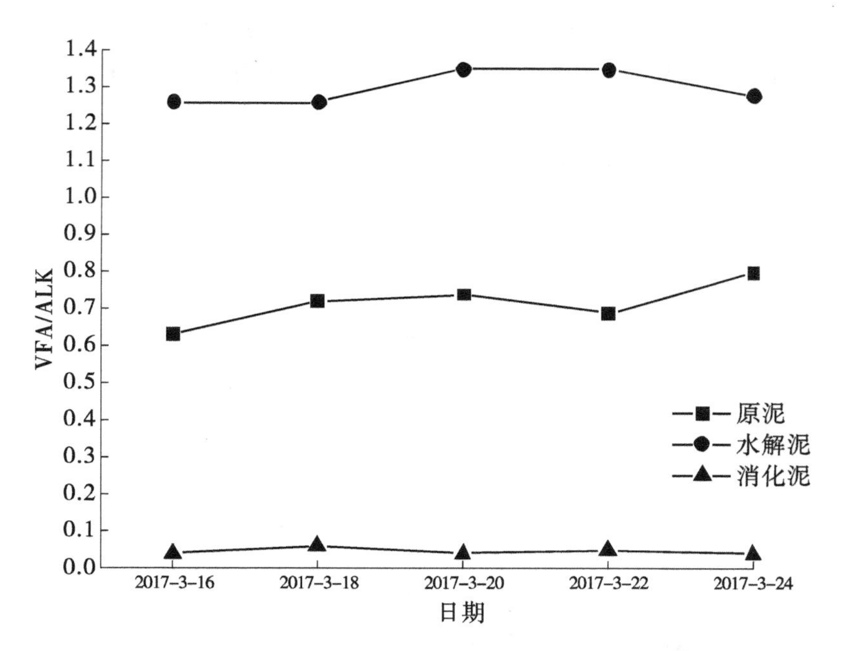

图 6－19 厌氧发酵稳定期污泥的 VFA/ALK 变化曲线

由图 6－20 可以看出，相对于原泥和水解泥，在厌氧发酵稳定期内，消化泥中的有机质含量明显较低，其有机质有效降解率达到 42%～45%。

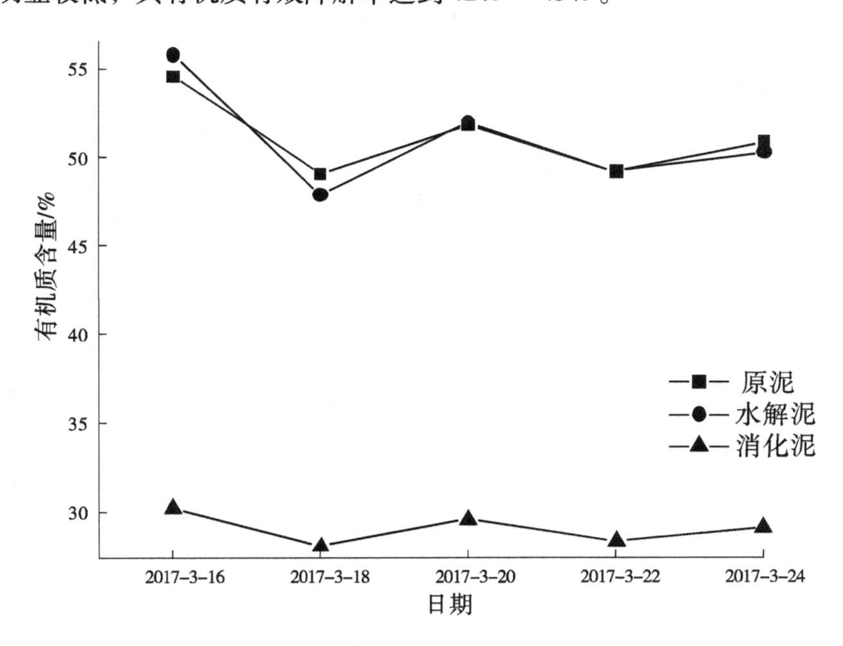

图 6－20 厌氧发酵稳定期污泥的有机质含量变化曲线

由图6－21可以看出，在系统稳定运行期间，沼气产量和耗量都稳定在一个较小的范围内，没有明显的波动。对于含水率为80%的污泥（有机质含量为50%左右），沼气产量变化范围为34～38 m^3/吨污泥、耗气量平均约为25.5 m^3/吨污泥，产耗比约为1.5，污泥厌氧发酵系统的经济效益明显。

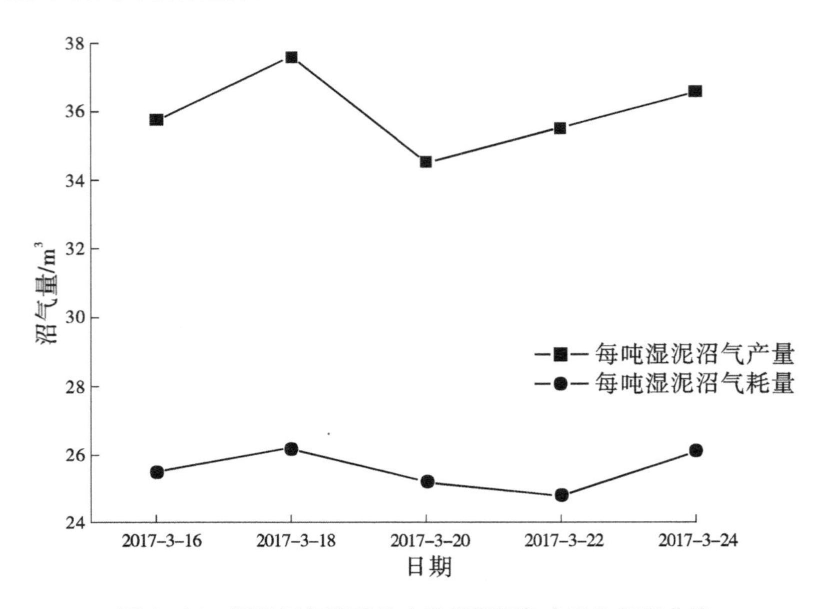

图6－21　污泥厌氧发酵稳定运行期沼气产量和耗量曲线

2. 污泥＋餐厨垃圾物料

在以上试验中原污泥的基础上，添加10%（质量分数）左右的餐厨垃圾，使平均有机质含量由50%左右提高至55%左右。

2017年5月10日至2017年5月25日为系统启动期；2017年5月26日至2017年6月20日为系统稳定运行期。

1）启动期

在污泥厌氧发酵系统启动期间，对原泥和消化泥的有机质含量进行监测，监测数据如图6－22所示；对厌氧消化罐内的ALK和VFA的变化情况进行检测，检测数据如图6－23所示；对系统产气量和耗气量进行统计，如图6－24所示。

由图6－22可以看出，随着启动期时间的推移，原泥与消化泥中有机质含量的差值呈现递增的趋势，表明污泥有机质降解率逐步提高，反映了启动期厌氧微生物活性的变化过程。

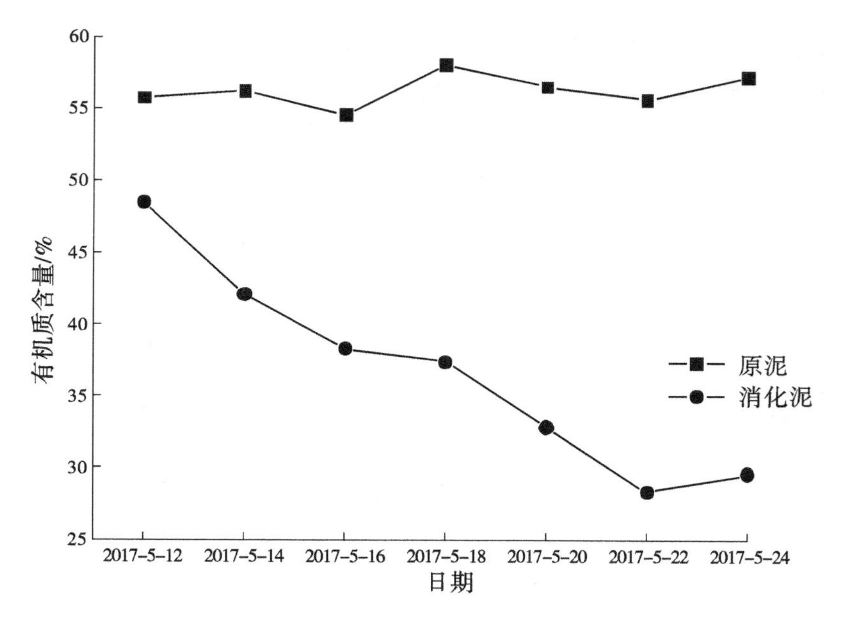

图6－22 厌氧发酵启动期原泥和消化泥的有机质含量变化曲线

由图6－23可以看出，在启动期，随着时间的推移，厌氧罐污泥的VFA在200～4500 mg/L之间呈递减趋势、ALK在7000～8000 mg/L之间波动。本试验消化污泥的VFA在启动中后期基本达到最佳范围，ALK保持相对稳定，通过计算得出VFA/ALK在0.025～0.5之间（符合要求）。因此，系统的酸碱比例适宜，且pH未超过7.8，可见系统具备较强的酸碱缓冲能力。

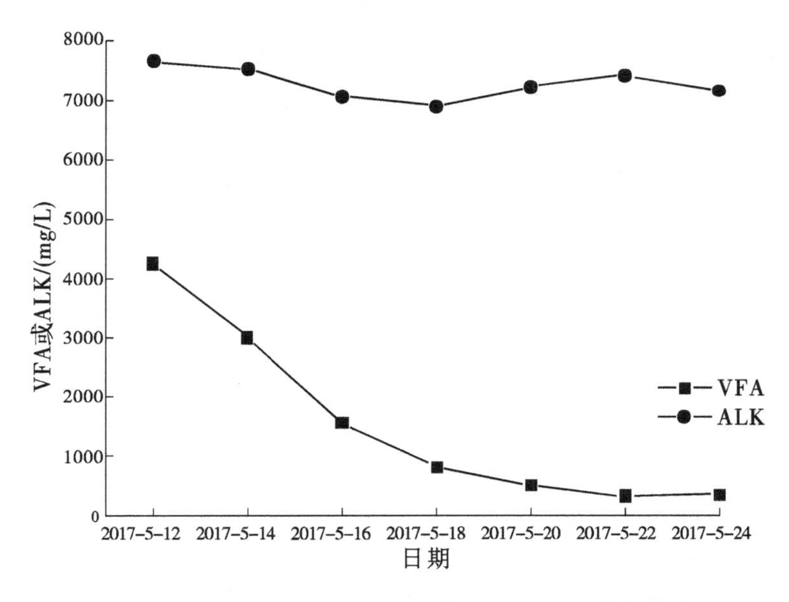

图6－23 厌氧发酵启动期污泥的VFA和ALK变化曲线

由图6－24可以看出，在启动期，随着时间的推移，沼气日产量呈现出逐步递增的趋势，并在后期趋于稳定。对于含水率为80%的污泥（有机质含量约为55%），每吨湿泥的沼气产量达到 40 m^3，而耗气量则相对稳定。由于启动期是一个厌氧微生物快速增长、适应环境的过程，当其产气量达到一个相对稳定的水平时，标志着厌氧消化启动期的完成。

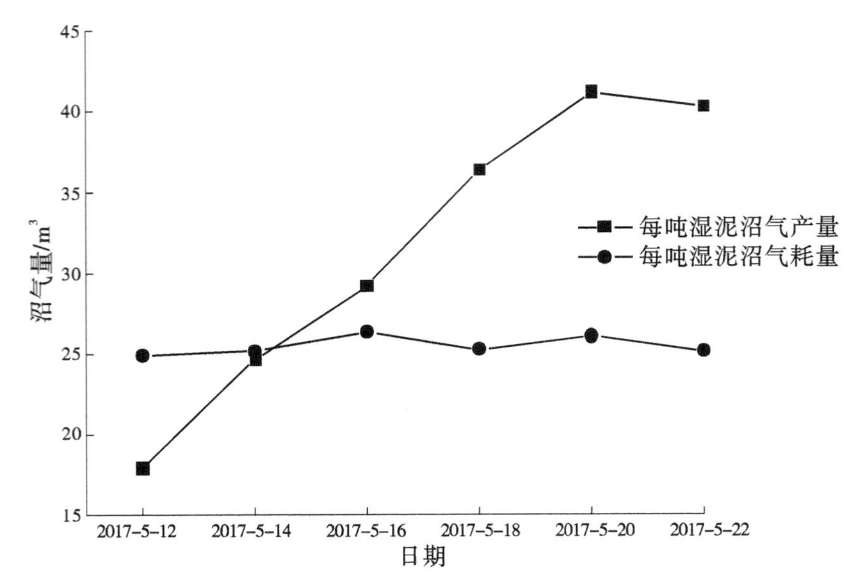

图 6－24　厌氧发酵启动期污泥的沼气产量和耗量变化曲线

2）稳定运行期

在污泥厌氧发酵系统稳定运行期间，对原泥、高温罐水解泥和厌氧罐消化泥进行同步监测，VFA、ALK、VFA/ALK、有机质含量等各项指标的检测数据分别见图 6－25 至图 6－28；对系统产气量和耗气量进行统计，见图 6－29。

由图 6－25 可以看出，在稳定期内，VFA 呈现出的规律是水解泥 > 原泥 > 消化泥。

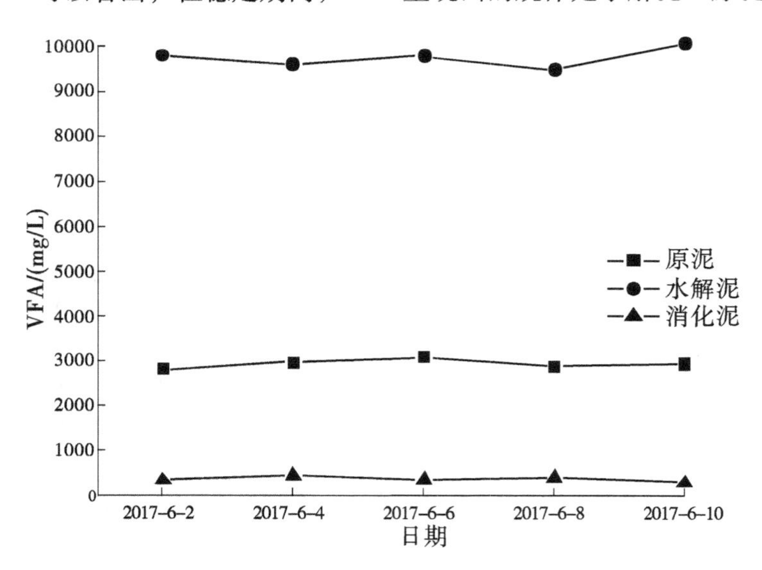

图 6－25　厌氧发酵稳定期污泥的 VFA 变化曲线

由图6-26可以看出，在稳定期内，ALK呈现出的规律是消化泥 > 水解 > 原泥。由图6-27可以看出，VFA/ALK呈现出的规律是水解泥 > 原泥 > 消化泥，其中消化泥的VFA/ALK约为0.05。从VFA、ALK和VFA/ALK的变化规律可初步看出高温预处理水解和厌氧降解的明显效果。

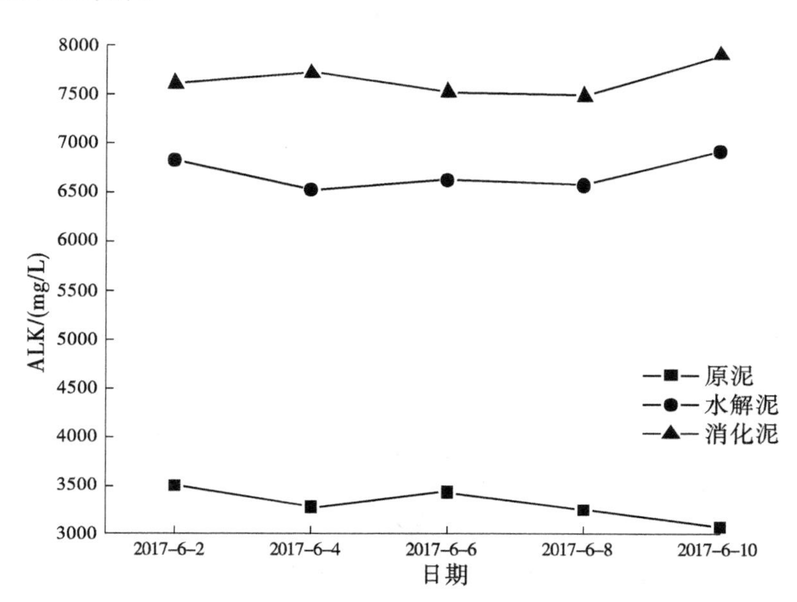

图6-26　厌氧发酵稳定期污泥的ALK变化曲线

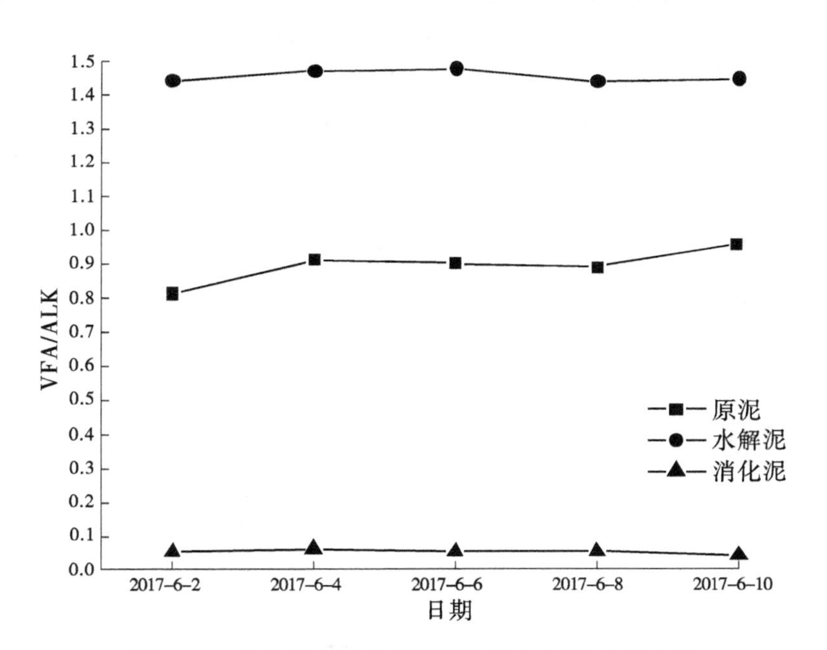

图6-27　厌氧发酵稳定期污泥的VFA/ALK变化曲线

由图 6－28 可以看出，相对于原泥和水解泥，在厌氧发酵稳定期内，消化泥中的有机质含量明显较低，其有机质有效降解率达到 48% 左右。

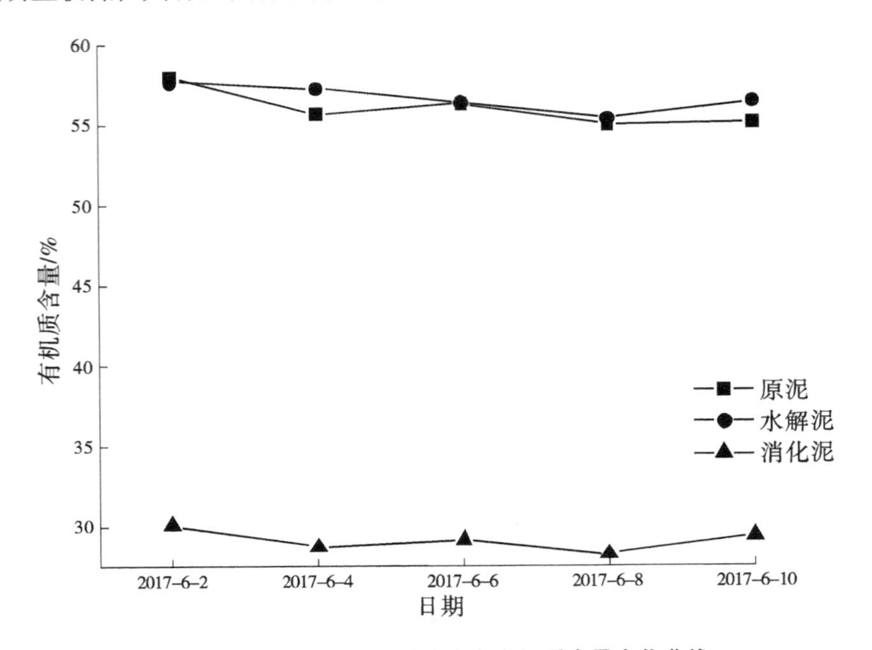

图 6－28　污泥厌氧发酵稳定期有机质含量变化曲线

由图 6－29 可以看出，在系统稳定运行期间，对于含水率为 80% 的混合污泥，沼气产量变化范围为 40 ～42 m^3/吨污泥，耗气量平均约为 26 m^3/吨污泥。由此可见，通过向污泥中添加一定比例的餐厨垃圾，在高温热水解条件下能有效地提升沼气产量，具有较高的经济效益和实践意义，值得推广，其成功应用的案例有襄阳污泥处理厂。

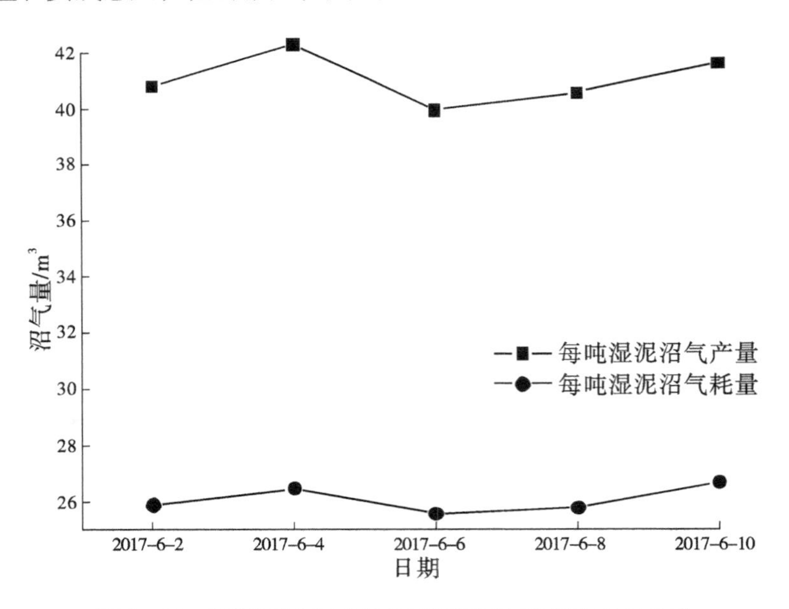

图 6－29　污泥厌氧发酵稳定运行期沼气产量和耗量曲线

6.2.4 系统能量梯级利用技术研究

1. 能量需求分析

系统中的耗能环节包括热水解预处理环节、中温厌氧消化环节和沼肥干燥环节。由于热水解预处理温度为170℃、中温厌氧消化环节温度为35℃，系统能源流遵循从高到低的原则且可采用能量梯级利用技术，因此实际上系统中唯一的耗能环节为热水解预处理环节，其他环节均用余热。

在不考虑热能循环利用的前提下，假设1t污泥（80%含水率）热水解需约500kg高温水蒸气（170℃），沼气能量为2.3×10^4 kJ/m^3，则污泥热水解理论需求热能（温度设为170℃，水平均初温25℃）：

$Q=500\times2773.3=1.39\times10^6$（kJ/t 80%含水率污泥）；

折算为沼气需求量：$M_1=(1.39\times10^6)\div(2.3\times10^4)=60.3$（m^3/t 80%含水率污泥）。

2. 系统产能分析

本系统的能源产物为沼气，沼气产量与污泥有机质含量有关，根据6.2.3节中的试验结果可知：当污泥有机质含量为50%左右时，沼气产量$M_2\approx35$ m^{3}沼气/80%含水率污泥；当污泥有机质含量为55%左右时，沼气产量为$M_2\approx41$ m^{3}沼气/80%含水率污泥。

3. 热能循环利用模式分析

如果不进行热能循环利用，则$M_1>M_2$，即供小于需，显然是极其不经济的。因此，采用热能循环利用模式是必要的。

对以上三个耗能环节开展热能循环利用模式分析：首先，污泥热水解采用预热→加热→闪蒸的形式（温度设为97℃→170℃→102℃），可实现内部热能循环，即加热→闪蒸的热量落差可循环利用于预热和加热环节；其次，水解闪蒸→厌氧消化产生的热量落差，可循环利用到沼肥干燥系统。

在热能循环利用模式下，再次进行能量需求计算：

污泥热水解的实际总需求热能（设热能回用率为60%）为：$Q_1'=1.39\times10^6\times40\%=0.556\times10^6$（kJ/t 80%含水率污泥）。

则沼气实际需求量：$M_1=(0.556\times10^6)\div(2.3\times10^4)=24$（m^{3}沼气/t 80%含水率污泥）。（略低于小试试验中的26m^{3}沼气/t 80%含水率污泥。）

其中，热能回用主要来源于闪蒸热量落差（170℃→102℃），该部分回用热能完全满足热水解预热保温阶段（97℃）所需热量，且可供应部分热水解加热（170℃）所需热能，必要时供应一部分热量用于沼肥干燥过程。

4. 热能核算

综上所述，在进行能量梯级循环利用的前提下，对于有机质含量为50%的污泥而言，$M_2/M_1=1.17$；对于有机质含量为55%的污泥而言，$M_2/M_1=1.37$。由此可见，在170℃

热水解预处理的条件下，污泥的有机质含量越高，沼气产投比越大，经济效益也越好。同时，参考工程实际经验可知，污泥处理规模越大，沼气产投比也越大，经济效益越显著。

6.2.5 硫化物、重金属等有害物质的控制技术研究

1. 硫化物控制技术研究

污泥中的硫化物在厌氧消化工艺处理后有三个去处，一是进入沼液，二是进入沼气，三是留在沼渣（沼泥）中。污泥硫化物控制技术的目的就是降低沼渣中硫化物的含量，使其中的一部分以溶解性硫化物的形态进入沼液，另一部分以硫化氢的形态随沼气一起排出，硫化物控制的主要手段就是有效提高污泥水解率。

在厌氧消化工艺热水解预处理稳定梯度试验中，通过对常温泥和分别在70，90，110，130，150，170℃下水解后的污泥中硫化物含量进行检测，来考察水解温度对污泥中硫化物含量变化的影响，检测结果见表6－4。

表6－4　不同水解温度的污泥中硫化物含量

水解温度/℃	常温原泥	70	90	110	130	150	170
硫化物含量/(mg/kg)	95.9	86.7	65.4	58.5	29.8	6.3	10.5

由表6－4可以看出，随着水解温度的升高，污泥中硫化物含量逐渐降低，并在150～170℃趋于稳定。此外，当水解温度在100℃以内变化时，污泥硫化物含量变化幅度较小；而当水解温度大于110℃时，污泥硫化物含量变化幅度大，并于150℃时降至较低水平。由此可见，污泥水解温度是污泥中硫化物转移的重要影响因素。

以上试验表明：在150～170℃水解条件下，污泥固体中的硫化物可得到有效降解，从而使污泥中硫化物含量降至一个较低水平。

为了进一步验证以上结论，在70℃热水解预处理＋厌氧消化工艺稳定运行试验中，通过对不同处理环节的污泥中溶解性硫化物含量进行检测，来考查该水解温度下污泥中硫化物的转移程度，检测结果见表6－5。

表6－5　不同处理环节的污泥浸出液中硫化物含量

污泥浸出液	原泥浸出液	水解污泥浸出液	消化污泥浸出液
硫化物含量/(mg/L)	0.139	0.113	0.13

由表6－5可以看出，在70℃热水解预处理条件下，水解污泥和消化污泥浸出液中的硫化物含量与原泥浸出液中硫化物含量相差无几，表明该水解温度未能使污泥中的结合性硫化物和其他有机硫化物分解，即该水解温度不能达到降低污泥中硫化污染物含量的目的，这一结果与表6－4分析的结果一致。

综上所述，在150～170℃下进行热水解预处理，可将污泥中硫化物含量控制在一个较低水平。

2. 重金属控制技术研究

将污泥经过 170 ℃热水解预处理后进行厌氧消化，检测沼渣中有机质和重金属的含量，并与原泥中的各指标进行对比，如表 6 -6 所示。

表 6 -6 原泥和沼渣重金属含量对比

检测项目	含水率/%	有机质含量/%	重金属含量/(mg/kg)					
			Cr	Cu	Ni	Pb	Zn	Cd
原泥	81.7	52.1	187.88	411.94	67.78	114.27	1085.70	6.61
沼渣	41.7	27.4	156.95	390.55	45.92	94.11	854.91	5.99

由表 6 -6 可知，污泥沼渣中的重金属含量相对于原泥明显减少，表明污泥中的重金属经过热水解环节后更易于转移至液相，因此热水解环节可有效降低固态污泥中的重金属含量。其中，Ni 的迁移率高达 32.3%、Zn 的迁移率为 21.3%、Pb 的迁移率为 17.6%、Cr 的迁移率为 16.5%，其他重金属也均有不同程度的迁移。

6.2.6 沼液成分分析

将污泥通过 170 ℃热水解 + 厌氧消化处理后，经板框压滤机脱水，取沼液进行成分检测，检测结果如表 6 -7 所示。

表 6 -7 沼液成分分析结果

检测项目	COD	NH_3-N	TN	TP	Cr	Cu	Ni	Pb	Zn	Cd
含量/(mg/L)	15 652	562	1416	58	0.023	0.33	2.12	0.03	0.20	<0.007

由表 6 -7 计算可知，COD/TN≈11、COD/TP≈270，可见沼液中 COD 与 TN、TP 的比例均远大于污水厂进水中的比例（COD/TN≈8、COD/TP≈34），可作为污水厂外加碳源，而沼液中重金属也会被稀释，浓度降至较低水平，因此热水解 + 消化沼液完全可用于改善污水厂碳源过低的现状。

6.2.7 小试研究小结

（1）在小试研究中，对污泥进行了高温热水解预处理温度梯度试验（水解时间 30 min）。试验结果显示，当温度升至 170 ℃时，污泥水解液中的 VFA（挥发性有机酸）和 VFA/ALK（酸度碱度比，小于 2）均达到最大值且保持稳定，表明高温热水解的最佳温度为 170 ℃。

（2）在小试研究中，对污泥进行了高温热水解预处理碱度梯度试验（温度 170 ℃、水解时间 30 min）。试验结果显示，只有 ALK 和 pH 随着加碱量的增加而增加，其他指标受加碱量影响不大。由此可见，在 170 ℃水解温度下，一定范围内的加碱量对污泥水解程度的提升效果非常微弱，因此基于综合效益考量，可不在高温热水解中加碱。

（3）在小试研究中，对广州市有机质含量约为 50% 的污泥进行了 170 ℃高温热水解

预处理 + 厌氧消化处理（水解时间 30 min）。试验结果表明，系统启动运行后 15 天左右，各项指标达到稳定且在合理范围内。在系统稳定运行期间，对于含水率为 80% 的污泥，沼气产量的变化范围为 34 ～ 38 m^3/t 污泥，折算沼气耗气量平均约为 25.5 m^3/t 污泥（电加热油），产耗比为 1.5 左右，经济效益明显。

（4）将广州市有机质含量约为 50% 的污泥与餐厨垃圾按照 9∶1 的比例混合，得到有机质含量约为 55% 的混合物料，在 170 ℃高温热水解预处理后进行厌氧消化。试验结果表明，系统启动运行后 15 天左右，各项指标达到稳定且在合理范围内。在系统稳定运行期间，对于含水率为 80% 的混合污泥，沼气产量的变化范围为 40 ～ 42 m^3/t 污泥，折算沼气耗气量平均约为 26 m^3/t 污泥，产耗比为 1.57 左右，经济效益显著。

（5）对于 170 ℃高温热水解预处理 + 厌氧消化处理系统，在处理有机质含量为 50% 以上的污泥时，如果不进行能量梯级循环利用设计，耗气量大于产气量，是不经济的；进行能量梯级循环利用设计后，产耗比达到 1.5 以上。

（6）试验表明，水解温度是污泥中硫化物降解的重要影响因素。当水解温度为 150 ～ 170 ℃时，污泥固体中的硫化物可得到有效降解，同时污泥中的硫化物含量可降至较低水平。此外，污泥经过 170 ℃热水解预处理后进行厌氧消化，污泥沼渣中的重金属含量相对于原泥明显减少，表明污泥中的重金属经过热水解环节后更易于转移至液相，因此该工艺可有效降低固态污泥中的重金属含量。

（7）污泥经 170 ℃热水解 + 厌氧消化处理后，沼液中碳氮比和碳磷比均高于污水厂进水比例，可作为污水厂进水碳源补充。

6.3 污泥热碱预处理 + 厌氧消化中试研究

在前期小试成果的基础上，2017 年 7 月至 2018 年 1 月，项目团队开展了污泥热碱预处理 + 厌氧消化中试研究，重点分析不同厌氧预处理技术和条件参数下厌氧消化中试系统的运行情况，并就相应运行效果进行评价和总结。

6.3.1 试验流程、装置及测试方法

1. 试验流程

将从厂区运至中试现场的含水率为 80% 的污泥稀释至 90% 后投配至污泥热解碱解池，采用电加热方式（或蒸汽加热方式）对其进行热解（60 ～ 80 ℃），同时向其中投加一定量的氢氧化钠/钾进行碱解。将热碱解后的污泥输送至中间罐冷却，之后再转输至中温厌氧消化池，进行甲烷化反应 20 d，最后将消化后的污泥进行脱水干化。产生的沼气经计量后排入大气或收集利用。

2. 中试装置

中试试验地点设在中山市民东有机废弃物有限公司内，处理规模为 10 t 污泥/d，污泥厌氧消化试验流程图如图 6－30 所示，现场中试装置如图 6－31 所示。

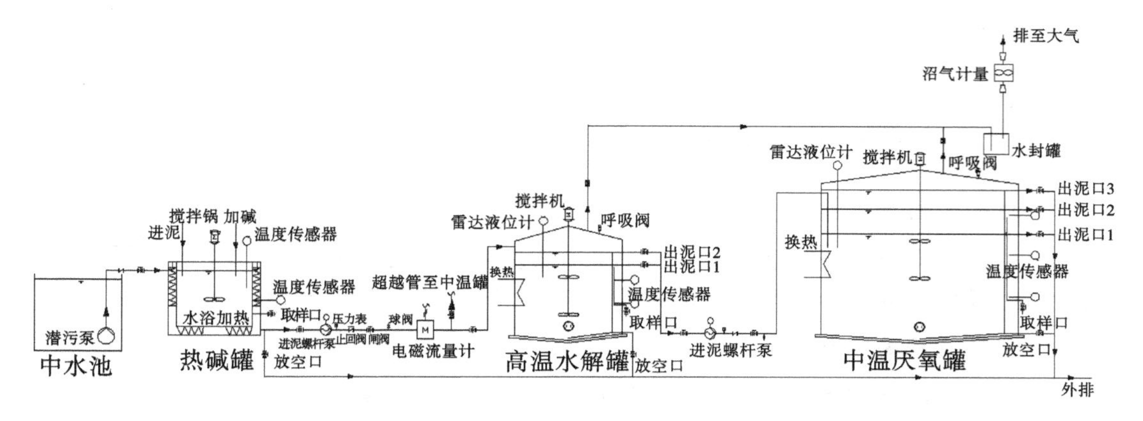

图 6-30 污泥厌氧消化试验流程图

图 6-31 污泥厌氧消化试验中试装置

3. 取样与检测

1）取样点设置

取样点的设置具体如下：①进泥口取样点设在储泥池；②热碱罐取样设有专门取泥口，设为1孔；③中温厌氧罐取样设有专门取泥口，设为2孔；④消化沼气取样点设在沼气收集装置上，设为3孔；⑤脱水沼渣取样点设在脱水机房后储泥池取泥口，设为4孔。

2）检测项目

（1）原泥：有机质含量、pH、VFA、ALK、COD；

（2）水解泥：有机质含量、pH、VFA、ALK、COD；

（3）消化泥：有机质含量、pH、VFA、ALK、COD；

（4）沼渣：含水率、有机质含量、硫化物、TN、TP、TK、粪大肠菌群、重金属含量；

（5）沼气：CH_4、CO_2、H_2S、沼气量。

3）检测方法

检测方法同表6－3。

6.3.2 中试装置设计研究

1. 污泥运输与计量

通过污泥运输车，每天运送10 t污泥至中试现场，污泥的含水率为90％。采用地磅对污泥进行称量，或在压滤机旁建设中试系统便于运送污泥。

2. 污泥热解碱解单元

采用高温热解碱解可强化污泥水解消化，实现细胞壁破壁，释放内溶物，并促进内溶物和多糖类物质的水解和酸化，从而保证有机物的降解率。

每天将含水率为80％的污泥分两批次直接投入热解池，并向池中通入污水进行稀释，将含水率初步调至88％左右，再向其中通入蒸汽对池中污泥进行加热。当池中污泥温度达到60～80℃时，投入适量碱液，对池中污泥进行热解2～4 h后，最终将污泥含水率调至90％。

3. 污泥中温厌氧消化单元

该单元温度控制在35～38℃之间，适合产甲烷菌生长，实现产乙酸和甲烷。设计反应时间为20 d。

4. 消化池污泥投配系统

污泥投配方式：采用上部进泥、下部溢流排泥的投配方式。该方式在从池上部进泥的同时即溢流排除底部的污泥，不会将未经充分消化的污泥排出，且无需控制排泥，操作简单。

污泥排放方式：正常运行时，消化池底部污泥靠液位差溢流排放至位于池顶的排泥管内，由该排泥管排到消化池外；需放空消化池时，在溢流排泥管靠近池底部一端设水平排泥管（称为“底部排泥管”），直接从池底将污泥排出池外；当池底积砂较多，需进行排放时，亦可利用底部排泥管排砂。

5. 污泥搅拌系统

污泥搅拌系统设计采用侧壁搅拌的方式。每座消化池安装两台侧入式搅拌机。

6. 污泥加热单元

采用蒸汽加热方式对高温热解池内污泥进行加热。

7. 沼气收集单元

采用呼吸阀、阻燃器和水封罐来保证沼气收集的安全性。

6.3.3 热碱预处理技术研究

1. 试验材料和热源

（1）污泥：含水率约为90％、有机质含量约为50％。

（2）餐厨垃圾：含水率约为90%、有机质含量接近100%。

（3）消化菌种：中山市民东有机废弃物有限公司厌氧消化罐消化污泥。

（4）碱：99%（质量分数）NaOH。

（5）热源：蒸汽或电加热均可。由于本试验装置旨在考察水解预处理对厌氧产气率的影响，为方便操作，由电加热代替蒸汽加热。

2. 试验方法

在中级厌氧罐消化接种污泥被置换的20 d里（全部置换成试验污泥），分别开展污泥热水解试验和碱解试验。

（1）热水解优化试验：设定在60,70,80 ℃三种工况下分别运行两天，然后在每个温度状态下分别保温2 h、3 h、4 h，取泥样送检测室检测pH、VFA、ALK、SCOD（溶解性化学需氧量）、有机质含量，最后根据试验数据（取均值）及能耗核算确定最优热解温度和停留时间。

（2）加碱量试验：根据热水解优化试验得到的热碱罐最优温度和停留时间，通过设计不同加药量来进一步检验热碱水解的效果，每个加药剂量运行2 d，取样检测指标同上（数据取均值）。

3. 结果与分析

1）热水解温度影响研究

不同温度下ALK随时间的变化反映了热水解温度对ALK的影响。由图6-32可以看出，100 ℃以下的温度对污泥中ALK的影响不是很显著。这主要是由于在污泥热水解的过程中，随着有机酸系的增加，污泥中的氨氮系也随之增加，从而会达到一个酸碱平衡的状态。

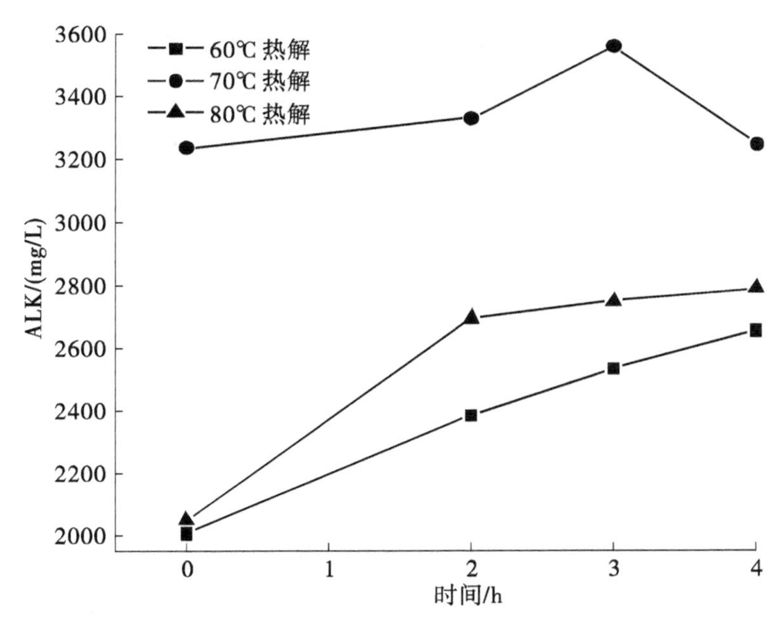

图6-32　不同水解温度下ALK变化曲线

不同热水解温度下 SCOD 和 VFA 随时间的变化分别如图 6－33 和图 6－34 所示。可以看出，温度对污泥中 SCOD 和 VFA 的影响显著。随着热水解温度的升高，水解破壁率逐渐增大，污泥中溶出的 COD 和 VFA 进一步增多。

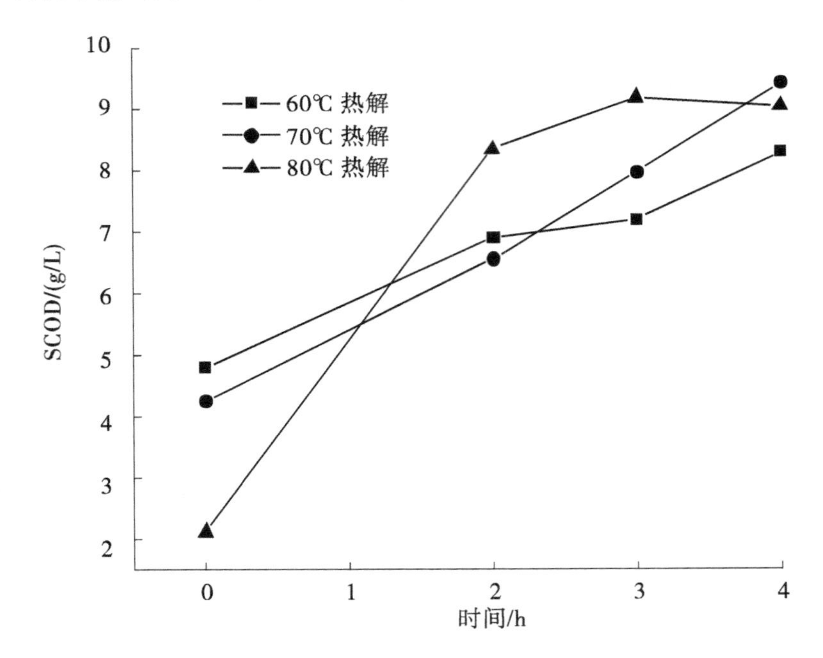

图 6－33　不同水解温度下 SCOD 变化曲线

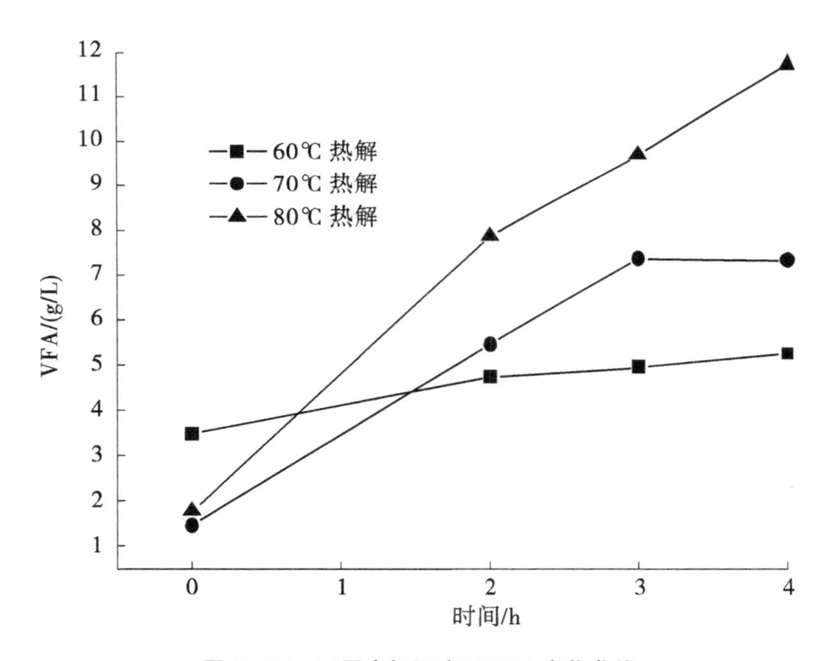

图 6－34　不同水解温度下 VFA 变化曲线

不同热水解温度下 SCOD 与 TCOD 的比值（SCOD/TCOD）随时间的变化反映了热水

解温度对污泥中有机质溶出情况（即从固相转移到液相）的影响。由图6－35可以看出，温度与有机质溶出率之间存在一定的正相关性。随着温度的升高，微生物水解破壁程度增大，细胞壁内细胞液流出，因此液相有机质含量增加。

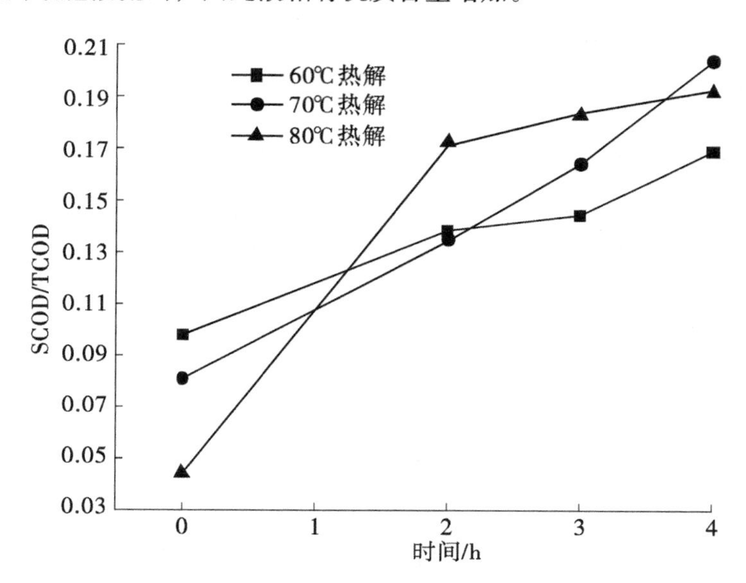

图6－35　不同水解温度下SCOD/TCOD变化曲线

不同热水解温度下VFA与ALK的比值（VFA/ALK）随时间的变化体现了污泥体系水解程度的变化趋势。由图6－36可以看出，随着温度的升高，水解程度呈现出递增趋势。再结合图6－32和图6－34可知，在试验温度范围内，碱度变化幅度较小，VFA变化幅度较大，这也进一步验证了温度与污泥水解程度的正相关性。

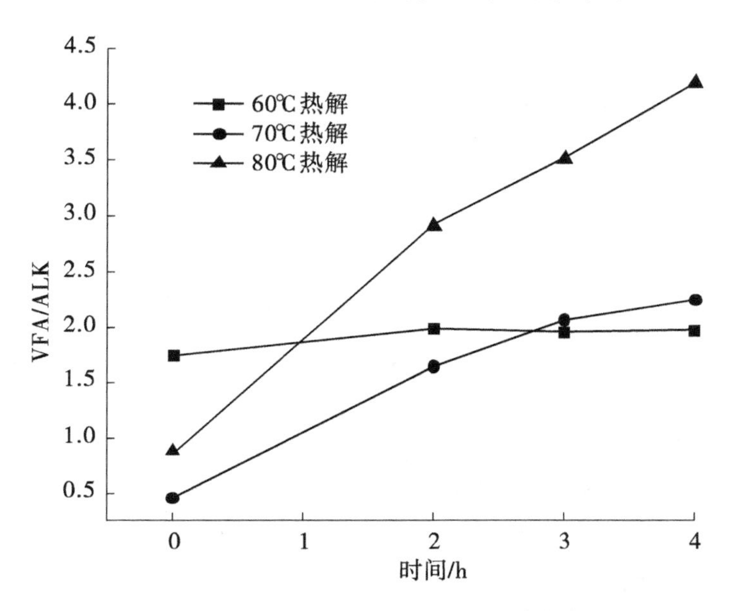

图6－36　不同水解温度下VFA/ALK变化曲线

虽然在60,70,80℃三个水解温度下，水解程度与温度近似呈正相关性，但是随着温度的升高，水解系统的VFA/ALK逐渐增加。当水解温度为80℃、水解时间为4h时，VFA/ALK将超过4，导致污泥系统酸碱严重失衡，从而不利于后续的厌氧消化。而当水解温度为70℃时，在4h水解时间内的VFA/ALK变化范围为0.4～2.2，在合理范围内，同时其变化率大于水解温度为60℃时的变化率。故经过综合考量，本试验选择70℃作为最佳水解温度。

2）热水解时间梯度试验

在污泥水解温度为70℃的条件下，分别保持热碱罐污泥水解时间为0,4,8,12,16,20,24h，然后检测不同水解停留时间的水解效果，试验结果如图6－37所示。再对系统能耗进行折算，如图6－38所示。

由图6－37可以看出，当水解时间在0～12h之间时，VFA和VFA/ALK随时间的变化曲线较为陡峭；在12～24h之间时，VFA和VFA/ALK变化率近似为0，水解程度趋于稳定；而在0～24h之间时，ALK随时间变化率小，较为稳定。

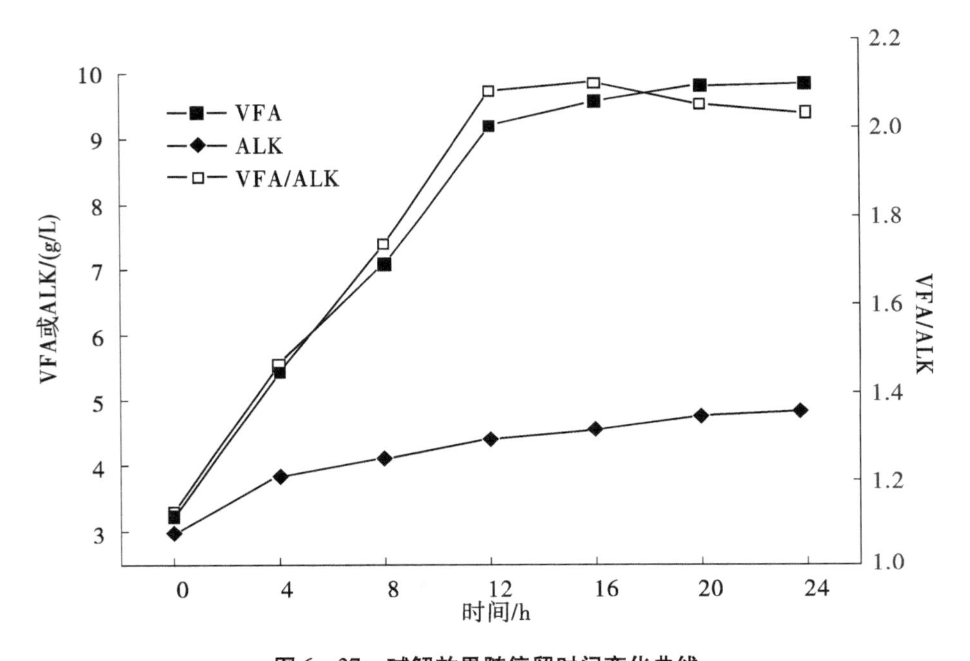

图6－37　碱解效果随停留时间变化曲线

由图6－38可以看出，每吨含水率为80%的污泥的水解电耗与热碱罐停留时间近似成正比。

结合图6－37和图6－38，当从水解效果和能耗两方面来考量时，水解停留时间为12h时的综合效应最佳；但是当从厌氧消化菌的酸碱适应性来考虑时，此时的VFA/ALK超过2，并不能达到最佳的酸碱性要求。因此，水解停留时间为4～8h较为合适，此时的水解效果和酸碱性能够得到一个平衡。

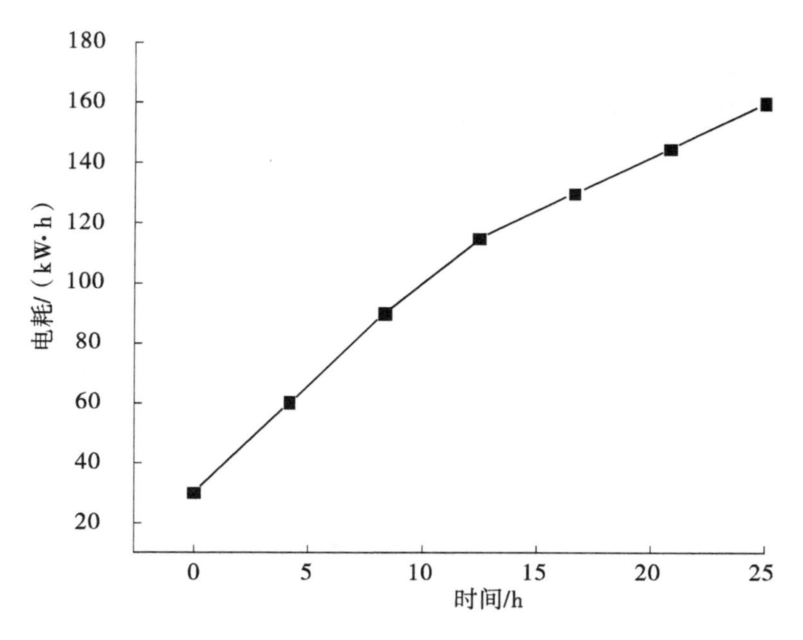

图 6－38　1 m^3 含水率 80% 污泥碱解的电耗随时间变化曲线

3）碱解参数优化研究

在污泥水解温度为 70 ℃、停留时间为 4 h 的条件下，按照每千克干泥0. 005，0. 0075，0. 01，0. 0125，0. 015，0. 0175，0. 02 kg NaOH 的加碱梯度分别进行热碱水解试验。加碱量对污泥水解效果的影响情况如图 6－39 所示，不同加碱量情况下污泥水解前后的 pH 变化情况如图 6－40 所示。

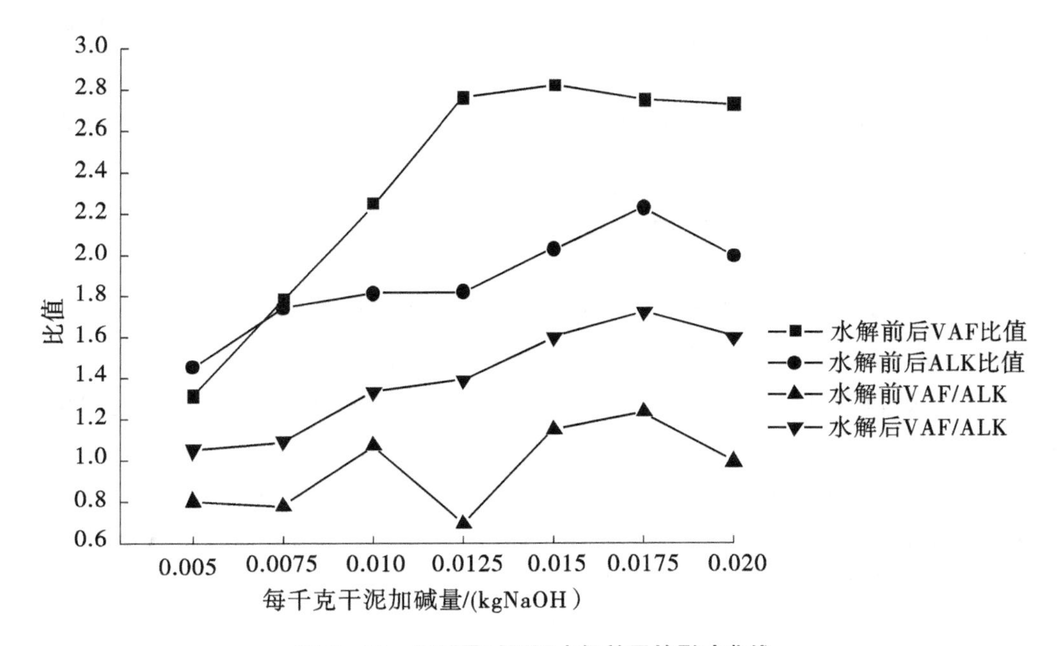

图 6－39　加碱量对污泥水解效果的影响曲线

由图 6－39 可以看出：当每千克干泥加碱量为 0.005 ～0.0125 kg NaOH 时，污泥水解前后的 VAF 比值与加碱量成正比，表现出高效的水解效果，且水解后 VAF/ALK 处于 1 ～1.5 之间，符合污泥厌氧消化初始条件；当每千克干泥加碱量为 0.0125 ～0.02 kg NaOH 时，污泥水解前后的 VAF 比值趋于稳定，而水解后的 VAF/ALK 也逐渐趋于稳定。

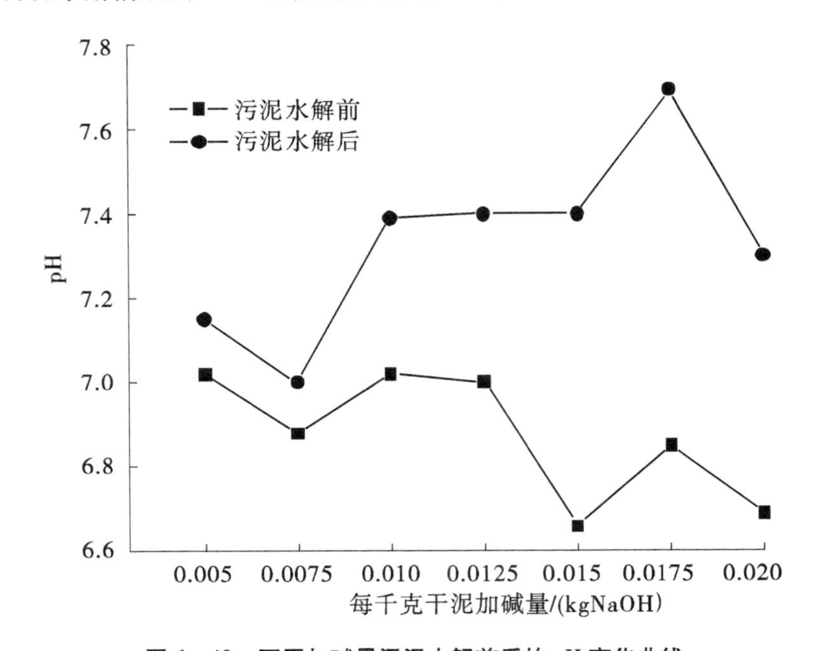

图 6－40　不同加碱量污泥水解前后的 pH 变化曲线

由图 6－40 可以看出：当每千克干泥加碱量为 0.005 ～0.015 kg NaOH 时，污泥水解前后的 pH 差值随加碱量的增加而递增，且水解后最高 pH 为 7.4；当每千克干泥加碱量为 0.015 ～0.02 kg NaOH 时，污泥水解前后的 pH 差值趋于稳定。

综上所述，污泥热碱水解的最佳投碱浓度范围为每千克干泥 0.0125 ～0.015 kg NaOH。

6.3.4　中温热碱水解预处理＋中温厌氧消化技术研究

1. 不同热碱水解预处理条件下的厌氧产气率和系统能耗分析

利用中试装置，分别在无预处理（35 ℃保温）、50 ℃水解预处理、70 ℃水解预处理和 70 ℃加碱水解预处理（热碱罐停留时间设定为 4 h、加碱量设为每千克干泥 0.015 kg NaOH）条件下，进行完整周期的厌氧消化试验。其中，每天进泥量为 4 t 90% 含水率污泥（折合 2 t 80% 含水率污泥），中温厌氧罐停留时间为 20 d、温度为 35 ℃ ±1 ℃。每组试验启动运行稳定后（20 d 之后），取任意连续 5 d 的试验数据来分析厌氧产气情况，如图 6－41 和图 6－42 所示，同时对系统电耗进行统计，如图 6－43 所示。

由图 6－41 和图 6－42 可以看出，有预处理的厌氧消化产气量和产气率明显高于无预处理的，70 ℃热水解后的厌氧产气效果明显高于 50 ℃热水解后的，而 70 ℃加碱预水解处理后的厌氧产气效果也明显高于 70 ℃热水解后的。经计算，四种工况下的产气量平均值由低到高分别为 7.9、11.77、16.66 和 21.86（m^3沼气/t 80% 含水率污泥），直接中温厌氧（35 ℃保温）、50 ℃和 70 ℃热水解的电耗平均值分别为 30、39 和 48（kW·h/m^3 80% 含水率污泥），如果实际应用中直接采用沼气燃烧锅炉提供热耗，则对应的沼气消耗分别为 10、13、16（m^3沼气/t 80% 含水率污泥）。根据市场调查，沼气价格约为 2 元/m^3，工业 NaOH 价格为 6 元/kg，核算四种工况的加热保温能耗成本分别为：（10 − 7.9）×2 = 4.2（元/t 80% 含水率污泥）、（13 − 11.77）×2 = 2.46（元/t 80% 含水率污泥）、（16 − 16.66）×2 = −1.32（元/t 80% 含水率污泥）、（16 − 21.86）×2 + 1.5 ×6 = −2.72（元/t 80% 含水率污泥）。由以上结果可知，在无预处理和 50 ℃热水解预处理工况下，厌氧消化产气能耗无法抵消保温加热能耗（即需要额外投入能耗）；而在 70 ℃热水解和 70 ℃加碱热水解预处理工况下，厌氧消化产气能耗能满足保温加热能耗且有剩余。此外，70 ℃加碱热水解预处理的产出比最高，是一种较好的厌氧消化预处理方式。

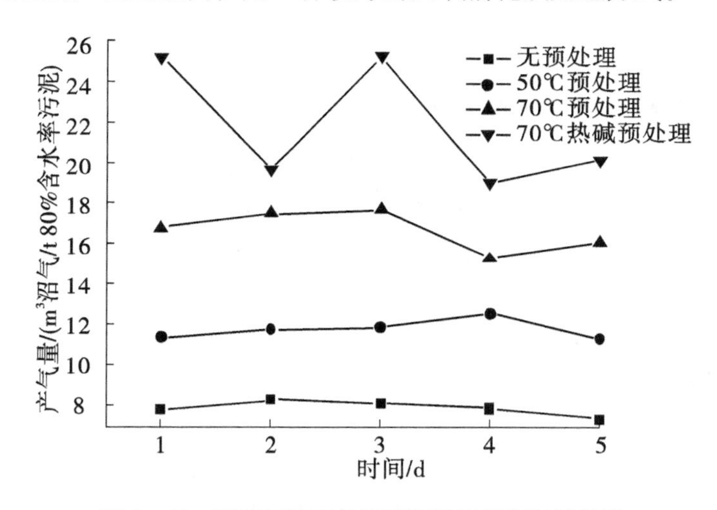

图 6 − 41　不同预处理条件下污泥厌氧产气量曲线

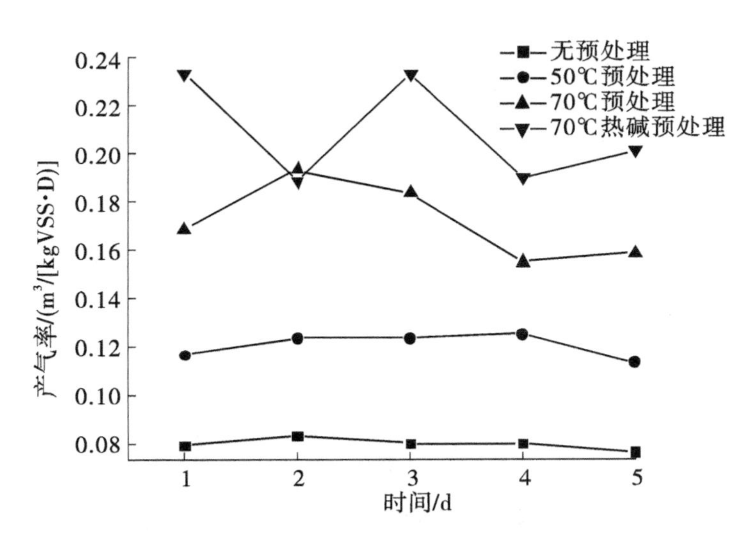

图 6 − 42　不同预处理条件下污泥厌氧产气率曲线

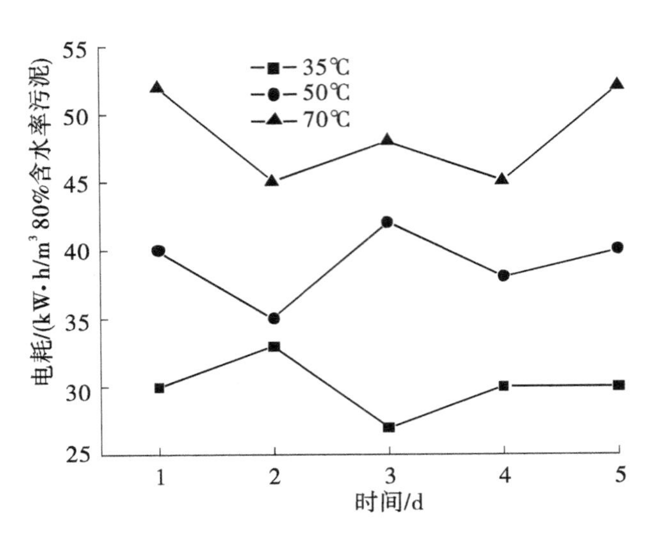

图6-43　35℃、50℃和70℃水解温度下的电耗

2. 污泥中温热碱水解预处理+中温厌氧消化系统运行研究

综合以上参数优化试验结果，确定最佳热碱水解预处理参数：水解温度为70℃、加碱量为每千克干泥0.015 kg NaOH（物料为污泥加餐厨垃圾时不加碱）、水解停留时间为4 h、中温厌氧消化停留时间为20 d。以此作为热碱水解预处理+中温厌氧消化系统运行参数，开展中试运行研究。

污泥平均有机质含量约为50%（40%～60%），自2017年10月9日至2017年10月29日，为系统启动期；自2017年10月30至2017年12月30日，为系统稳定运行期。

1）启动期

在启动期间，对原泥和消化泥的有机质含量和pH值进行监测，监测数据见图6-44和图6-45；对厌氧消化罐内ALK和VFA的变化情况进行检测，检测数据见图6-46；对系统产气量和耗电量进行统计，见图6-47。

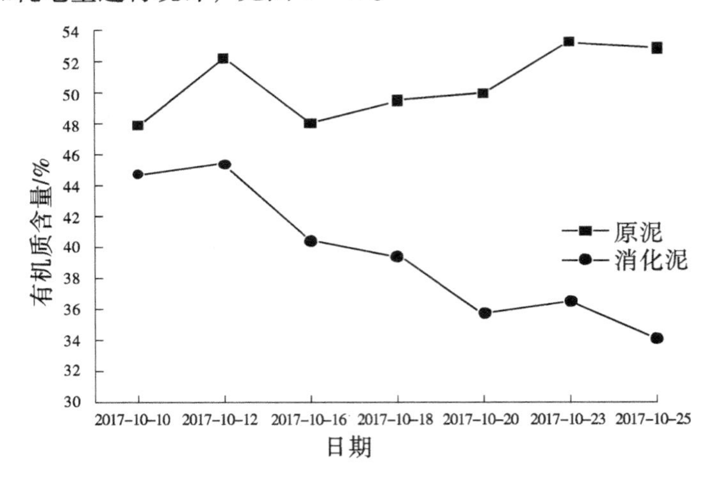

图6-44　厌氧发酵启动期原泥和消化泥的有机质含量变化曲线

如图6-44所示，随着启动期时间的推移，原泥与消化泥的有机质含量差值呈现递增的趋势，表明污泥有机质的降解率逐步得到提高，反映了启动期厌氧微生物活性的一个变化过程。

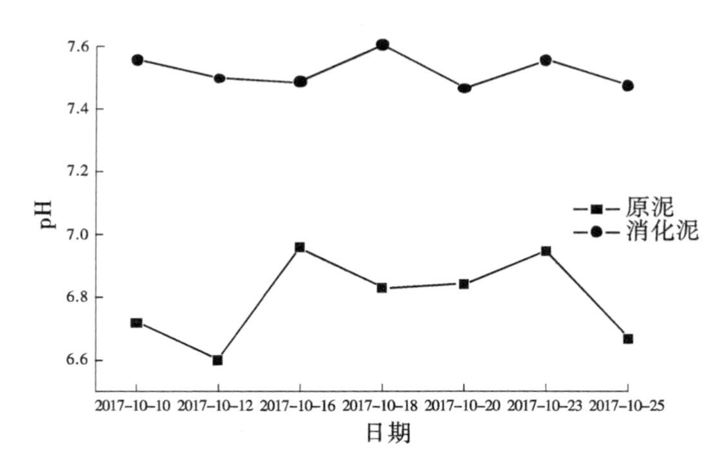

图6-45　厌氧发酵启动期原泥和厌氧消化泥的pH变化曲线

如图6-45所示，在启动期，原泥和消化泥的pH均较为稳定且在6.5～7.6之间，表明系统运行较为正常，此外加碱量在合理范围内。

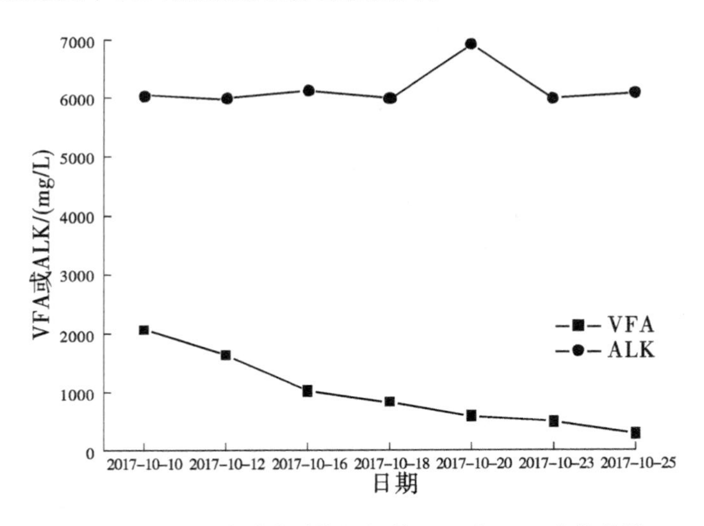

图6-46　厌氧发酵启动期污泥的VFA和ALK变化曲线

如图6-46所示，在启动期，厌氧罐污泥的VFA在200～2000mg/L之间呈递减趋势、ALK在6000mg/L左右。通过查阅文献可知，传统厌氧消化厌氧罐污泥的正常VFA范围为50～2500mg/L、正常ALK范围为1000～5000mg/L（最佳范围为1500～3000mg/L）。由此可见，本试验消化污泥的VFA在启动期中后期基本达到最佳范围，而ALK稍微超出正常范围上限，主要是因为水解过程中加了碱，但并没有导致pH超过7.8。

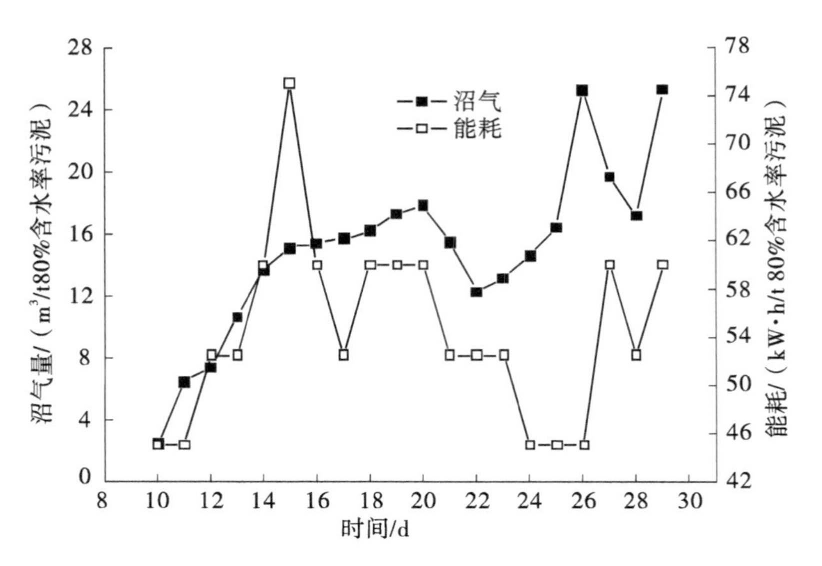

图 6－47　厌氧发酵启动期污泥的沼气产量和能耗曲线

如图 6－47 所示，随着启动期时间的推移，沼气日产量呈现出逐步递增的趋势，并在后期趋于稳定，而耗能量则是在前期升温阶段波动较大、后期保温阶段趋于稳定。由于启动期是一个厌氧微生物快速增长、适应环境的过程，当其产气量达到一个相对稳定的水平时即标志着厌氧消化启动期的完成。

2）稳定运行期

在稳定运行期间，对原泥、热碱罐水解泥和厌氧罐消化泥进行同步监测，各项指标检测数据见图 6－48 至图 6－52，对系统产气量和耗电量进行统计，见图 6－53。

由图 6－48 和图 6－49 可以看出，VFA 呈现出的规律是：热碱泥 > 原泥 > 消化泥，ALK 呈现出的规律是：消化泥 > 热碱泥 > 原泥。

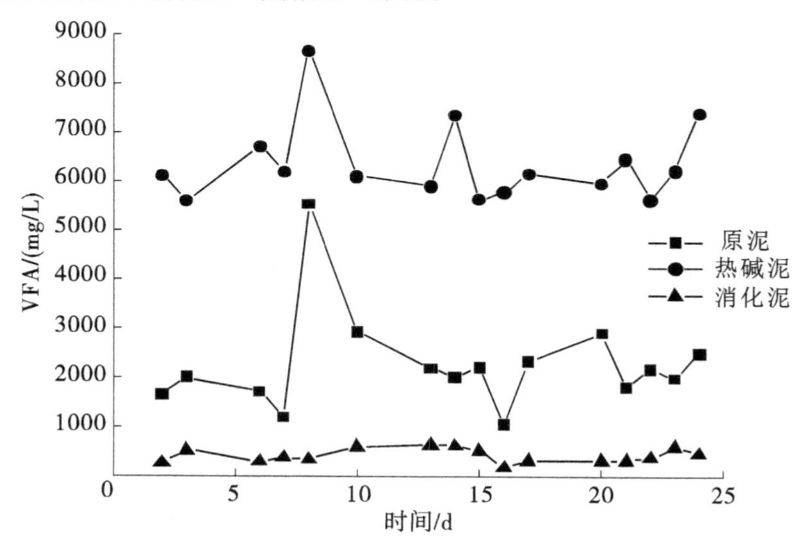

图 6－48　厌氧发酵稳定期污泥的 VFA 变化曲线

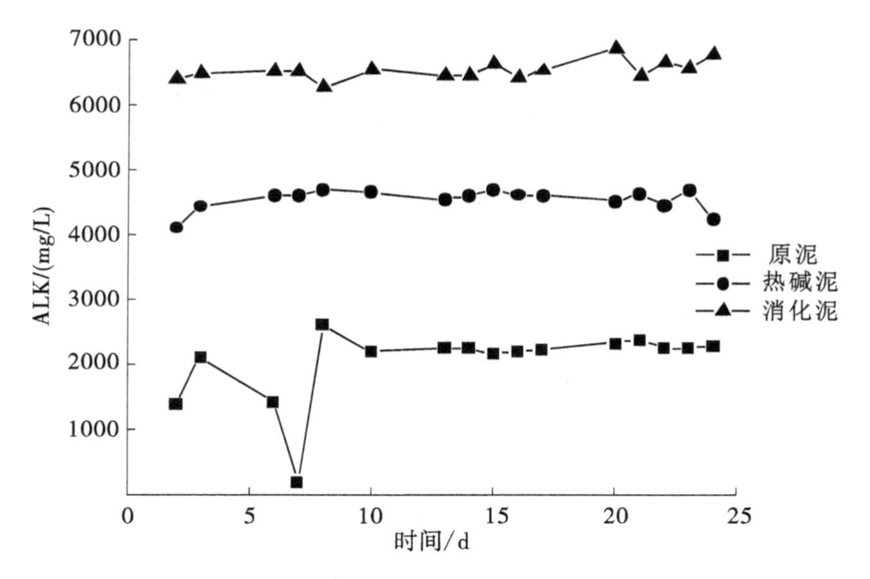

图 6-49 厌氧发酵稳定期污泥的 ALK 变化曲线

由图 6-50 可以看出，VFA/ALK 呈现出的大致规律是：热碱泥 > 原泥≫消化泥，其中消化泥的 VFA/ALK 约为 0.1，符合要求。从 VFA 的变化规律可初步看出热碱预处理水解和厌氧降解的明显效果。

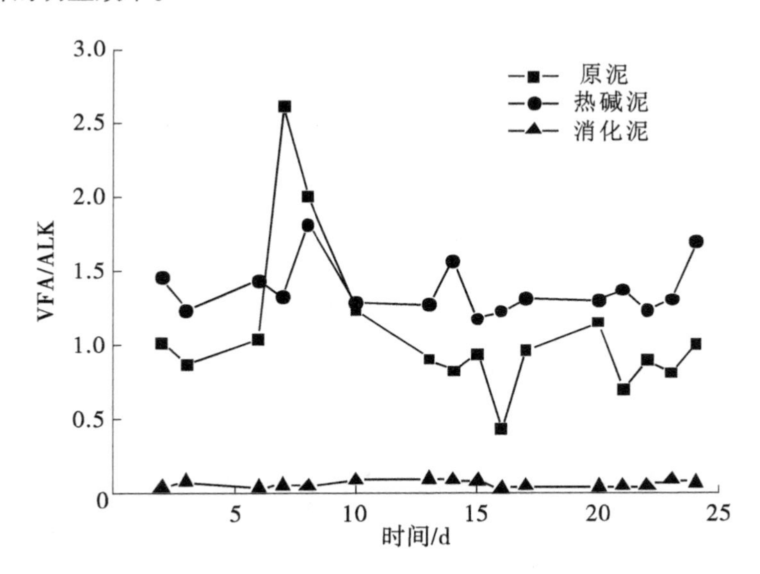

图 6-50 厌氧发酵稳定期污泥的 VFA/ALK 变化曲线

由图 6-51 可以看出，加碱后的热碱泥和消化泥的 pH 明显高于原泥，但均未超过 7.6，仍在厌氧微生物的活性范围内，因此加碱量在合理范围内。

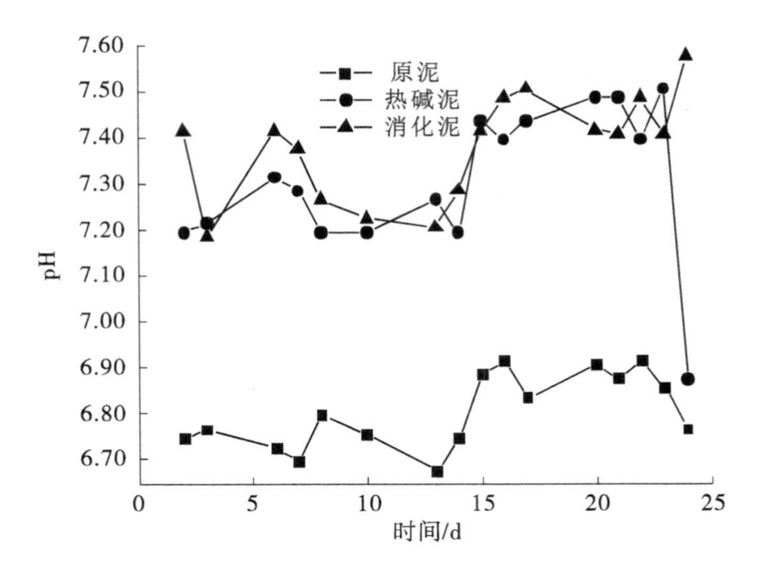

图 6-51 厌氧发酵稳定期污泥的 pH 变化曲线

由图 6-52 可以看出，相对于原泥和热碱泥，消化泥中的有机质含量明显降低，其有机质有效降解率达到 30%～35%。

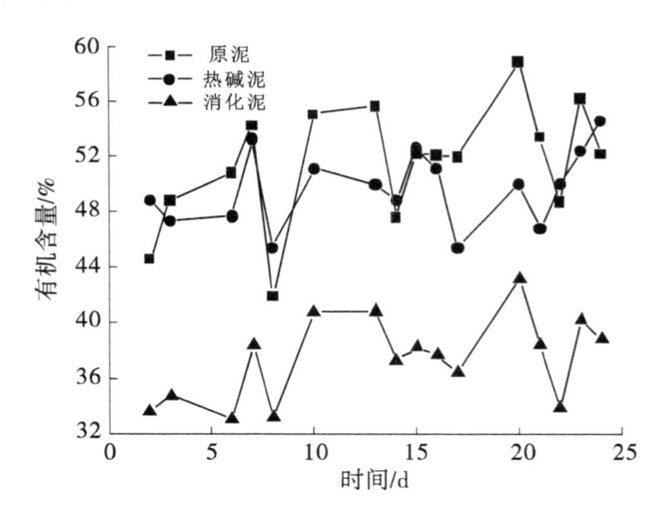

图 6-52 污泥厌氧发酵稳定期有机质含量变化曲线

由图 6-53 可以看出，对于含水率为 80%、有机质含量为 50% 的污泥，在系统稳定运行期间，沼气产量的变化范围为 17.5～25 m^3/t 污泥，能耗量平均约为 55 kW·h/t 污泥（如果换算成沼气锅炉供热，则相当于沼气 17 m^3），完全能够满足能量供需比。

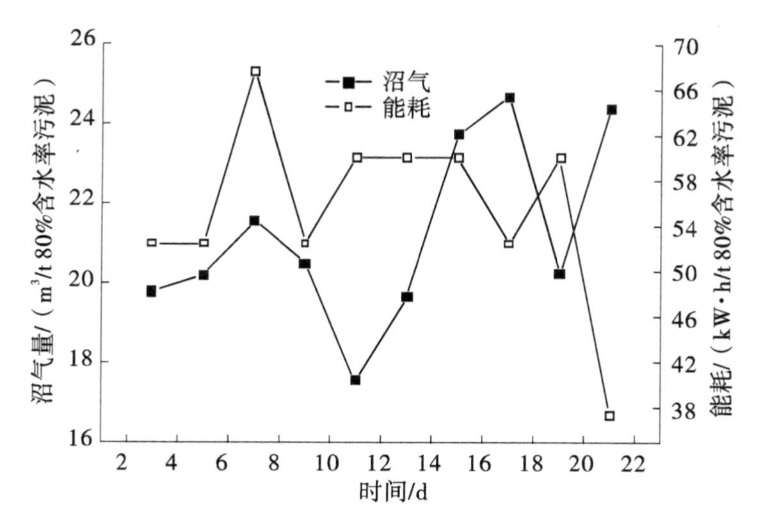

图 6－53　厌氧发酵稳定运行期污泥的沼气产量和能耗曲线

3. 污泥＋餐厨垃圾物料中温热碱水解预处理＋中温厌氧消化系统运行研究

在原污泥的基础上，添加 10% 左右的餐厨垃圾，平均有机质由 50% 提高至 55%。自 2017 年 12 月 20 日至 2018 年 1 月 10 日，为系统启动期；自 2018 年 1 月 10 日至 2018 年 2 月 2 日，为系统稳定运行期。

1）启动期

在启动期间，对原泥和消化泥的有机质含量和 pH 值进行监测，监测数据见图 6－54 和图 6－55；对厌氧消化罐内的 ALK、SCOD 和 VFA 的变化情况进行检测，检测数据见图 6－56；对系统产气量和耗电量进行统计，见图 6－57。

由图 6－54 可以看出，随着启动期时间的推移，原泥与消化泥的有机质含量差值呈现递增的趋势，表明污泥有机质的降解率逐步得到提高，反映了启动期厌氧微生物活性的变化过程。

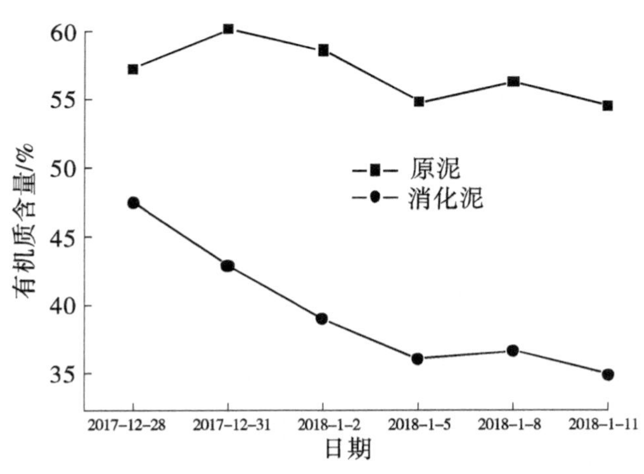

图 6－54　厌氧发酵启动期原泥和厌氧消化泥的有机质含量变化曲线

由图 6－55 可以看出，在启动期，原泥的 pH 在 6.4 ～7.0 之间、消化泥的 pH 则在 7.4 ～7.8 之间，表明系统运行较为正常，同时厌氧罐内碱度充足。

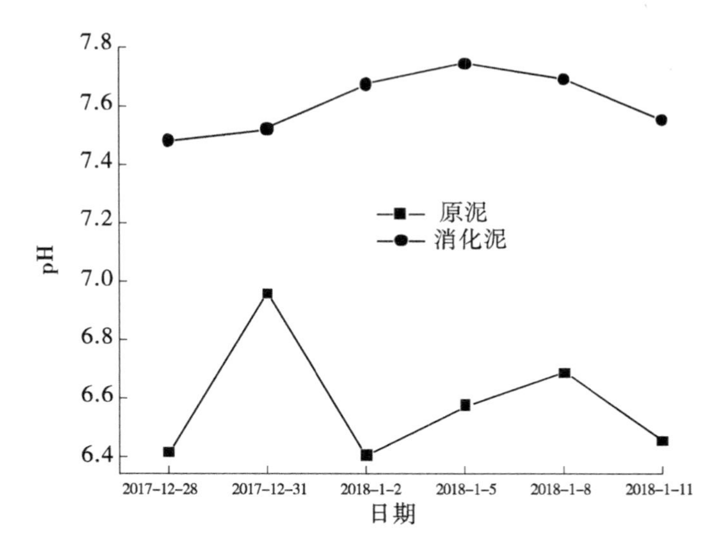

图 6－55　厌氧发酵启动期原污泥和厌氧消化污泥的 pH 变化曲线

由图 6－56 可以看出，厌氧罐污泥的 VFA 和 SCOD 在 500 ～2000 mg/L 之间呈递减趋势、ALK 在 7000 ～8000 mg/L 之间。由前述可知，本试验消化污泥的 VFA 基本达到最佳范围；而 ALK 超出正常范围上限值，但是计算得出 VFA/ALK 在 0.07 ～0.26 之间（符合要求）。因此系统酸碱比例适宜，且 pH 未超过 7.8，由此可见系统具备较强的酸碱缓冲能力。

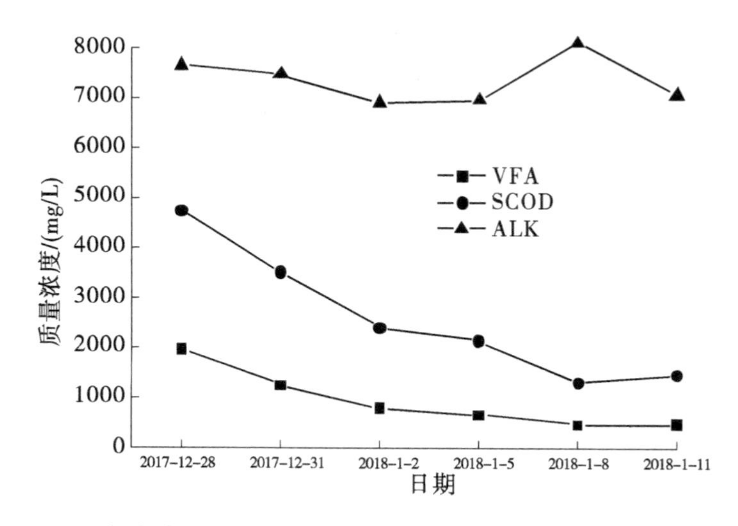

图 6－56　厌氧发酵启动期污泥挥发性有机酸、总化学需氧量和碱度变化曲线

由图 6－57 可以看出，随着启动期时间的推移，沼气日产量呈现出逐步递增的趋势并在后期趋于稳定，而耗能量则相对稳定，但是由于天气原因，耗能率相对于夏天时已明显提高。由于启动期是一个厌氧微生物快速增长、适应环境的过程，当其产气量达到一个相对稳定的水平时，标志着厌氧消化启动期的完成。

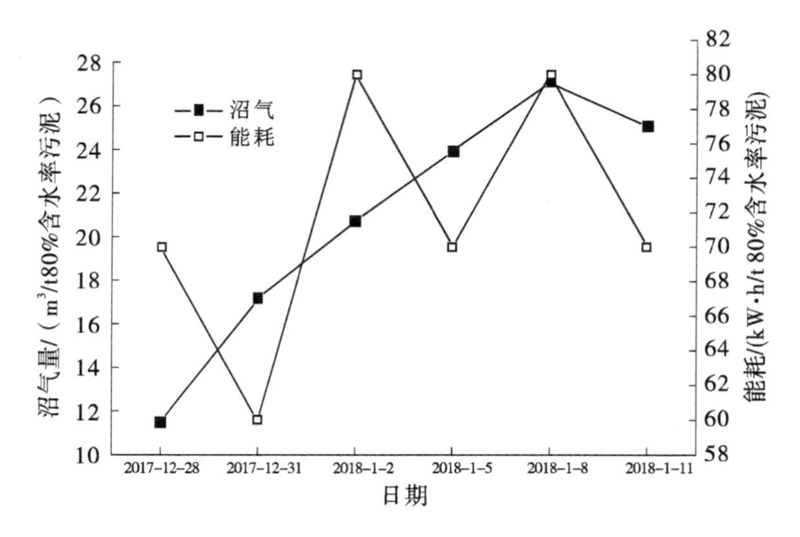

图 6-57　厌氧发酵启动期污泥的沼气产量和能耗曲线

2）稳定运行期

在稳定运行期间，对原泥、热碱罐水解泥和厌氧罐消化泥进行同步监测，各项指标检测数据见图 6-58 至图 6-63，对系统产气量和耗电量进行统计，见图 6-64。

由图 6-58、图 6-59 和图 6-60 可以看出，VFA 呈现出的规律是：水解泥 > 原泥 > 消化泥；SCOD 呈现出的规律是：水解泥 > 原泥 > 消化泥；ALK 呈现出的规律是：消化泥 > 水解泥 > 原泥。由图 6-61 可以看出，VFA/ALK 呈现出的规律是：水解泥 > 原泥 > 消化泥，其中消化泥 VFA/ALK 约为 0.1，符合要求。从 VFA 和 SCOD 的变化规律可初步看出热碱预处理水解和厌氧降解的明显效果。

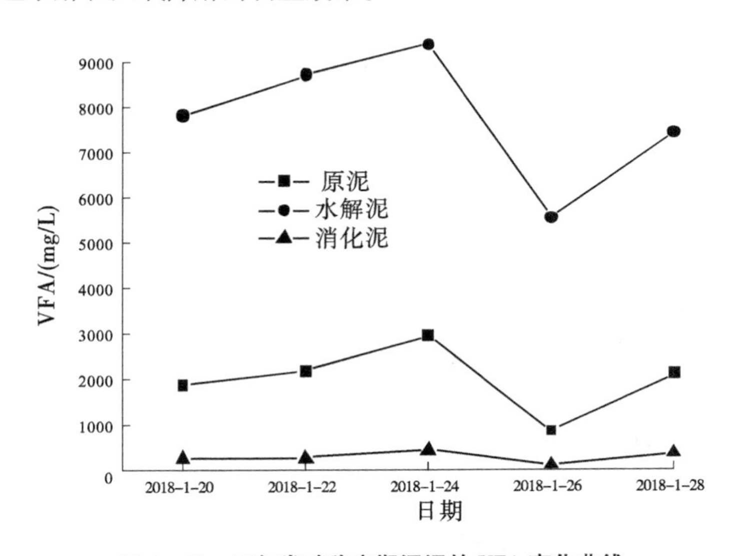

图 6-58　厌氧发酵稳定期污泥的 VFA 变化曲线

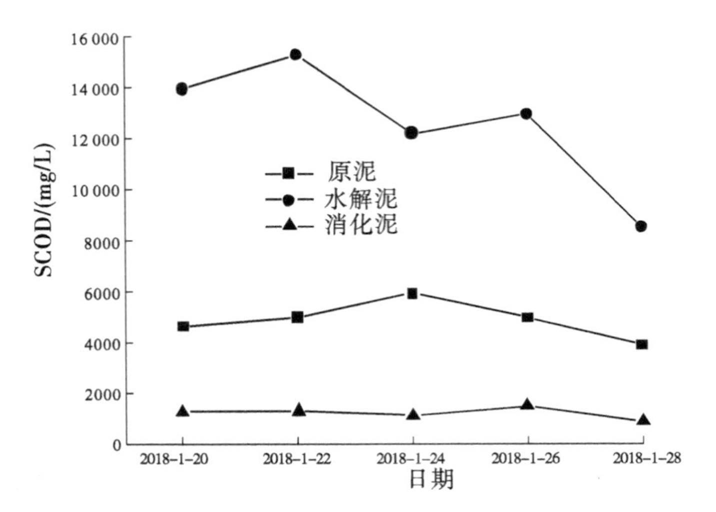

图 6－59　厌氧发酵稳定期污泥的 SCOD 变化曲线

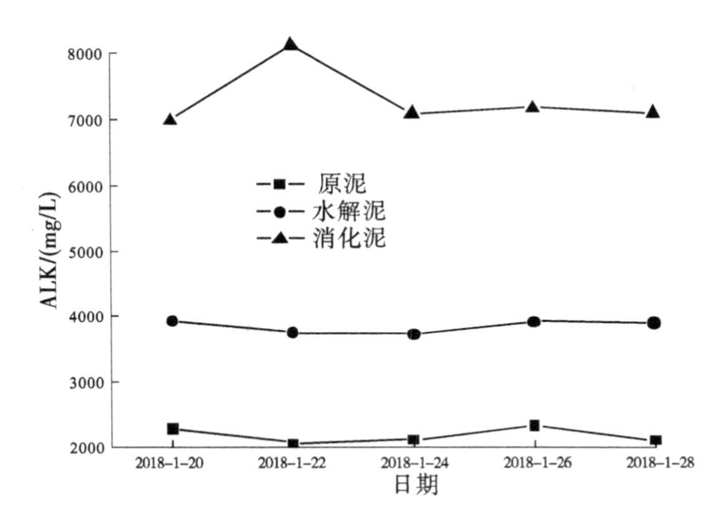

图 6－60　厌氧发酵稳定期污泥的 ALK 变化曲线

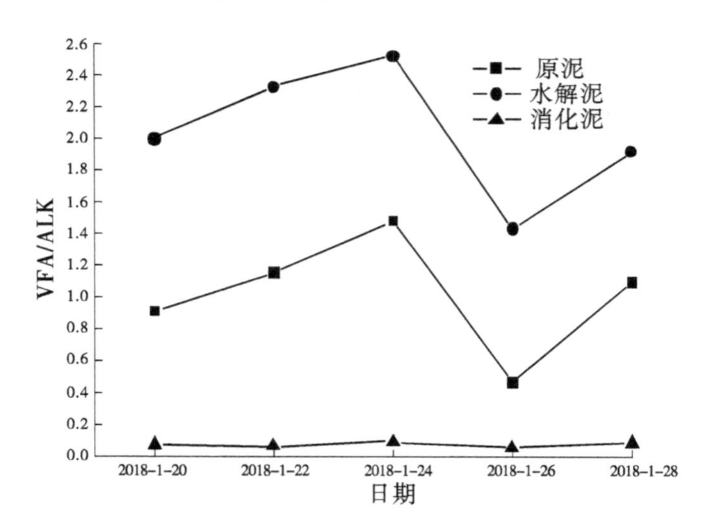

图 6－61　厌氧发酵稳定运行期污泥的 VFA/ALK 变化曲线

由图 6－62 可以看出，原泥和水解泥的 pH 均较低，而消化泥的 pH 偏高但未超出 7.8，表明消化系统碱度充足。

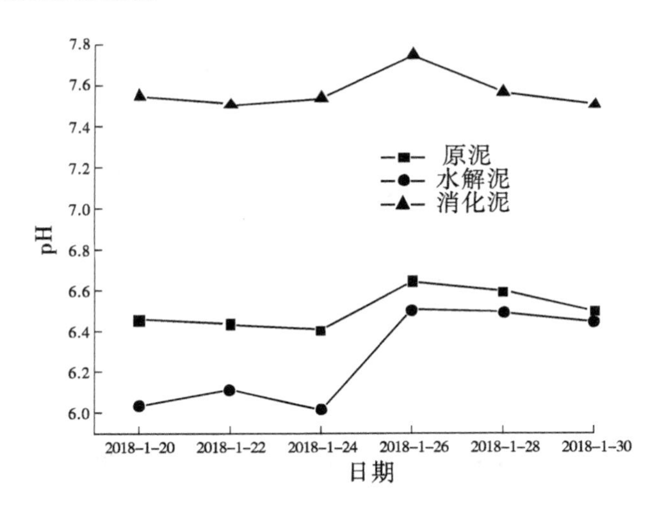

图 6－62　厌氧发酵稳定运行期污泥的 pH 变化曲线

由图 6－63 可以看出，相对于原泥和水解泥，消化泥中的有机质含量明显降低，其有机质有效降解率达到 35% 左右。

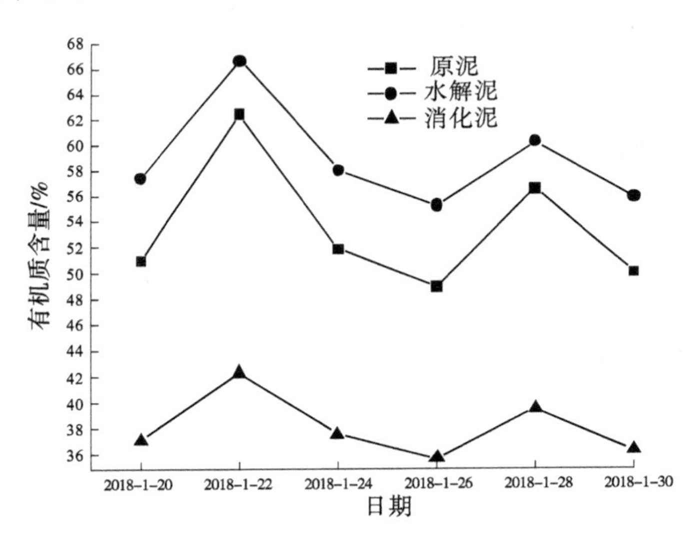

图 6－63　厌氧发酵稳定运行期污泥的有机质含量变化曲线

由图 6－64 可以看出，对于含水率为 80% 的污泥，在系统稳定运行期间，沼气产量的变化范围为 25.7～27.2 m^3/t 污泥，能耗量平均约为 75 kW·h/t 污泥（如果换算成沼气锅炉供热，则相当于沼气 23 m^3）。可见，即使在冬天增加耗能的情况下也基本能够满足能量供需比，如果在夏天能耗较少的情况将剩余较多的沼气。因此，通过向污泥中添加一定比例的餐厨垃圾，能大大提升沼气产量，具有较高的经济效益和实践意义。

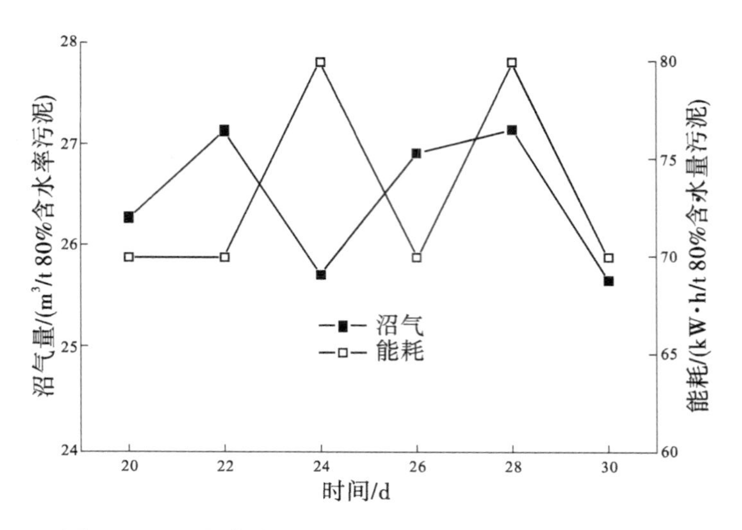

图 6-64　厌氧发酵稳定运行期污泥的沼气产量和能耗曲线

6.3.5　系统能量平衡分析

1. 能量需求分析

系统中，耗能环节包括热水解预处理环节、中温厌氧消化环节和沼肥干燥环节。由于热水解预处理温度为 70℃、中温厌氧消化环节为 35℃，系统能源流遵循从高到低的原则且可采用能量梯级利用技术，因此实际上本系统中唯一的耗能环节为热水解预处理环节，其他环节均用余热。

为了便于中试装置操作，将能源供给源由水蒸气改为电能，在能量核算时折算成能量（1 度电 = 1 kW·h = 3600 kJ）进行热能核算。

污泥热水解理论需求热能（温度设为 70℃，水平均初温 25℃）：

$Q_{理} = 2 \times 10^3 \times 4.2 \times (70-25) = 0.378 \times 10^6$（kJ/t 80% 含水率污泥）（热水解预处理进泥为 90% 含水率污泥）

实际需求热能：

$Q_{实} = 105 \times 3600 = 0.378 \times 10^6$（kJ/t 80% 含水率污泥）（用电量数据来源于中试试验夏天和冬天能耗平均值）

由上述计算可知，$Q_{理} \approx Q_{实}$，理论与实际需求热能相近。

2. 热能核算

对于热能循环利用模式下的厌氧消化系统，唯一需要补充外加能源的环节是污泥热水解高温加热部分。

将所需热能 $Q = 0.378 \times 10^6$（kJ/t 80% 含水率污泥）折算为沼气（纯度 100%）需求量：$M_1 = (0.378 \times 10^6) \div (3.56 \times 10^4) = 10.62$（$m^3$ 甲烷/t 80% 含水率污泥）。

而系统产气量 M_2 为：

（1）当中试试验物料为污泥，污泥平均有机质含量为 50%，单纯采用 70℃热水解处理时，$M_2 = 16.66 \times 55\% = 9.16$（$m^3$甲烷/t 80%含水率污泥），$M_1 > M_2$，供略小于需，需外加能源；

（2）当中试试验物料为污泥，污泥平均有机质含量为50%，采用加碱70℃热水解处理时，$M_2 = 21.86 \times 55\% = 12.02$（$m^3$甲烷/t 80%含水率污泥），$M_1 < M_2$，供大于求，无需外加能源；

（3）当中试试验物料为污泥和餐厨垃圾混合物（掺加质量比为9：1），混合污泥平均有机质含量为55%，采用加碱70℃热水解处理时，$M_2 = 26.5 \times 55\% = 14.58\ m^3$（甲烷/t 80%含水率污泥），$M_1 < M_2$，供大于求，无需外加能源。

由此可见，在70℃热水解预处理后进行厌氧消化，有机质含量为50%的污泥不能达到供需平衡；在70℃加碱水解预处理后进行厌氧消化，有机质含量为50%的污泥可达到供需平衡并有所余量，但是后者增加了药剂费用，综合计算仍然有适量产出，参见6.3.4中的计算过程；在70℃热水解预处理后进行厌氧消化，有机质含量55%的污泥+餐厨垃圾混合物可达到供需平衡且余量可观，无药剂费用，经济效益明显，参见6.3.4中的计算过程。

6.3.6 硫化物、重金属等有害物质的控制技术研究

1. 硫化物控制技术研究

硫化物控制技术研究的相关成果在6.2.5小试试验部分已有阐述。

2. 重金属控制技术研究

污泥经过70℃热水解预处理后进行厌氧消化，污泥沼渣浸出液中的重金属含量相对于原泥浸出液明显增多，试验结果如表6－8所示。这一结果表明污泥中的重金属经过热水解环节后更易于转移至液相，因此，热水解预处理可有效地降低固态污泥中的重金属含量。

表6－8 原泥与沼渣浸出液中重金属含量

检测项目	含量/（mg/L）				
	Cd	Cr	Hg	Pb	As
原泥浸出液	未检出	0.02	0.003	未检出	0.044
沼渣浸出液	未检出	0.07	0.013	未检出	0.161

3. 污泥沼渣制肥的可行性研究

污泥经过中温热水解与热碱处理后，进入中温厌氧消化处理环节，之后消化污泥进入板框压滤机压滤（见图6－65），压滤至含水率降为75%左右。

经过2～3d的自然干化，污泥的含水率可降低至30%以下，得到干化的泥饼，如图6－66所示。

图 6－65　消化污泥板框压滤

图 6－66　干化的泥饼

对干化后沼渣的各种肥效指标和重金属成分进行检测，检测结果如表 6－9 所示。对照有机－无机复混肥料国标（GB 18877—2009）各项指标要求可知，除了 Cr 和 Pb 含量略高于标准、全氮（TN）＋全磷（TP）＋全钾（TK）略低于标准，其他指标基本符合要求。如果再掺杂小部分干基无机质或土壤和少量畜禽粪便，便可在一定程度上降低 Cr、Pb 含量和含水率、提高全氮＋全磷＋全钾百分比，从而达到有机－无机复混肥料国标要求。由此可见，该工艺得到的沼渣完全可用作复混肥料的制作原料。

表 6－9　试验沼渣重金属及养分含量　　（单位：mg/kg）

检测项目	Cd	Cr	Hg	Pb	As	有机质	TN＋TP＋TK
试验沼渣	5.62	606	1.14	159	26.8	37.9%	14.3%
国标要求	≤10	≤500	≤5	≤150	≤50	≥20%	≥15%（Ⅰ型）

6.3.7　沼液与沼气成分分析

1. 沼液成分分析

污泥通过 70℃热碱－厌氧消化处理后，经板框压滤机脱水，取沼液进行成分检测，检测结果如表 6－10 所示。由表 6－10 计算可知，COD/TN＝205.6、COD/TP＝9.8，可见沼液中 COD 与 TN 的比例远高于污水厂进水比例（COD/TN＝8），而沼液中 COD 与 TP 的比例远低于污水厂进水比例（COD/TP＝34）。此外，沼液中重金属含量很低，因此仅需对沼液中的 TP 采用提磷技术提取后便能将其用于污水厂补充碳源。

表 6－10　沼液成分分析结果

检测项目	COD	TN	TP	K	Cd	Cr	Hg	Pb	As
结果/(mg/L)	6600	32.1	673	204	未检出	0.06	0.00018	未检出	0.0062

2. 沼气成分分析

沼气成分的检测分析结果见表 6－11，由表中数据可知沼气中的甲烷含量符合燃烧条件要求（≥50%）。

表6－11　沼气成分分析结果

沼气成分	甲烷	二氧化碳	氮气	氧气
质量分数/%	57.6	24.9	15.0	2.48

6.3.8　中温热碱预处理条件下的厌氧微生物菌种鉴定分析

采用微生物鉴定技术对传统厌氧消化污泥（取中山民东污泥厂厌氧罐污泥）和中温热碱预处理＋厌氧消化工艺污泥进行分析鉴定，对比其异同。取一组传统厌氧消化泥样本 X1 和两组中温热碱预处理＋厌氧消化工艺污泥样本 X2（污泥物料，70 ℃中温热碱预处理）与 X3（污泥与餐厨垃圾以质量比 9∶1 混匀后混合物料，70 ℃中温预处理）。

1．*菌群鉴定方法*

16S rDNA 是细菌的系统分类研究中最常用的分子标记，通常情况下，该区域包括 10 个保守区域（conserved regions）和 9 个可变区域（variable regions）。保守区域在种属间的差异较小，可变区域则具有较明显的物种特异性。据此特点，16S rDNA 被广泛用于细菌的分类鉴定和系统发育研究。常利用通用引物对 V3 ～ V5 区进行 PCR 扩增，通过高通量测序与分析技术，分析菌群的构成和丰度。基于高通量测序的 16S rDNA 研究策略，是一种无需细菌培养的方法，可实现对样品中整个微生物种群的分析研究。

本试验借助 Illumina Hiseq 测序平台，结合 Pair－End 250 bp 测序策略，快速实现对 16S rDNA 高变区的测序分析。结合完善的生物信息分析技术，对物种进行鉴定注释和丰度分析，研究物种构成，分析挖掘样品之间的差异。

2．*菌群分析*

1）细菌多样性与定量分析

基于 Silva 数据库对每个物种的“feature”注释结果，获取各个样品的分类信息和含量。根据样品中的细菌组成与含量信息，可利用 GraPhlAn 绘制细菌种类及含量关系图。

本试验的三种样品中检测到的细菌种数分别为 1237、641 和 632 种，其中物种含量较高的门类主要为放线菌门（Actinobacteria）、拟杆菌门（Bacteroidetes）、绿弯菌门（Chloroflexi）、硬壁菌门（Firmicutes）、螺旋菌门（Spirochaetae）、变形菌门（Proteobacteria）、酸杆菌门（Acidobacteria）和某类未知菌门（Bacteria），所占比例见表6－12。

表6－12　三种样品中主要物种门类分布比例　（单位:%）

门类	变形菌门	硬壁菌门	拟杆菌门	绿弯菌门	螺旋菌门	某类未知菌门	放线菌门	酸杆菌门
X1	15.996	7.22	8.274	4.327	2.185	3.064	1.244	1.936
X2	11.737	14.832	8.33	3.903	2.519	2.202	1.457	0.579
X3	11	14.058	9.013	2.696	2.881	2.242	1.197	1.061

由表6－12 可以看出，传统工艺厌氧消化菌种（X1）与本试验的中温热碱水解工艺厌氧消化菌种（X2 和 X3）在主要物种门类含量方面表现出一定的差异和相似性。其中，

X1 中的变形菌门、绿弯菌门、酸杆菌门和某类未知菌门含量均明显高于 X2 和 X3，硬壁菌门含量只有后两者的一半左右，而其他几种门类比例相似。而 X2 和 X3 中的菌种仅在绿弯菌门、拟杆菌门和酸杆菌门有所差异。

2）菌群鉴定分析

在样品中占比较高的门类，部分菌种的纲目科分布情况如表 6 - 13 所示。

表 6 - 13　部分门类菌种的纲目科分布情况

门类	纲/目/科	X1 中占比/%	X2 中占比/%	X3 中占比/%
变形菌门	Alphaproteobacteria α - 变形菌	3. 454	2. 562	2. 89
	Betaproteobacteria β - 变形菌	6. 11	4. 008	2. 143
	Deltaproteobacteria δ - 变形菌	2. 063	2. 313	2. 55
	Gammaproteobacteria γ - 变形菌	3. 667	2. 048	1. 949
	SPOTSOCT00m83	0. 033	0	0. 037
	TA18	0. 183	0	0
硬壁菌门	Bacilli 杆菌	0. 03	0	0
	Clostridia 梭状芽胞杆菌	7. 058	12. 655	14. 271
	Negativicutes	0. 059	0. 037	0. 088
	OPB54	0. 06	1. 176	0. 05
放线菌门	Acidimicrobiia 酸性菌	0. 022	0. 047	0. 027
	Actinobacteria 放线菌纲	0. 8	0. 467	0. 603
	Coriobacteriia	0. 16	0. 274	0. 177
	KIST - JJY010	0	0	0
	OPB41	0. 053	0. 068	0. 092
	Thermoleophilia 热敏性菌	0. 095	0. 082	0. 07
拟杆菌门	Bacteroidia 杆菌属	1. 516	1. 775	1. 812
	BSV13	0	0	0
	Cytophagia 细胞吞噬菌	0. 085	0. 056	0. 029
	Flavobacteriia 黄杆菌	0. 274	0	0
	SB - 1	0. 908	1. 551	0. 345
	SB - 5	0	0	0. 036
	Sphingobacteriia 鞘脂杆菌纲	3. 904	1. 982	3. 01
	VadinHA17	1. 494	3. 65	1. 98
	WCHB1 - 32	0	0	0

续上表

门类	纲/目/科	X1 中占比/%	X2 中占比/%	X3 中占比/%
绿弯菌门	Anaerolineae 无气膜亚纲	1.854	1.873	4.926
	Ardenticatenia	0	0	0
	Caldilineae	0.148	0	0.136
	Chloroflexia 绿弯菌	0.462	0	0
	JG30 - KF - CM66	0.073	0.041	0.02
	KD4 - 96	0.138	0.15	0.095
	S085	0.018	0	0.022
	TK10	0.636	0.103	0.213
	Uncultured（未培养出）	0.915	0.529	0.507

注：部分纲/目/科无中文译名或只有代号。

三个样本中，除变形菌门和未知细菌门下属结构组成成分和比例接近外，其他门类下属组成均有所差异。但是，如表 6 - 13 所示，样本中五大门类里比例最高的纲/目/科类相同，分别为 α - 变形菌、梭状芽胞杆菌、放线菌、杆菌属 + 鞘脂杆菌纲、无气膜亚纲。而酸杆菌门下属比例最高的为 Acidobacteria。

6.3.9 中试研究小结

（1）对污泥进行中温热水解预处理温度梯度试验（水解时间 4 h），当温度逐渐升高（不超过 100 ℃）时，污泥水解液中的 VFA 和 VFA/ALK 均呈现出递增的趋势。其中水解温度为 70 ℃ 时，VFA/ALK 在合理范围内（0.4 ～2.2）；而当水解温度超过 80 ℃ 时，VFA/ALK 大于 4，可能导致污泥系统酸碱严重失衡，从而不利于后续厌氧消化。因此，最佳中温水解温度选择为 70 ℃。

（2）对污泥进行中温热水解预处理时间梯度试验（水解温度 70 ℃），试验结果表明：当从水解效果和能耗两方面来考量时，水解时间为 12 h 的综合效应最佳；但是当从厌氧消化菌的酸碱适应性来考虑时，水解 12 h 的 VFA/ALK 超过 2，并不能达到最佳的酸碱性要求。因此，最优的水解时间为 4 ～8 h，此时水解效果和酸碱性能够得到平衡。

（3）对污泥进行中温热水解预处理加碱梯度试验（水解温度 70 ℃、水解时间 4 h），试验结果表明：当污泥热碱水解的投碱量为每千克干泥 0.0125 ～0.015 kg NaOH 时，污泥水解前后的 VFA 比值较高，且 VFA/ALK 在合理范围内，因此可作为最佳投碱浓度。

（4）对广东省中山市的污泥（有机质含量 50% 左右）进行 70 ℃ 热碱水解预处理 + 厌氧消化处理（水解时间 4 h），试验结果表明：系统启动运行后 20 天左右，各项指标达到稳定且在合理范围内。在系统稳定运行期间，对于含水率为 80% 的污泥，沼气产量变化范围为 17.5 ～25 m^3/t 污泥，耗能量平均约为 55 kW·h/t 污泥（如果换算成沼气锅炉供热，则相当于沼气 17 m^3），产耗比略大于 1，供需基本平衡。

（5）将广东省中山市有机质含量为 50% 左右的污泥与餐厨垃圾按照质量比 9∶1 的比例混合成有机质含量约 55% 的混合物料，在 70 ℃下进行热碱水解预处理 - 厌氧消化处理（水解时间 4 h），试验结果表明：系统启动运行后 20 天左右，各项指标达到稳定且在合理范围内。在系统稳定运行期间，对于含水率为 80% 的混合污泥，沼气产量变化范围为 25.7 ～27.2 m^3/t 污泥，试验期间（冬季，平均气温 10 ～ 15 ℃）耗能量平均约为 75 kW·h/t 污泥（如果换算成沼气锅炉供热，则相当于沼气 23 m^3）。可见即使在冬天增加耗能的情况下也基本能够满足能量供需比，如果在夏天能耗较少的情况将剩余较多的沼气。

（6）对于 70 ℃中温热碱预处理 + 厌氧消化处理系统，当处理有机质含量为 50% 的污泥时，可达到供需平衡并有所余量，但是后者增加了药剂费用，综合计算仍然有适量产出；对于 70 ℃中温预处理 + 厌氧消化处理系统，当处理物料为污泥和餐厨垃圾混合物（掺加质量比为 9∶1，有机质含量为 55%）时，可达到供需平衡且余量可观，无药剂费用，经济效益明显。

（7）试验表明：当水解温度在 100 ℃以内变化时，污泥的硫化物含量变化较小，而沼渣浸出液中的重金属含量则相对于原泥浸出液明显增多。

（8）污泥经过 70 ℃中温热碱预处理 + 厌氧消化处理系统后，通过掺杂小部分干基无机质或土壤和少量畜禽粪便，完全可达到有机 - 无机复混肥料标准（GB18877—2009）。

（9）污泥经 70 ℃热碱 + 厌氧消化处理后，沼液中的 C/N 比例远高于污水厂进水中的比例、C/P 比例远低于污水厂进水中的比例，因此需对沼液中的 TP 采用提磷技术提取后，方能用于污水厂补充碳源。

（10）传统工艺厌氧消化菌种（X1）与本试验中温热碱水解工艺厌氧消化菌种（X2 和 X3）的菌落丰富，其中比例较高的门类主要为放线菌门、拟杆菌门、绿弯菌门、硬壁菌门、螺旋菌门、变形菌门、酸杆菌门和某类未知菌门。X1 中的变形菌门、绿弯菌门、酸杆菌门和某类未知菌门比例均明显高于 X2 和 X3，而硬壁菌门比例只有后两者的 1/2 左右，其他几种门类比例接近。X2 和 X3 中的菌种仅在绿弯菌门、拟杆菌门和酸杆菌门上有明显差异。三种样本中，除变形菌门和未知细菌门下属结构组成成分和比例接近外，其他门类下属组成均有所差异，但是五大门类里比例最高的纲/目/科类相同。

6.4 厌氧消化处理工艺的技术经济对比分析

6.4.1 技术对比分析

根据试验内容，结合相关案例实践经验参数，总结传统厌氧消化工艺、高温热水解 - 中温厌氧消化工艺和中温热碱水解 + 中温厌氧消化工艺的技术特点，如表 6 - 14 所示。

表 6-14　厌氧消化工艺的技术指标对比

技术指标		传统厌氧消化	高温热水解	中温热碱水解
水解温度/℃		无	170	70
是否加碱		否	否	是
水解时间		无	30 min	4 h
厌氧消化温度/℃		35 ± 1	35 ± 1	35 ± 1
厌氧停留时间/d		25	15	20
工艺环节		简单	繁多	简单
*沼气产率/(m^3/t 80% 含水率污泥)	50%	6 ～10	34 ～38	17.5 ～25
	55%	8 ～14	40 ～42	25.7 ～27.2
*耗能量/(m^3沼气)	50%	10 ～15	25.5	17 ～23
	55%	10 ～15	26	17 ～23

注：*50% 为污泥有机质含量、55% 为 90% 污泥和 10% 餐厨垃圾混合物的有机质含量。

由表 6-14 可以看出，高温热水解 + 中温厌氧消化工艺的优势体现为沼气产率高和能量产耗比高，并随着有机质含量的提高（尤其是添加餐厨垃圾后）而大幅度提升，表明该工艺投产后经济效益显著；劣势则在于投资成本高、工艺环节组成复杂（含供热和回热系统）、操作管理水平要求较高。

中温热碱水解 + 中温厌氧消化工艺的优势体现为投资成本较低、水解温度低、工艺环节组成相对简单、技术操作要求相对较低，当有机质含量较高时（投加餐厨垃圾）能量产耗比高；劣势则在于当有机质含量不是特别高时，沼气产率低、能量产耗比低，甚至需外加能源，另外需要增加投碱和臭味处理成本，表明在污泥有机质含量低的情况下（50% 以下）该工艺投产后经济效益不高。

此外，传统厌氧消化工艺的产耗比小于 1，而上述两种改进工艺的产耗比均大于 1，表明这两种改进工艺在降低污泥有机质和提高资源利用率方面都存在明显的技术优势。

6.4.2　经济对比分析

对传统厌氧消化工艺、高温热水解 + 中温厌氧消化工艺和中温热碱水解 + 中温厌氧消化工艺三种工艺进行经济指标对比，如表 6-15 所示。

表 6-15　厌氧消化工艺的经济指标对比　　（单位：元）

经济指标	传统厌氧消化		高温热水解		中温热碱水解	
	50% [a]	55% [b]	50% [a]	55% [b]	50% [a]	55% [b]
投资成本（以每吨 80% 含水率污泥计）	20 万～40 万		35 万～50 万		25 万～40 万	

续上表

经济指标	传统厌氧消化		高温热水解		中温热碱水解	
	50%[a]	55%[b]	50%[a]	55%[b]	50%[a]	55%[b]
运行成本（以每吨80%含水率污泥计，不含沼气收益）	240		217		250	
每吨80%含水率污泥收益[c]	286	292	342	352	313	323
每吨80%含水率污泥利润[d]	46	52	125	135	63	73

注：a：50%为污泥有机质含量；b：55%为90%污泥和10%餐厨垃圾混合物的有机质含量；c：污泥处理费以270元/吨80%含水率污泥计，沼气收益为每吨80%含水率污泥所产沼气减去能耗费用后的余额；d：利润为收益减去运行成本。

由表6－15可知，高温热水解＋中温厌氧消化工艺的投资成本高、利润回报率低，而中温热碱水解＋中温厌氧消化工艺则是投资成本低、利润回报率高。以200 t 80%含水率污泥的日处理规模计，当有机质含量为50%时，传统厌氧消化工艺的投资回收期约为17.87年，高温热水解＋中温厌氧消化工艺的投资回收期约为9.3年，中温热碱水解＋中温厌氧消化工艺的投资回收期约为13年；当有机质含量为55%时，传统厌氧消化工艺的投资回收期约为15.8年，高温热水解＋中温厌氧消化工艺的投资回收期约为8.6年，中温热碱水解＋中温厌氧消化工艺的投资回收期约为11.26年。

由此可见，同种泥质条件下，高温热水解＋中温厌氧消化工艺的投资回报期最短，中温热碱水解＋中温厌氧消化工艺次之，传统厌氧消化工艺最长；随着污泥有机质含量的提高，各种工艺的投资回报期也随之缩短。由此可见，后两种改进工艺相对于传统工艺能体现出极大的经济优势，具备良好的应用经济基础。

6.4.3 应用前景

广东地区污泥的有机质含量平均值通常在50%左右或50%以下。当采用厌氧消化工艺时，为提高投资回报率，需要掺加餐厨垃圾以提高混合物料的有机质含量和质量。而对于上述两种改进工艺而言：当污泥有机质含量在50%及以上，或掺加餐厨垃圾至有机质含量50%以上且投资成本有限制时，可采用中温热碱预处理＋中温厌氧消化工艺；当污泥有机质含量不低于45%且投资成本无限制时，可采用高温热水解＋中温厌氧消化工艺。因此，鉴于广东地区的污泥泥质现状及经济条件，采用高温热水解＋中温厌氧消化工艺较为经济高效，而对于个别掺加餐厨垃圾比例较高的污泥混合物料也可考虑中温热碱预处理＋中温厌氧消化工艺。

目前，广东地区采用厌氧消化工艺处理的污泥比例很小，因此可待开发的市场广阔。此外，如果真正将高效厌氧消化技术推广开来，不仅可以有效解决污泥尾端减量化、无害化、资源化和稳定化难题，而且可以大幅度降低运行成本，进而缩短投资回报期，这对解决整个广东地区的污泥处理困境将起到至关重要的作用。

6.5 污泥厌氧消化工程升级改造应用研究

6.5.1 实际工程概况及升级改造目标

本项目的研究成果用于中山市民东有机废物处理有限公司的工艺升级改造，为其工艺的升级改造提供了技术参考和设计依据。

1. 工程现状概况

中山市民东有机废物处理有限公司于2013年建成，2014年投产，位于中山市民众镇沙仔工业园，东北面临洪奇沥水道，西北靠近万龙快速干线，西南靠规划路，东南近规划路，与广州市仅一江之隔，毗邻南沙区百万葵园。占地面积5.33公顷，一期建设规模为300 t/d（折合含水率80%），二期规划处理规模为600 t/d，承担了中山市31座城市污水处理厂（水处理规模8.7×10^5 t/d）的全部污泥以及部分印染废水工业污泥的处理处置，是广东省内首个污泥厌氧消化工程，项目整体效果图如图6－67所示。

图6－67　项目整体效果图

污泥处理工程选用德国Lipp厌氧消化系统，现有Lipp罐6个，单体体积2300 m^3，上部是气囊，采用底部侧搅拌（2×22 kW）和罐外泵循环组合搅拌方式与间歇搅拌方式运行，消化设计进泥固体浓度（质量分数）为10%。其设计现场制作周期短，材料抗腐蚀能力强，可以长期稳定运行，检修维护容易，反应条件控制精确，自动化技术先进，处理过程全封闭，对周边不产生异味影响。

现有工艺为中温厌氧发酵工艺。污泥运送罐车经过称重后，将污泥运送至污泥贮池进行均质和预热处理，调配好的城市污泥由螺杆泵投配入 Lipp 消化罐。污泥经过 22 ～ 24 天的中温消化处理，产生的消化液经过贮池调解后，进入脱水机房用离心脱水机进行脱水处理。发酵产物沼气经过鼓风机房加压进入脱硫装置，脱硫处理后一部分供给沼气锅炉房，作为污泥预热、污泥消化罐保温、沼气净化解析和厂区淋浴自用；一部分进入沼气净化提纯系统，制成天然气外售，但由于目前产气效果不佳，暂时将大部分气体直接引入火炬烧尽。沼液处理采用瑞典普拉克公司的厌氧氨氧化专利工艺，处理后沼液中氨氮、磷的含量大大降低，最后排入中拓凯蓝污水处理厂进一步处理。沼渣经过翻抛后含水率降至 50%，可以作为园林绿化营养土或者矿山和垃圾填埋场覆盖用土。

2. 存在的问题

（1）系统运行效果不佳，沼气产率较低，未能实现沼气自用和售卖的目标，现产沼气均引至火炬燃尽，未能实现能量资源化利用的目的。

（2）现状工程厌氧消化后的沼渣脱水性能不佳，采用离心机脱水后含水率为 80% 左右，南方空气湿度较大，无法在厂区的抛翻车间进行相应的处理。污泥减量化效果不明显，不利于运输、利用和处置，且堆置后易腐败发臭，后续处置存在问题。

（3）由于南方污水处理工艺中多数没有初沉池，细微的砂会进入生物处理系统，跟随剩余污泥排放。在厌氧消化体系中，进料的砂在消化过程中沉淀到罐底，影响消化效率、搅拌系统运行以及污泥消化稳定。在间歇运行模式下，消化罐内的物料混合面临很大挑战，主要是搅拌功率可能不足，不能完全搅拌消化罐内物料，罐内温度均匀性受到影响，导致消化不全，直接影响消化效率和沼气产量。

（4）南方污水水质浓度偏低、污泥有机质含量低，是厌氧消化沼气产量不高的另外一个直接因素，利用餐厨垃圾协同处理能较好地提升进料有机质含量，提高产气量。

3. 工艺优化改造的必要性

原厌氧消化工程的处理效果比较不理想，处理之后的污泥含水率仍有约 80%，不便于运输和处置，不能满足工艺最优的要求，污泥资源化及减量化均未达到最佳效果。

近年来，国家鼓励采用节能减排的污泥处理处置技术，鼓励充分利用社会资源处理处置污泥，鼓励污泥处理处置技术创新和科技进步，鼓励研发适合我国国情和地区特点的污泥处理处置新技术、新工艺和新设备。本次优化改造工程对现有污泥消化工艺进行优化改造，使系统进一步优化，提升污泥处理的效果，降低对环境的影响，对于促进华南环保产业发展是一次有益尝试。

综上所述，本项目优化改造的目的是提高污泥厌氧消化处理效率，同时保证沼渣达到原设计 50% 含水率的外运要求，因此是必要和迫切的。

4. 优化改造目标

在充分利用现有构、建筑物及其他设施能力，不突破厂区现有占地面积，保证工程生产能力满足 600 t/d 的设计预期的基础上，对污泥处置厂的现状工艺路线进行优化改造，实现大幅度提高产气率、降低沼渣含水率至 50% 以下、沼液厂区达标处理后就近排放的最终目的。

6.5.2 优化改造方案

前期研究工作已对高温热水解和中温热水解工艺进行了试验研究及经济比对分析，高温热水解具有效率更高、产气性能更好的优点，但高压容器的管理难度和风险相对较大。中温热水解无需高压容器特种设备，安全风险相对较低，水解效率也相对较低。

本工程选址远离市区，有专业的运营人才队伍，规章制度齐全并得到有效执行，高压容器管理风险较低，现有蒸汽锅炉可满足高温热水解供热，无需再另外购置，其产生的蒸汽热源全部被利用，避免产生浪费。从厂区用地情况来说，高温热水解方案具有用地更省、效率更高的优点，现有消化罐旁空地能满足用地要求。因此，选用高温热水解改性方案作为本工程的升级改造工艺路线。

1. 高温热水解优化工艺

高温热水解（水热改性）是指把含水率很高的有机质密闭加热到一定的温度和压力（温度170～180℃，压力略高于饱和蒸汽压），并维持一段时间（通常30min左右）。其工艺过程是：将经过均质处理的市政污泥加入水热装置的反应釜，在密闭条件下对其中的污泥加热。当污泥被加热至120℃以上时，其中的微生物细胞开始破碎，胶体物质开始解体，黏度降低，胞内水、毛细吸附水和表面吸附水大量析出，大量的有机物从非溶解的固态转化为溶解态或半溶解态而转移到液相。有机质细胞结构被破坏，高分子有机物的大分子断裂为较小的分子，因而更容易被活的细胞用作新陈代谢的原料，特别是更易于被厌氧细菌所利用；残留的颗粒物则变得更容易脱水。水热工艺与厌氧消化工艺的结合，有利于污泥的厌氧消化过程。

在水热工艺过程中，细胞内的细胞质开始溶出，大分子有机物发生水解，此时，脂肪逐步水解成甘油和直链脂肪酸，碳水化合物水解成小分子的多糖或单糖，蛋白质水解成多肽、二肽、氨基酸。大分子有机物由固相转移至液相，较好地解决了污泥消化水解限速的瓶颈，将中温厌氧消化过程中需要2d左右的大分子有机物水解过程在30min内完成，从而大幅度提高了污泥的生物降解性能。

水热改性处理后，污泥中的有机物大部分溶入液相，水解液的COD高达20 000～30 000mg/L，且可生化性良好。相关研究表明，在170℃/30min条件下水热改性处理后的生物质污泥再进行厌氧消化，甲烷产生量比没有经过水热处理的污泥直接消化的甲烷产生量增加30%～50%，以COD计的有机物去除率提高50%。

在能耗方面，水热改性的能源消耗较省。污泥的水热改性是在密闭容器内进行的，尽管水热处理的反应温度高于污泥蒸发干燥的温度，但由于反应过程中污泥中的水分不发生相变，系统总体能耗远低于蒸发干燥工艺。这一特点是高温水热改性技术实现系统节能的核心所在。而采用蒸发传热、乏汽回收等手段，同样能节约大量的能量和成本。

高温水热改性污泥优化方案还有如下优点：

（1）污泥减量化效果明显。经水热改性处理后，高含水率的市政污泥无论是否进行厌氧消化处理，其脱水性能都同样得到显著改善（通过机械脱水就可以将含水率降低到

40%左右），100 t 含水率 80% 的污泥，最后剩下的需要处置的残渣仅为 20 t 左右。

（2）污泥稳定化、无害化效果明显。最大限度地消除了处理过程中的臭味，最终的固体绝无病原体，自然存放时不再腐败发臭，卫生安全。

（3）污泥资源化效益显著。水热改性处理后的市政污泥再进行厌氧消化，甲烷产生量比未经水热改性处理直接消化的污泥增加 30% 以上，在减少碳排放的同时产生了可观的经济效益。

（4）显著提高后续的厌氧消化工艺的处理效率。可生化性得到改善和物料黏度显著降低的双重作用使反应器容积减少 2/3 以上。增加水热处理工艺后，现有的 6 个厌氧消化罐最多可处理现状污泥 600 t/d。

（5）经过水热改性后再厌氧消化，沼气中的硫化氢含量比未经过水热改性的降低了一个数量级，不仅沼气脱硫费用显著降低，也有助于延长厌氧消化工艺设备的使用寿命。

2. 高温热水解 + 厌氧消化工艺

高温热水解 + 厌氧消化工艺的具体流程如下。

卸料 - 缓冲：生物质污泥（预脱水后含水率约 80%）用槽车运输，先倒入卸料槽，经泵提升进入原泥料仓（缓冲仓），然后经稀释均质调理，送入水热单元。

水热：经调质的污泥首先进入浆化反应器，在此接受水热后的闪蒸乏汽（二次蒸汽）返混进行预热浆化，并得到进一步稀释。在蒸汽预热的同时进行机械协同搅拌，提高浆化效率和二次蒸汽吸收效率，并防止泥沙沉积于此。浆化后的污泥进入水热反应器进行水热反应。水热反应采用蒸汽逆向流直接混合加热的方式，可强化传质传热过程，避免局部过热结焦炭化。经水热处理后的物料进入闪蒸反应器中闪蒸减压降温，使其温度降到 90 ℃以下。闪蒸产生的二次蒸汽回用于浆化反应器，以回收其携带的热量。

冷却 - 除砂：闪蒸后的料液经冷却至 40 ℃，进入旋流除砂器脱除大颗粒的泥沙等无机颗粒物，经过除砂后的物料则进入厌氧消化反应器。脱出泥沙经螺旋提升后送入厌氧消化出料缓冲池（脱水机房进料缓冲池），在此等待压滤脱水；也可以把脱出的泥沙经提砂器压榨沥干水分后外运。改造工程即为按后者设计。

厌氧消化：经冷却、除砂后的物料进入中温厌氧反应器，停留时间约 15 ～ 18 d，进水温度控制在 36 ～ 40 ℃，厌氧反应器内料液温度 35 ～ 36 ℃。由于经水热单元和除砂单元处理后，污泥中固体有机物大部分已水解、溶解，较大颗粒的泥沙也大部分被去除，厌氧消化性能得到极大改善，甲烷产量、速率显著提高。经厌氧反应器处理后的物料部分（含剩余污泥）回流到调质单元，既作为稀释水，又把厌氧消化新产生的剩余污泥并入原料污泥，从而一并得到处理；厌氧消化的出料则进入后续的压滤脱水单元做脱水处理。

压滤脱水：采用箱式隔膜压滤机对消化后的物料进行固液分离，获得含水率约 50% 的高干泥饼，且不使用任何化学药剂。滤液含有丰富的氮磷等植物营养成分，可制成液体肥料外供附近的农场。其工艺流程图见图 6 - 68。

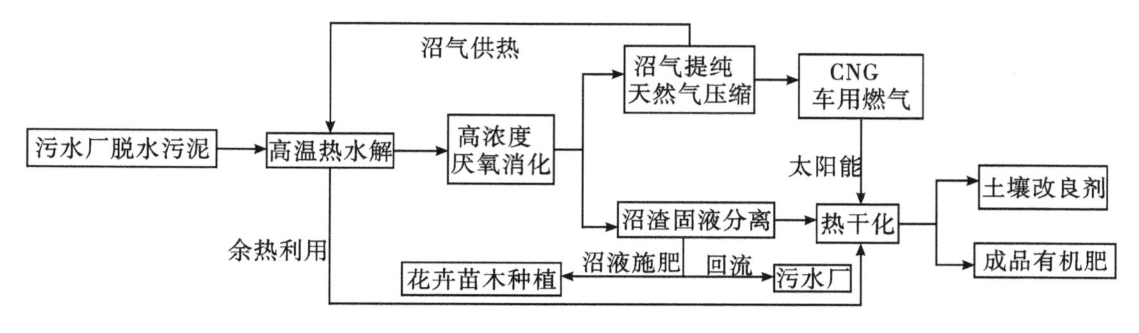

图 6－68　高温热水解加厌氧消化工艺流程图

6.5.3　提标改造工艺设计

本着无害化、资源化、减量化三个目标互相协调优化的原则，采用“高温水热改性＋中温厌氧”工艺组合，对市政污泥中的有机质进行能源化利用，达到以废治废的目的，从而大幅度降低生物质污泥处理的费用，并为最终的处置提供更多因地制宜的选择。

具体目标是：①设计处理能力达 200 t/d（以含水率 80%、有机质含量 45% 的污泥计）。②厌氧消化（利用已有设施）的有机质转化率不低于 55%，所产沼气经脱硫后用于污泥处理系统所需的蒸汽；剩余的沼气经脱硫后提纯、压缩后制成 CNG 用作汽车燃料。③残渣经箱式隔膜压滤机脱水后的含水率≤50%，且稳定化程度良好，自然堆放状态下不再腐败发臭。

高温水热单元按照 200 t/d 独立生产线设计，厌氧消化利用现有的 6 座消化罐，为 Lipp 罐式钢结构。在现有消化罐的一侧建设一条储泥仓、热水解罐、预冷却装置。施工改造时，现有污泥接收和前处理及消化罐正常运行。当热水解系统建成，改变消化罐，连接到新建的污泥接收和热水解系统，原有的污泥接收和前处理单元拆除。因热水解高级消化只需要 4 个消化罐，所以可以空出 2 个消化罐改造成混合搅拌和循环系统与除砂系统，消化罐两两分批改造完成。整个改造过程尽量不影响生产或者将影响降低至最小。

1．原泥卸料－缓冲单元（利用已有设施）

原泥卸料－缓冲单元利用原污泥前处理单元改造而成，卸料槽由原污泥初沉池改造成 3 格缓冲池及 3 格下沉式泵房。

生物质污泥 200 t/d（预处理后含水率 80%）用槽车运输，先倒入卸料槽，经泵提升进入原泥料仓（缓冲仓），然后经稀释均质调理后送入水热单元。

2．增加餐厨垃圾预处理单元

根据前期研究结果，增加餐厨垃圾能大幅提高产气效果。因此，在本次升级改造设计中，增加餐厨垃圾预处理单元。餐厨垃圾经过预处理分筛破碎后，与城市污泥协同处理，设计规模 15 t 干固体/d 或 100 t 餐厨垃圾处理量/d。

3. 水热单元

水热单元包括浆化反应器、水热反应器、闪蒸反应器。水热过程详见6.5.2中第2部分。

4. 冷却-除砂单元

冷却-除砂过程详见6.5.2中第2部分。除砂系统组成包括旋流器组件、底流洗砂组件和砂脱水组件。

5. 厌氧消化单元

厌氧单元采用现状已有设施。厌氧消化过程详见6.5.2中第2部分。

6. 压滤脱水单元

采用箱式隔膜压滤机对消化后的物料进行固液分离，获得含水率约为50%的高干泥饼，且不使用任何化学药剂。

压滤之后的高干泥饼既可以作为营养土，也可以作为填埋场覆盖土。作为营养土时，污泥泥质标准要满足《GB/T 23486—2007 城镇污水处理厂污泥处置 园林绿化用泥质》要求；作为覆盖土的污泥泥质标准需满足《GB/T 23485—2009 城镇污水处理厂污泥处置混合填埋用泥质》和《GB 16889—2008 生活垃圾填埋场污染控制标准》要求。

7. 蒸汽发生单元

本单元利用现状已有设施，包括沼气脱硫设备、沼气锅炉、软化水设备、烟囱等。采用蒸汽锅炉为水热系统提供一次蒸汽，选用沼气锅炉，以系统自产沼气为燃料。在厌氧消化启动阶段和沼气不足的时候，采用市政天然气或柴油补充燃料不足的部分。

由于项目已有一台额定蒸发量为4 t/h 185 ℃ 1.0 MPa的沼气锅炉，不再需要新购锅炉。因该蒸汽锅炉的蒸汽压力偏低，特将水热改性工艺的反应温度降低为在165 ～170℃下运行，同时适当增加水热反应时间。

8. 沼气储存与脱硫单元

本单元利用现状已有设施。

9. 沼液处理单元

沼液为水热改性污泥经过厌氧消化后的脱水滤液。污泥滤液中含有大量的有机物、氨氮、悬浮物、金属离子等有害有毒成分，其中COD为4000 ～5000 mg/L。实践结果表明，污泥水热脱水滤液是一种高浓度、较难处理的废水，尤其是氨氮的去除。若处理不当就会对环境造成二次污染，不仅会污染土壤和地表水源，甚至会污染地下水，给生态环境和人体健康带来巨大危害，致使污泥的处理处置失去应有的价值和意义。

由于消化后污泥滤液性质复杂，常规的污水处理工艺难以达到良好的去除效果，需要针对消化污泥滤液的性质，结合处理后的污水排放标准的要求，有针对性地进行工艺方案的比较与选择，按“MBR膜生物反应器+纳滤NF+反渗透RO”处理工艺进行工程设计。

7 城市污水厂污泥厂内干化实践

7.1 广州市污水厂污泥厂内干化方法

7.1.1 “浓缩＋板框机深度机械脱水＋低温热干化”工艺

本项目中，已建成运行的污水厂通过絮凝沉淀、加药浓缩、板框压滤和低温干化等系列技术，使厂内剩余污泥降低至40%以下。项目综合研究干化工艺中使用的化学药剂和干化条件对含水率的影响，以及干化过程中二次污染物的处理处置技术。重点研究剩余污泥在密闭空间中，在低温干化条件下，在化学药剂的协同作用下，污泥最低凝华点随相关因素变化的规律，分析出化学药剂对污泥有机物破壁作用的机理、对细胞内脱水的协同作用机理，得出物料平衡关系和含水率及能耗的关系，找到最佳污泥干化工艺，节能降耗，并进一步研究干化后的城市污泥综合利用技术。在石井污水厂污泥干化研究的基础上，通过规模化污泥干化技术集成，进一步开展广州市中心城区多间污水厂的污泥干化生产研究，并应用于生产实践，示范工程规模达到1800 t/d（含水率80%），折合干污泥580 TDS/d（含水率30%～40%）。

2017年以前，广州市的湿污泥基本采用浓缩＋离心脱水＋外运处置的模式进行处理，污泥处理工艺有制砖、制肥及填埋等，湿污泥的运输与处理处置均不同程度地存在一些困境。通过“浓缩＋板框机深度机械脱水＋低温热干化”的工艺路线，确保污泥出厂含水率达到30%～40%；干化后的污泥运至热电场与水泥厂协同焚烧。自2018年开始，逐步形成及完善污泥在污水厂内干化减量、厂外彻底处理处置的全新模式。

1.“浓缩＋板框机深度机械脱水＋低温热干化”工序

污泥干化项目所采用的“浓缩＋板框机深度机械脱水＋低温热干化”污泥减量处理技术，主要包含以下工序：浓缩调质工序、机械脱水工序、热干化稳定工序、分级出料输送工序，另有配套的除臭工序。

1）浓缩调质工序

通过抽泥泵将污水处理厂含水率为94%～97%的污泥输送至反应罐中，再根据污泥的含水率、泥质特点和最终处置要求，投加精确数量的高效絮凝剂。在絮凝剂的作用下，污泥颗粒迅速絮凝，悬浮的细颗粒凝聚成絮团状的粗大松软的污泥颗粒并快速沉降。大量的上清液溢流排出，回流至污水处理厂的污水总管。再向浓缩后的污泥中定时精确投加化学添加剂。浓缩污泥在化学添加剂的作用下迅速地由絮团状的污泥颗粒分散成细小的易于过滤的污泥颗粒，并且释放出污泥颗粒的内部水，使之更有利于污泥脱水和后续的干化处置。

2）机械脱水工序

应用注泥泵将浓缩调质后的污泥注入隔膜板框压滤机中，通过对注泥压力、保压时间、压榨压力、压榨时间进行智能化动态控制，水分以滤液的形式排出并流至污水处理厂总管，污泥颗粒则被滤出并形成软硬适中的污泥泥饼。这样的泥饼既有利于降低后续干化处理的能耗，又有利于防止设备磨损。

3）热干化稳定工序

经过板框压滤形成的泥饼的含水率虽然已经较低，但由于污泥中还含有大量的微生物，包括细菌、病原体，因此是不稳定的，甚至是有害的。这样的污泥如果直接外运，很容易返臭，甚至造成二次污染。为实现污泥的稳定化并进一步降低含水率，需将泥饼送至热干化设备中进行热干化稳定处理。

通过热源送入低温热风（80 ℃以下），使污泥温度升高。在热风作用下，部分细胞水被蒸发，使污泥含水率进一步下降至30%～40%之间。

热干化装置排出的尾气经除尘、除湿和水洗处理后循环使用，不会对环境空气造成污染，所去除的水汽回流至污水处理厂进行处理。

4）分级出料输送工序

系统具有分级出料功能，通过系统调节，可按污泥的最终处置要求，出不同粒径的污泥，再通过风送系统将污泥输送到成品仓中。风送系统可使污泥性质更加稳定，确保成品泥的含水率稳定达标。

5）技术工艺特点

本技术工艺具有如下特点：在污水处理厂内对污泥进行减量处理，降低了污泥的后续运输成本和处置成本。处理后污泥含水率为30%～40%，性质稳定，有利于后续处置，可与垃圾混烧、水泥窑协同焚烧、电厂掺煤混烧。占地面积少，广州市均禾污水处理厂项目一期污水处理规模为$1.5\times10^5\ m^3/d$，污泥处理设备的占地面积约为$1000\ m^2$。

2. 广州市均禾污水处理厂“EPC工程总承包+租赁运行服务”模式

均禾污水处理厂采用“EPC工程总承包+租赁运行服务”模式，该污水处理厂的污水处理量已达到1.5×10^5 t/d。该厂采用改良A^2O工艺，设有污泥浓缩池。污泥处理流程为“浓缩+板框机深度机械脱水+低温热干化”工艺路线。

均禾处理处置项目于2014年4月开始进场施工，9月完成施工建设、设备安装和调试。2014年10月8日进入试验考核期，至2015年1月5日考核结束，所有监测指标均合格，期间未发生停产、维修、更换设备等情况，运行工艺、出泥泥质达到招标文件要求，产量稳定；厂区生产环境友好。主要考核结果或数值如下：①出泥含水率均值为35.3%。②出泥pH值介于7.64～9.02。③出泥重金属含量不高于进泥重金属含量。

④实测污泥减量比介于65.3%～69.8%，均值为67.2%。⑤气体污染物浓度满足《GB 14554—1993 恶臭污染物排放标准》的二级标准。⑥昼夜噪声指标均满足《GB 12348—2008 工业企业厂界噪声标准》的Ⅲ类标准。⑦渗滤液污染物指标满足《CJ 343—2010 污水排入城市下水道水质标准》。⑧运行以来，出泥含水率、pH值、减量比、重金属、处理量、环境排放等都满足了指标要求，有效控制了成品泥的氯离子含量和颗粒度，满足了后续处置单位水泥有限公司的要求，包括成品泥氯离子含量≤0.55%，成品泥30mm筛网筛余量≤20%。图7-1为均禾污水处理厂的污泥干化车间。

图7-1 均禾污水处理厂的污泥干化车间

3. 广州市中心城区4座大型污水处理厂"EPC工程总承包"模式

在均禾污水处理厂污泥处理处置成功的基础上，选取广州市中心城区猎德、大坦沙、沥滘一期二期、西朗一期4座大型污水处理厂进行规模化应用，效果良好。成品泥（含水率40%）运行成本为1200元/t。

图7-2为沥滘污水处理厂的污泥干化车间，图7-3为大坦沙污水处理厂的污泥干化车间中控系统，图7-4为西朗污水处理厂的污泥干化车间。

图7-2 沥滘污水处理厂的污泥干化车间

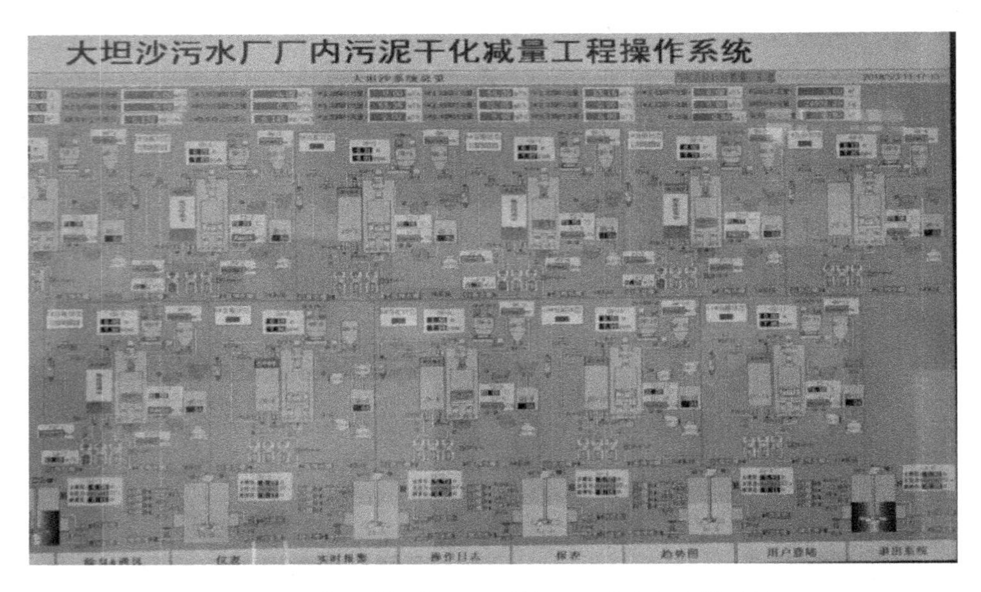

图 7－3　大坦沙污水处理厂的污泥干化车间中控系统

图 7－4　西朗污水处理厂的污泥干化车间

4. 热电厂与水泥厂协同焚烧城市污水厂干化污泥

广州市中心城区约 700 t/d 的污水厂干化污泥（含水率约 35%），由自备污泥专用运输车运输至热电厂、水泥厂协同焚烧，使污水厂干化污泥资源化。每吨干化污泥的协同焚烧服务成本为 100 元，运输成本为 1.35 元/(t·km)。

7.1.2　污水厂内污泥干化服务模式

广州市大沙地污水处理厂、龙归污水处理厂、竹料污水处理厂、石井污水处理厂、大观污水处理厂、江高污水处理厂、健康城污水处理厂、沥滘三期污水处理厂合计污水处理量为 1.95×10^6 t/d，折合干基污泥量约 200 t/d。污泥处理处置工艺为污水处理厂内干化至含水率 30%～40%，干化后的成品污泥运至热电场或水泥厂协同焚烧。平均运行成本约 1400 元/t。

上述污泥处理厂内干化工艺有：①“浓缩＋板框机深度机械脱水＋箱式机低温热干化”；②“浓缩＋板框机深度机械脱水＋负压薄层圆盘低温热干化”；③“离心机浓缩＋

负压薄层圆盘低温热干化"；④"浓缩+板框机深度机械脱水+低温热干化"。

项目合作方式为甲方向乙方购买干化污泥处理服务。乙方投资完成招标内容的工作，甲方按乙方实际产出的符合出泥指标的干化污泥数量向其支付服务费用。由污泥干化处理单位负责污泥干化处理相关的设计、建设建构筑物和设备的安装调试，试运行期通过后进入运营服务，运营期结束后整体移交污泥干化处理设备设施。

7.2 利用水泥窑协同处理广州市城市污泥

7.2.1 湿污泥处理过程

城市污泥的处理与处置问题已成为城市环境保护的热点问题。2009 年 8 月以前，广州市中心城区的脱水污泥由船运至广州番禺化龙岛，约 19% 的污泥经机械压滤、粉碎制成肥料，打包外运；81% 的污泥就地填埋在岛上，雨季时的地表径流污染了附近珠江水体。2009 年 8 月以后，广州市污水处理厂与水泥厂联合处理城市污泥，部分城市污泥最终变成了水泥。2020 年广州市中心城区污水处理厂的厂内绝干污泥达 450 t/d，污水污泥处理规模如表 7－1 所示。

表 7－1　2020 年广州市中心城区污水处理厂污水污泥处理规模

污水厂名称	污水处理工艺	污水处理设计规模/(10^4 m^3/d)	湿泥量（折合为 80% 含水率）/（t/d）
大坦沙厂	AAO	55	330
猎德厂	一期：AB 二期：Unitank 三期：AAO 四期：AAO	22 22 20 56	720
沥滘厂	AAO	50	300
西朗厂	AAO	40	240
大沙地厂	AAO	40	240
九佛厂	氧化沟	1.5	9
竹料厂	AAO	6	36
龙归厂	AAO	10	60
石井厂	AAO	30	180
合计	—	352.5	2115

广州越堡水泥厂有两条生产线，水泥生产规模达 12 000 t/d，能够协同处理干污泥与湿污泥。水泥生料经过五级预热，温度逐步到 850 ℃，与含水率约 30% 的污泥进入温度

为 800 ～900 ℃的分解炉内发生碳酸盐分解反应。然后进入水泥回转窑，温度升至 1500 ℃，物料在熔融状态时形成硅酸盐产物，急冷后形成水泥熟料。

广州越堡水泥厂的湿污泥理论处理能力为 600 t/d，当前处理能力为 300 t/d，处理的具体过程如下。

在污水处理厂脱水车间污泥料仓出口安装一台无轴螺旋输送器，或将污水处理厂脱水车间污泥料仓出口直接与运泥车对接，将脱水污泥输送至装载能力为 20 t 的特制污泥运输车辆，车辆为全密封罐装车，带有液压自卸，运输过程中不渗漏。

湿污泥运至越堡水泥厂全密闭储存车间，输送采用两级输送。第一级是污泥运输车将湿污泥卸入 30 m^3 的湿污泥接收间，通过柱塞泵，经管道输送至两个体积均为 300 m^3 的湿污泥缓冲仓；第二级是利用在湿污泥缓冲仓下方的滑架卸料装置，缓冲仓的湿污泥由污泥输送专用的高压低摩阻复合管输送至污泥小间，在污泥小间内进行污泥的打散搅拌和初次破碎，再经过预压螺旋输送机送入 SNF1250 干燥机干燥塔中部。

水泥窑约 260 ℃的废气经管道输送至干化车间，通过风机升压后鼓入干燥机的破碎干燥室进口。窑尾废热烟气由破碎干燥室进口向下通过破碎干燥室底部的缩口，在破碎干燥室下部向上折返，形成喷动射流。该喷动射流在破碎干燥室内向上呈螺旋状移动，需要干化的污泥由上向下运动，在气流及搅拌器的共同作用条件下，气固两相进行热交换工作。

在干燥室内，气固两相进行对流型干燥，完成热交换后的污泥和烟气一起向上旋流运动，在干燥室的上方经管道进入污泥烘干车间的布袋收尘器进行气固分离，收尘器尾气经烟囱排放。污泥水分由 80% 烘干至低于 30%，此时污泥的热值约为 11 MJ/kg，与贫煤热值接近。分解炉可使污泥快速、完全燃烧。

7.2.2 检测结果与分析

对污泥干燥系统的烟囱烟道废气和环境大气进行检测，实际检测结果分别如表 7－2 和表 7－3 所示。检测结果表明，烟囱烟道废气的重金属污染浓度、恶臭污染浓度及二噁英排放浓度均达标。烟囱烟道气体中的二噁英总毒性当量浓度为 0.000 018 5 ng/Nm^3，环境大气中的二噁英总毒性当量浓度为 0.000 025 5 ng/Nm^3，优于国家标准 0.1 ng－TEQ/$Nm^3$①。

水泥窑中的温度在 1350 ～1650 ℃范围内。燃烧气体总停留时间约 20 s，高于 800 ℃的停留时间大于 8 s，高于 1100 ℃的停留时间大于 3 s，在 1400 ～1600 ℃的停留时间为 6 ～10 s。含量约为 50% 的污泥有机质及可燃成分在窑中煅烧时产生热量，作为水泥生产的部分替代燃料，灰渣随物料经高温煅烧并固化，最终形成水泥产品。直接接触方式干燥、热效率高、焚烧彻底，二噁英等有机污染物能被完全分解。

① Nm^3：标准立方米；TEQ：toxic equivalent quantity，毒性当量。

表7-2 烟囱烟道气体二噁英的监测结果

序号	检测项目	实测浓度/（ng/Nm³）	毒性当量浓度		判定
			WHO-TEQ/（ng/Nm³）	I-TEQ/（ng/Nm³）	
1	2378-TCDF	0.000 006 30	0.000 000 630	0.000 000 630	实测值
2	12378-PeCDF	0.000 009 30	0.000 000 465	0.000 000 465	实测值
3	23478-PeDF	0.000 014 1	0.000 007 03	0.000 007 03	实测值
4	123478-HxCDF	0.000 022 0	0.000 002 20	0.000 002 20	实测值
5	123678-HxCDF	0.000 024 8	0.000 002 48	0.000 002 48	实测值
6	234678-HxCDF	0.000 020 3	0.000 002 03	0.000 002 03	实测值
7	123789-HxCDF	N. D.	N. D.	N. D.	实测值
8	1234678-HpCDF	0.000 118	0.000 001 18	0.000 001 18	实测值
9	1234789-HpCDF	N. D.	N. D.	N. D.	实测值
10	OCDF	0.000 091 5	0.000 000 009 15	0.000 000 091 5	实测值
11	2378-TCDD	N. D.	N. D.	N. D.	实测值
12	12378-PeCDD	0.000 004 10	0.000 004 10	0.000 002 56	实测值
13	123478-HxCDD	N. D.	N. D.	N. D.	实测值
14	123678-HxCDD	N. D.	N. D.	N. D.	实测值
15	12378-HxCDD	N. D.	N. D.	N. D.	实测值
16	1234678-HpCDD	0.000 024 1	0.000 000 241	0.000 000 241	实测值
17	OCDD	0.000 058 5	0.000 000 005 85	0.000 000 058 5	实测值
	总浓度	0.000 393	0.000 020 4	0.000 018 5	实测值

注：N. D. =未检出，下同。

表7-3 环境大气二噁英的监测结果

序号	检测项目	实测浓度/（ng/Nm³）	毒性当量浓度		判定
			WHO-TEQ/（ng/Nm³）	I-TEQ/（ng/Nm³）	
1	2378-TCDF	0.000 006 63	0.000 000 663	0.000 000 663	实测值
2	12378-PeCDF	0.000 011 3	0.000 000 566	0.000 000 566	实测值
3	23478-PeCDF	0.000 018 4	0.000 009 19	0.000 009 19	实测值
4	123478-HxCDF	0.000 030 1	0.000 003 01	0.000 003 01	实测值
5	123678-HxCDF	0.000 032 6	0.000 003 26	0.000 003 26	实测值
6	234678-HxCDF	0.000 030 5	0.000 003 05	0.000 003 05	实测值
7	123789-HxCDF	0.000 011 1	0.000 001 11	0.000 001 11	实测值
8	1234678-HpCDF	0.000 149	0.000 001 49	0.000 001 49	实测值
9	1234789-HpCDF	N. D.	N. D.	N. D.	实测值

续上表

序号	检测项目	实测浓度/(ng/Nm³)	毒性当量浓度		判定
			WHO－TEQ/(ng/Nm³)	I－TEQ/(ng/Nm³)	
10	OCDF	0.000 094 6	0.000 000 009 46	0.000 000 094 6	实测值
11	2378－TCDD	N. D.	N. D.	N. D.	实测值
12	12378－PeCDD	0.000 005 12	0.000 005 12	0.000 002 56	实测值
13	123478－HxCDD	N. D.	N. D.	N. D.	实测值
14	123678－HxCDD	N. D.	N. D.	N. D.	实测值
15	12378－HxCDD	N. D.	N. D.	N. D.	实测值
16	1234678－HpCDD	0.000 046 5	0.000 000 465	0.000 000 465	实测值
17	OCDD	0.000 097 3	0.000 000 009 73	0.000 000 097 3	实测值
	总浓度	0.000 533	0.000 027 9	0.000 025 5	实测值

7.2.3 项目小结

本项目通过实践证明，利用水泥窑协同处理广州市城市污泥，将水泥窑废热烟气作为干燥介质直接接触湿污泥，使热能循环利用、污泥完全燃烧，在技术上可行。水泥厂每年停窑检修约14天，此应急期间湿污泥可转由其他方式处理，如广州市现已采用好氧堆肥与制砖方法处理城市污泥。对水泥厂周边的环境及进入水泥中的重金属应进行长期监测，避免二次污染。

城市污泥的处置宜走资源综合利用技术路线，应用多渠道及多种方法实现城市污泥无害化与资源化。

8 基于混合遗传算法的城市再生水系统优化布局探索

8.1 城市污水处理与利用的现状

8.1.1 我国城市污水处理与利用存在的问题

在我国的城市水系统传统规划、设计与管理中，以及人们的思想观念里，对城市污水的处理与利用还没有引起足够重视，存在以下问题：

（1）城市规划中缺少给排水专业规划。

（2）大城市污水处理厂过于集中，既有污水处理厂再生水回用难度大，在已布满各种管线的城市道路上施工再生水管线有一定困难。

（3）再生水用户回用管系统未建立。

（4）20 世纪 80 年代以来，国外资金、技术与设备相继进入我国污水处理市场，阻碍了我国技术与设备体系的建立。

（5）公众在心理上接受再生水回用有一个过程。

（6）缺乏建设资金。

8.1.2 城市污水的集中处理与分散处理对比

城市污水的集中处理、适度处理与分散处理对应的是城市污水处理厂每天污水处理量（即污水处理规模）的不同大小，具体对应关系如表 8－1 所示。

表 8－1 污水处理规模

定义分类	分散处理	适度处理	集中处理
污水处理规模 Q（10^4 m^3/d）	$Q<1.0$	$1.0\leq Q\leq 10.0$	$Q>10.0$

当前国内外城市污水处理以集中处理为主，城市污水的集中处理发挥了规模效应。例如美国芝加哥西南西污水处理厂，设计流量为 4.65×10^6 m^3/d，工艺流程为活性污泥法；上海白龙港污水处理厂的处理规模为 2.0×10^6 m^3/d；北京高碑店污水处理厂的设计

流量为 $1.0\times10^6\ m^3/d$；广州猎德污水处理厂的设计流量为 $1.2\times10^6\ m^3/d$。

然而，过度集中的污水处理有以下缺点：①污水在管网中停留时间长，地下水渗入量多，致使污水浓度变稀，增加了处理成本；②污水收集管网平均埋深与管径较大，造价增大；③需要增加一定数量的提升泵站；④局部干管如发生堵塞、断裂等问题，对系统运行影响面大，污水可能污染地下水。

污水分散处理的研究与应用在世界各地已广泛展开。Boller[168]提出，当污染源出自较小范围时，小型污水处理厂（服务范围5～2000人）就能显示出其优势，分散处理使得工艺流程与处理设备多样化，从简单的处理罐到复杂的生物脱氮除磷设备，从混凝土、钢结构池到生态塘，覆盖面较广，但有水质水量波动大、操作运行难的问题，解决的办法是增加均衡调节池，培养熟练操作人员。

污水厌氧处理技术是分散处理的核心技术[169]。分散废水处理是控制农村水污染的有效途径，在许多国家得到了迅速发展。我国大理市洱海周边10个乡镇146套农村分散污水处理设施运用了厌氧+缺氧+好氧膜生物反应器（AAO-MBR）兼性膜生物反应器（FMBR）和土壤净化池（SPT）技术，年平均总氮去除率为73.7%[170]。

8.2 基于混合遗传算法的城市再生水系统优化

8.2.1 问题的提出

按照我国城市污水处理与利用的发展，城市污水系统的建设历程可从老城区与新城区的差异中体现出来。老城区的污水收集系统大部分为合流制，污水处理厂规模较大，较集中，厂址一般位于城市下游。城市新区或开发区的污水收集系统基本为分流制；根据城市总体规划，城市的周边、近郊或远郊陆续出现工业区、商住区或旅游度假区，这些社区的污水系统在新区建设的初期相对较独立。

从长远的角度来看，一个城市或一个地区的水系统应是一个井然有序的统一整体，水系统包含给水系统、污水收集系统、污水处理及再生水生产系统、再生水管网系统。对城市污水处理与再生水利用应如何进行科学规划，如污水的收集范围、污水处理规模及再生水的详细技术要求等，截至2021年，我国尚无统一规范与明确的标准。

2021年广州市中心城区污水处理厂的处理规模为 $4.96\times10^6\ m^3/d$，COD年消减量为 2.37×10^5 t，氨氮年消减量为 2.47×10^4 t，总氮年消减量为 3.43×10^4 t，总磷年消减量为 5.3×10^3 t。因城市再生水使用率只有20%，每年仍然有 1.31×10^4 t COD、0.68×10^4 t 氨氮，1.64×10^4 t 总氮、0.07×10^4 t 总磷排入珠江。因此，再生水系统的规划与建设是非常必要的。城市再生水的广泛利用既减少了向自然水体的取水量，又降低了排向自然水体的污染负荷；但已建污水处理厂规模大且集中，再生水的广泛应用存在着工程规划与建设上的现实困境。因此，有必要对城市再生水系统优化进行探索，以促进城市再生水系统规划、建设与营运的科学合理。

8.2.2 城市再生水系统费用数学模型

如果把一个城市的污水收集系统、污水处理系统与再生水管网系统作为一个整体，当城市人口为 P（10^4人），污水量为 Q（10^4 m^3/d），占地面积为 A（m^2）时，拟建 n 个再生水厂，需要确定最优的 n 值，使整体系统的费用最低，使城市再生水系统最优。

1．城市再生水系统费用数学模型构成

城市再生水系统由街区污水管网、市政污水管网、污水提升泵站、再生水厂、再生水加压泵站、市政再生水管网、街区再生水管网构成。图 8－1 为城市再生水系统的构成示意图。服务年限内再生水系统每年的费用见式 8－1。

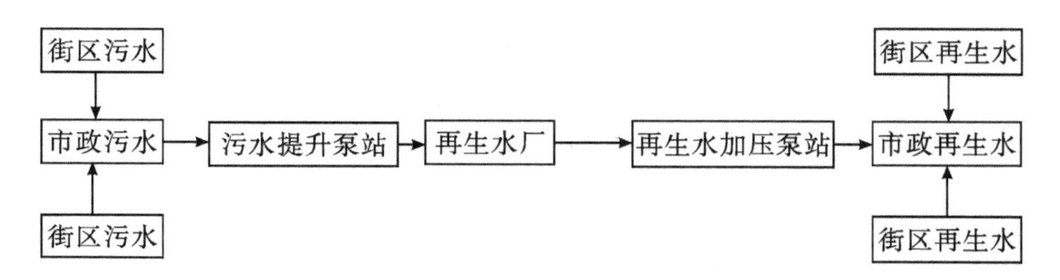

图 8－1　城市再生水系统的构成示意图

$$f = n\left(\frac{p}{100} + E_0\right)(f_1 + f_2 + f_3 + f_4 + f_5 + f_6 + f_7) + n(f_8 + f_9) \tag{8-1}$$

式中，n—城市再生水厂个数；

f_1—街区污水管网费用（万元）；

f_2—市政污水管网费用（万元）；

f_3—污水提升泵站费用（万元）；

f_4—再生水厂费用（万元）；

f_5—街区再生水管网费用（万元）；

f_6—市政再生水管网费用（万元）；

f_7—再生水加压泵站费用（万元）；

f_8—第 n 个排水分区内，污水被提升 3m 的年运行电费（万元）；

f_9—第 n 个排水分区内，再生水年运行电费（万元）；

p—管网每年折旧和大修的百分数，取 5；

E_0—等额分付资金回收系数，$E_0 = \frac{i\ (1+i)^{m_0}}{(1+i)^{m_0}-1}$，$i$ 为年利率（取 8%），m_0 为投资回收期（取 25），则 E_0 为 0.094。

1）污水的收集

设城市拟建 n 个再生水厂，基本均匀分布。每个再生水厂的污水量为 Q/n（10^4 m^3/d），服务面积为 A/n（km^2），并折合为圆或正方形面积。污水收集管起点至再生水厂距离为 R，污水干管平均坡度取 0.001 5，提升泵站间距 b 取 2000 m，每次提升高度 H 为

3 m。

2）街区污水管网建设费用回归方程

由广州市12个生活小区的污水管网基础数据，绘制街区污水管网费用回归方程图，见图8－2。由图8－2得：

$$f_1 = 82.353\left(\frac{Q}{n}\right)^{1.588} \tag{8-2}$$

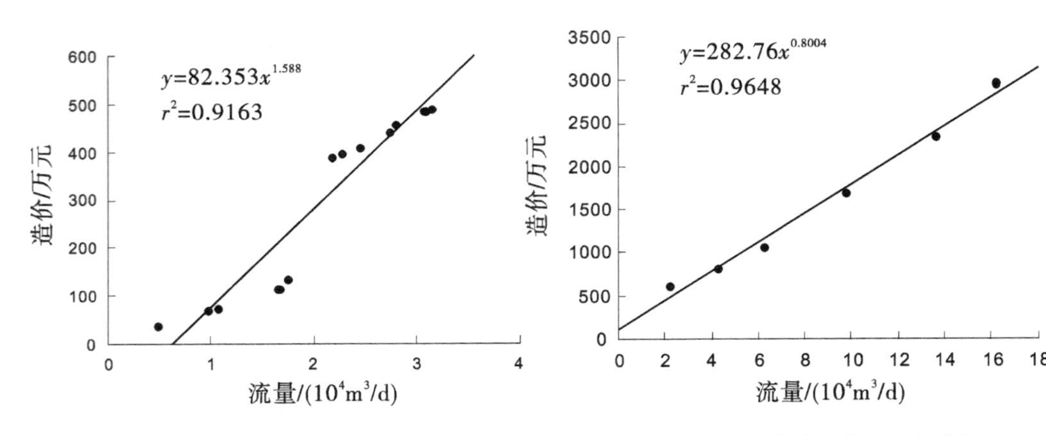

图8－2　街区污水管网建设费用回归方程　　图8－3　市政污水管网费用回归方程

3）市政污水管网建设费用回归方程

由广州市6个街区的市政污水管网基础数据，绘制图8－3，市政污水管网费用回归方程为：

$$f_2 = 282.76\left(\frac{Q}{n}\right)^{0.8004} \tag{8-3}$$

4）污水提升泵站建设费用回归方程

由广州市7个已建污水提升泵站基础数据作图8－4，污水提升泵站费用方程见式8－4。

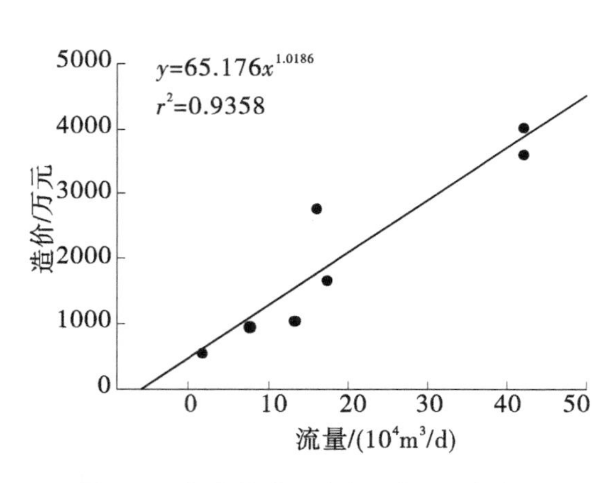

图8－4　污水提升泵站建设费用回归方程

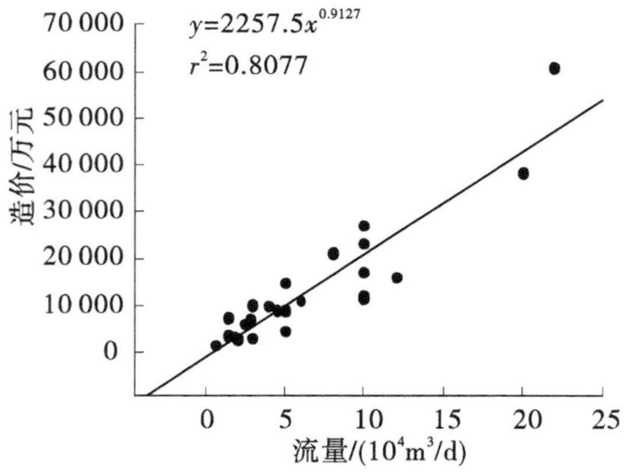

图8－5　污水处理厂费用回归方程

$$f_3 = 8(\alpha_3 Q_1^{\beta_3} + \alpha_3 Q_2^{\beta_3} + K + \alpha_3 Q_1^{\beta_3}) = 65.176\sum_{i=1}^{t}\left[i(2R - ib)\left(\frac{b\pi Q}{A}\right)\right]^{1.0186} \quad (8-4)$$

5）再生水厂建设费用回归方程

广东省已建二级污水处理厂平均造价约为 1800 元/m³，如在二级处理工艺后增加混凝、沉淀及过滤等深度处理设施，约增加 850 元/m³，深度处理费用约占总费用 32%。以已建的 25 个污水处理厂的投资数据作图 8－5。由图 8－5 得：

$$f_4 = 1.32\alpha_4\left(\frac{Q}{n}\right)^{\beta_4} = 2979.9\left(\frac{Q}{n}\right)^{0.9127} \quad (8-5)$$

6）街区再生水管网费用方程

以广州市 12 个街区自来水水管网造价数据作图 8－6。由图 8－6 得：

$$f_5 = 135.52\left(\frac{Q}{n}\right)^{1.4598} \quad (8-6)$$

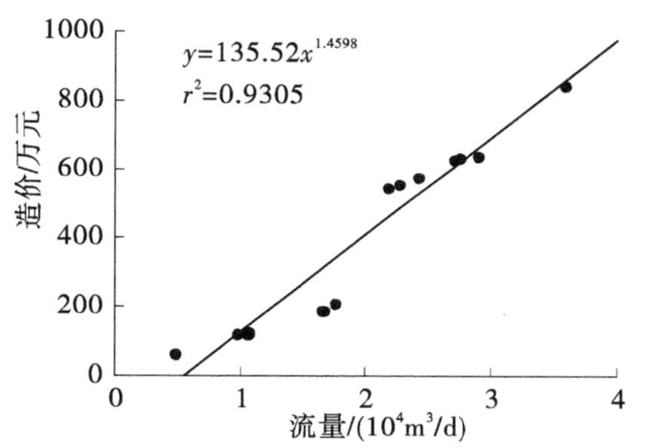

图 8－6　街区再生水管网费用回归方程

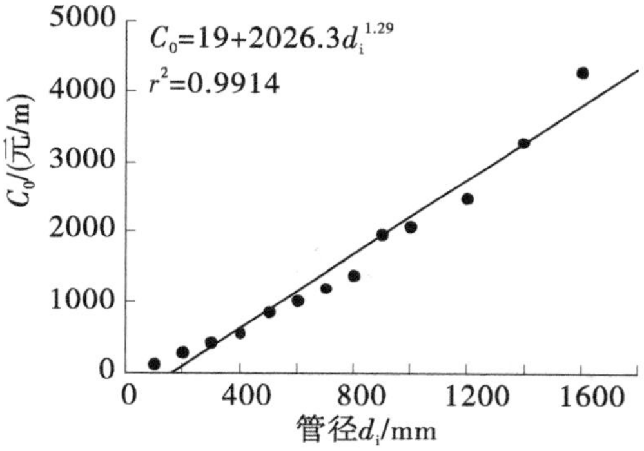

图 8－7　市政再生水管道费用回归方程

7）市政再生水管网费用回归方程

市政再生水管单位投资费用为 C_0（元/m），管径为 d_i。由已建自来水管道基础数据作图 8－7，由图 8－7 知：

$C_0 = 19 + 2026.3d_i^{1.29}$

市政再生水管道费用方程为：

$$f_6 = 4 \times 10^{-4}\sum_{i=1}^{s}(19 + 2026.3d_i^{1.29})l_i \quad (8-7)$$

式中，d_i、l_i 分别为管段 i 的直径、长度；s 为再生水厂 1/4 面积内管段数。

8）再生水加压泵站费用回归方程

由加压泵站基础数据作图 8－8。由图 8－8 得再生水加压泵站费用回归方程：

$$f_7 = 25.817\left(\frac{Q}{n}\right)^{0.9996} \quad (8-8)$$

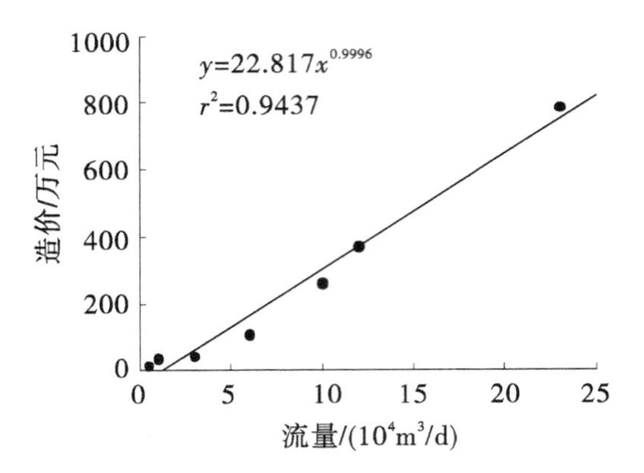

图 8－8　再生水加压泵站建设费用回归方程

9）污水提升年运行费用模型

污水提升年运行费用为：

$$f_8 = 365 \times 1000 \times 2.724 \times 10^{-6} \times 8 \times \frac{H\delta}{\eta_0}\sum_{i=1}^{t} Q_i$$

$$= 34787.8\frac{Q}{A}\sum_{i=1}^{t} i(2R - ib) \tag{8-9}$$

污水提升泵站效率取 $\eta_0 = 0.7$；电价 δ 取 1.30 元/kW·h。

10）再生水加压泵站运行费用函数

再生水加压泵站运行费用函数为：

$$f_9 = K\left(\frac{Q}{n}\right)\sum_{i \in LM} h_i \tag{8-10}$$

式中，K—年电费系数，即将 $1.0 \times 10^4\ m^3/d$ 再生水提升 1m 的年费用（10^4元），

$$K = \frac{10000\,m^3/d \times 365d \times 1000kg/m^3}{\eta_0 \times 10000} \times 1m \times 2.724 \times 10^{-6} \times kW \cdot h/kg \cdot m \times \gamma$$

$$\times 1.30\ 元/kW \cdot h$$

$$= 0.554\ (10^4元);$$

供水能量不均匀系数 γ 取 0.3，LM 为从泵站到控制点的任一条管线上的管段集合。

2. 数学模型的建立

再生水系统费用的数学模型为上述 9 个函数的和：

$$f = n\left(\frac{P}{100} + E_0\right)\left\{\alpha_1\left(\frac{Q}{n}\right)^{\beta_1} + \alpha_2\left(\frac{Q}{n}\right)^{\beta_2} + \alpha_3\sum_{i=1}^{t}\left[i(2R - ib)\left(\frac{b\pi Q}{A}\right)\right]^{\beta_3} + \right.$$

$$\left. 1.32\alpha_4\left(\frac{Q}{n}\right)^{\beta_4} + \alpha_5\left(\frac{Q}{n}\right)^{\beta_5} + 4 \times 10^{-4}\sum_{i=1}^{p}(a_0 + b_0 d_i^{\alpha})l_i + \alpha_7\left(\frac{Q}{n}\right)^{\beta_7}\right\} +$$

$$n\left[\frac{CQ}{A}\sum_{i=1}^{m} i(2R - ib) + K\frac{Q}{n}\sum_{i \in LM} h_i\right]$$

$$= n\left(\frac{5}{100} + 0.094\right)\left\{82.353\left(\frac{Q}{n}\right)^{1.588} + 282.76\left(\frac{Q}{n}\right)^{0.8004} + \right.$$

$$65.176\sum_{i=1}^{t}\left[i(2R-ib)\left(\frac{b\pi Q}{A}\right)\right]^{1.0186}+2979.9\left(\frac{Q}{n}\right)^{0.9127}+135.52\left(\frac{Q}{n}\right)^{1.4598}+$$

$$4\times10^{-4}\sum_{i=1}^{P}(a_0+b_0d_i^{\alpha})l_i+25.817\left(\frac{Q}{n}\right)^{0.9996}\Bigg\}+$$

$$n\left[34787.8\frac{Q}{A}\sum_{i=1}^{t}i(2R-ib)+0.554\left(\frac{Q}{n}\right)\sum_{i\in LM}h_i\right] \tag{8-11}$$

3. 数学模型的求解

用常规方法求解式（8－11）有很大难度，以遗传算法（genetic algorithm）为基础的混合优化算法对于非线性、不可微、有约束、具有大量局部极值点及多目标函数的优化可以较方便地得到优化结果。遗传算法由编码与解码、初始群体生成、适应度值评估检测、选择、交叉及变异等步骤组成。大范围内的随机搜索使局部搜索能力较弱，收敛速度慢，种群易早熟，收敛于全局最优点计算时间长，这是遗传算法的缺陷[171]。

单纯形法（simplex algorithm）是在坐标系中绘出约束条件的解的凸多边形，找出凸集上的任一顶点，计算出该点目标函数值，比较周围相邻顶点的目标函数值是否比该值更优。如果该值最好，以该值作为最优解之一；如果该值不是最好，则转到更好的顶点上，重复以上过程，一直找到使目标函数值达到最优的顶点为止。单纯形法不是沿着某一方向进行搜索，也不是计算目标函数的梯度，而是通过反射、扩展、压缩、收缩操作，求得新的单纯形点，形成更好的模型。单纯形法每次迭代都设法构造新的单纯形，所得新的单纯形都比原来的单纯形好，使新的单纯形逐渐逼近函数的极小值[172]。

本书采用编制遗传算法－单纯形算法的组合算法程序，求再生水管网的管段管径、管段水头损失与目标函数的最优解，对广州市12个污水处理系统进行优化计算。取遗传代数为1000，初始种群为50，求出目标函数f最优值、再生水厂最优个数n值及再生水运行成本，计算结果见表8－2。由表8－2知，每个再生水厂的服务面积为10～16 km^2，再生水的运行成本为1.59～2.03元/m^3，此时再生水系统营运工况最优。

表8－2　广州市再生水系统优化结果

再生水系统名称	人口/万人	再生水系统服务面积/km^2	再生水量/(10^4 m^3/d)	再生水厂数量/个	每个再生水厂面积/km^2	目标函数f优化值年费用/10^4元	再生水成本/(元/m^3)
大坦沙	167.3	89.7	73.5	7	12.8	42541.3	1.59
西朗	63	54.5	31.6	4	13.6	19045.5	1.65
猎德	246.4	158	120.2	14	11.3	69704.4	1.59
沥滘	134.3	124.5	65	11	11.3	38631.3	1.63
大沙地	73.8	107	43.5	7	15.3	26716.2	1.68
白云区	415	84.9	41.7	7	12.1	24922.5	1.64
番禺区	156	596.7	171.2	58	10.3	108719.3	1.74

续上表

再生水系统名称	人口/万人	再生水系统服务面积/km^2	再生水量/(10^4 m^3/d)	再生水厂数量/个	每个再生水厂面积/km^2	目标函数f优化值年费用/10^4元	再生水成本/(元/m^3)
南沙区	41	301.8	36.8	29	10.4	27287.6	2.03
萝岗区	47	387.3	77.2	37	10.5	51971.7	1.84
花都区	123	644.5	91.5	63	10.2	65776.1	1.97
从化区	73	230	53	22	10.5	34785.5	1.80
增城市	89.6	167	130.1	15	11.1	75270.1	1.59

注：表中的规划人口、污水系统服务面积与再生水量（污水量）数据来自2020年《广州市污水治理总体规划修编》。

广州市白云区北部的龙归污水处理水系统的服务面积为143.7 km^2，污水处理规模为2.9×10^5 m^3/d，污水处理主工艺为AAO。在现有污水处理设施基础上规划新建一个规模为1×10^4 m^3/d的再生水系统为李坑生活垃圾焚烧发电厂供应生产用水，新建再生水系统工艺流程为：AAO接触消毒池出水→投加氯→管道混合→砂滤→再生水加压泵站→1000 m长DN400输水压力钢管。再生水成本约2.01元/m^3，与模拟计算的结果相近。龙归再生水系统费用构成见表8-3。

表8-3 广州市龙归再生水系统费用构成

项目	规模	工程费用/万元	再生水成本分摊/(元/m^3)
污水管网收集系统	1.27×10^5m	66802.7	1.05
污水提升泵站	2座	2147	0.08
AAO污水厂区	7×10^4 m^3/d	11553.4	0.18
再生水设施	1×10^4 m^3/d	3347	0.36
污水提升运行成本	—	—	0.06
再生水输送运行成本	—	—	0.28
合计	—	—	2.01

基于混合遗传算法的城市再生水系统优化研究的结果表明，广州市城市污水处理与再生水系统宜适度分散，再生水厂最优的服务面积为10～16 km^2，对应的再生水成本约1.59～2.03元/m^3，此时城市再生水系统营运工况最优。为了广泛利用城市再生水，已建的集中式的污水系统将逐渐被适度分散的系统代替。

在实际中，城市的污水处理与再生水系统不可能均匀分布，城市污水不可能实现全部再生利用，每个城市的地理位置、地形、地貌及经济发展水平也是不同的，城市的供水量、污水量、人工费用及材料费用等均有较大差异。因此，每个城市的再生水资源优化规划可结合实际情况进行完善，再生水系统规划应具体结合再生水用户的需求，充分预留再生水系统管线、泵站及厂区的发展空间，为广泛利用再生水创造良好条件。

8.3 城市再生水有效利用对策

1. 排水分区优化

要实现合理划分排水分区，综合确定再生水厂的数量与厂址，在规划时应改变传统原则。污水排水范围的规划既要考虑规模效应，又要方便污水再生回用，还应分析当地地形、地质、气候、经济实力等因素。

城市新区的排水分区优化与再生水利用容易实现。对于旧城区已建的大型污水处理厂，当在二级处理工艺基础上增加深度处理工艺后，应尽量扩大再生水利用量，剩余的再生水可以排放到自然水体，作为下游城市的合格水源。我国南方城市已建污水处理厂大多数位于城市下游的江河边，其再生水利用属于此类情形。

2. 工艺流程优化

我国幅员辽阔，各地水质水量不同，受纳水体环境容量差异较大，污水处理工艺流程应有所差别。每座污水处理厂的最优工艺流程应通过技术经济分析与比较来综合确定，逐步形成具有中国特色的污水处理技术体系。

3. 优先选用合格的国产设备

近几十年来，欧、美、日等发达国家及地区生产的水泵、鼓风曝气机、刮泥机、检测仪表等在我国污水处理领域有较大市场。为发展壮大我国的环保装备与产业，应加大研发力度，大力扶植有实力的国内环保企业，建设城市污水系统时应优先选用合格的国产设备，促进我国水工业市场健康有序地向前发展。

4. 规划预留再生水管线空间位置

污水系统的建设要预留分期发展与完善深度处理的空间。例如要将传统的活性污泥法升级为深度处理，可在二沉池后增加混凝、过滤、消毒单元或其他处理单元，但必须有足够的空间。新建城市道路除布置给水、雨水、污水、电力、电信、数据通信、燃气管线外，还应规划敷设再生水管线。

9 恶臭废气处理技术的研究与应用

9.1 项目研究概况

随着环保意识的不断增强，人们对环境臭气越发关注。恶臭气体不仅会带给人嗅觉上的不适，还会引起恶心、头痛、厌食、失眠、心情烦躁等功能性疾病，严重时还会引起中毒，甚至诱发急性病并引起死亡。因此，恶臭污染治理已经成为环保领域的重点与难点课题。

污水厂的污水污泥处理与工业生产过程都会产生大量的含氨（NH_3）、硫化氢（H_2S）、甲硫醇（CH_3SH）等成分复杂的无机、有机恶臭气体，其中臭气中的挥发性有机污染物（简称VOCs）是一类可致癌、致畸、致突变的有毒有害物质，对人体健康造成潜在的巨大危害。而随着城市化进程的迅速推进，污水厂已逐渐被密集的社区或商业中心等包围，新建的污水厂也难免选址于繁华市区。

为了有效地控制厂界臭味，让污水厂与周边民众形成和谐的共处环境，污水厂与工业生产臭味的控制势在必行。污水厂的污水污泥处理及工业生产须配以除臭系统，保障厂内与厂界臭气达到国家相关排放标准，有效维护厂内外人群的身心健康。然而，即便如此，对于某些污水厂及其附属泵站，由于部分环节产生局部高浓度臭气，采用常规处理工艺无法消除可闻到的异味。此外，恶臭污染也来源于化工、化肥、橡胶、炼油、制革、制药、农药、造纸、烟草等工业企业，恶臭污染物种类繁多，恶臭气体成分复杂。为满足日益严格的环保排放要求，达到良好的除臭效果，企业要投入高成本配备除臭工艺设施，必然给企业发展带来巨大的影响。因此，城市污水处理厂与工业企业恶臭废气处理新工艺的研发与应用成为热点课题。

9.1.1 项目目标及解决的关键问题

本项目研究将实现以下目标：①在脱臭效率和处理风量相同的情况下，同等离子技术相比，使恶臭污染物净化效率≥90%，能耗及运行费用成本降低≥30%；与生物脱臭技术相比，使生物过滤装置体积明显减小。②恶臭废气中的含硫含氮恶臭污染物如硫化氢、氨、甲硫醚，经采用项目组研发的等离子体技术+气动乳化技术+生物过滤技术净化处理后，各相关污染物浓度应优于《GB 18918—2016 城市污水处理厂污染物排放标准》及广东省排放标准。③针对城市污水厂的恶臭废气，建立相应的恶臭废气净化专用基础菌种库，常年保有3～6种活菌种，以备实验或批量生产使用。④建立处理规模不小于2000 m^3/h 的等离子体+生物过滤法处理恶臭废气的中试研究基地，作为该技术应用推广的试点。

本项目解决的关键问题有：①进行高效等离子体技术、气动乳化和生物过滤技术的单元和组合工艺优化，并研究其耦合作用机制；②利用城市污水厂和工业企业所用的新型专用除臭菌种培育装置及技术和生物修复技术，获得特效除臭生物菌剂；③完成“等离子体+气动乳化+生物过滤法”除臭系统集成设备的研发及优化；④探寻保持低温的等离子体+气动乳化+生物过滤法（以下简称为“生物法”）除臭系统高效低耗稳定运行的调控机制与方法。

9.1.2 研究内容、方法及技术路线

1. 研究内容

本项目重点研究以下内容：

（1）三种单体除臭工艺的优化研究。主要包括高效节能型等离子体关键技术研究、气水反向运动的气动乳化水洗关键技术研究和多粒径滤料层级布置的生物过滤关键技术研究。

（2）等离子体+气动乳化+生物法处理城市污水厂恶臭废气的关键技术研究。研究等离子体、气动乳化、生物法技术单元之间的耦合作用机制，解决单元间的参数优化。通过长时间的运行试验，研究 H_2S、NH_3、VOCs 等组分变化时的除臭规律。对等离子体降解恶臭废气的二次污染如臭氧等，新增气动乳化洗涤环节，降低对生物塔的微生物除臭性能的影响。建立城市污水厂恶臭废气处理专用生物菌种库。

（3）等离子体+气动乳化+生物法处理城市污水厂恶臭废气的工程应用研究。通过建立恶臭废气示范工程装置，研究等离子体+气动乳化+生物法中试系统装置除恶臭的过程影响因素、最佳操作条件及调控方法。

（4）完成城市污水厂与工业企业恶臭废气净化技术新型系统的构建及优化。根据生产过程中所产生的有机废气量、废气温度、废气浓度、废气成分、负荷变化和环保排放指标要求进行系统设备设计，构建及优化城市污水厂与工业企业的恶臭废气净化技术新型系统，实现关键技术应用与系统调试运行及优化。

项目重点研发增加的前置等离子体设备，并探讨高传质效率的气动乳化塔最优工况，研究气动乳化塔水体进入生物箱进行处理净化调节后回用至气动乳化塔的过程，结果显示无二次污染产生。

2. 技术方法和路线

1）技术方法

（1）等离子体除臭试验方法。VOCs 等恶臭废气经过缓冲箱，混合均匀并趋于稳定后进入等离子体反应器，反应前后的气体分别采用废气分析仪器进行分析检测。等离子

体技术主要处理污水厂的 H_2S 和 NH_3 等无机恶臭气体及有机恶臭气体，因此主要探讨恶臭气体脱除效率与电场强度 E、进口浓度以及功率的变化关联。

（2）气动乳化除臭试验方法。经过等离子体反应器反应后的气体进入气动乳化塔，试验对气动乳化塔处理前后的气体进行检测分析，评估恶臭气态污染的去除效果。气动乳化除臭技术主要处理污水厂的 H_2S 和 NH_3 等无机恶臭气体，通过探讨水及其吸收剂对恶臭废气中的污染物的吸收效果，以及污染物由气态转移到水中的传质效率等问题，研究等离子体反应后产物如臭氧的影响及解决措施。

（3）生物除臭试验方法。经过气动乳化塔处理后的水体进入生物箱，通过对生物箱处理前后的水体进行检测分析，评估污水的净化效果。

（4）分析测定方法。无机恶臭物 H_2S、NH_3 及有机恶臭物 CH_3SH 采用手持式三合一气体检测仪（$NH_3/H_2S/O_3$）检测；挥发性有机废气（VOCs）采用美国华瑞仪器 PGM - 7320VOC 检测仪检测。

2）技术路线

项目技术路线如图 9 - 1 所示。

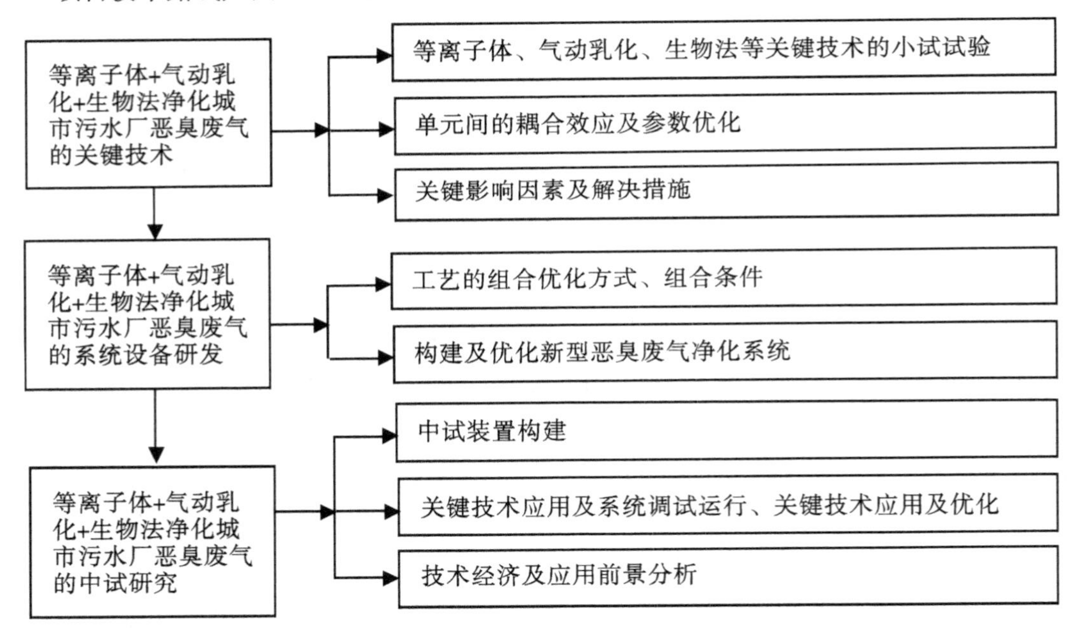

图 9 - 1　技术路线图

9.2　等离子体 + 气动乳化 + 生物法处理污水厂恶臭废气小试研究

9.2.1　工作原理

1. 等离子体 + 气动乳化 + 生物法恶臭废气设备的工作原理

采用等离子体技术、气动乳化与投加高效生物菌剂生物处理相结合的工艺处理恶臭废气，利用等离子体中的大量活性粒子可对有毒有害有机污染物进行直接的初步分解去除，把复杂、难溶于水的有机物质分解，把大分子有机物质转化为简单的小分子物质，同时使所有有机分子活化以增强亲水性。然后废气从塔底进入气动乳化塔，经乳化塔内的乳化剂进行气液交换的净化，经前期净化后的气体进入生物塔。气动乳化塔所产生的废水经管路进入调节池，重新作为气动乳化水吸收剂循环使用，实现水的循环利用，减少二次污染。经气动乳化塔净化后的气体进入生物塔，生物塔进一步将等离子体分解产物和恶臭废气继续降解成无味无害的物质。

利用等离子体、气动乳化塔和生物法联合处理恶臭废气可以减少生物除臭装置和等离子体装置的体积，使等离子体产生的副产物被生物再次降解成无害的物质，实现气动乳化塔的吸收剂液体循环使用，也作为生物塔的补充和循环水，避免二次污染的发生。这不仅可以减少等离子体电耗，而且能控制有害副产物的形成，提高性价比。

2. 等离子体除臭主要工作原理

采用高频脉冲电源，在反应器内建立分布合理的流光放电等离子场。在等离子场中，废气中的臭气化合物的分子键更容易被打开或氧化；在等离子场中气体被局部电离，产生高浓度的O离子、O_3、·OH等自由基，这些活性因子直接参与裂解和氧化废气中的NH_3、H_2S等臭气化合物，最终使有机和无机分子分解变成简单的化合物，达到除臭目的。

等离子体除臭器是高效的裂解和氧化除臭器，其特点是不局限于处理某几种有机和无机物质，而是能同时有效处理废气中几乎所有的有机有害化合物和无机物质。在除臭器中电能直接作用于废气中有害物质，具有高效和节能的特点。

3. 气动乳化净化恶臭废气主要工作原理

在一个圆形管状容器中，经加速的废气以一定的角度从容器下端进入容器，形成旋转上升的紊流气流，与容器上端向下流的不稳定溶液相碰，废气高速旋切下流溶液，溶液被切碎，气液相互持续碰撞旋切，液滴被粉碎得愈来愈细，气液充分混合，形成一个稳定的乳化液层。在乳化过程中，乳化液层逐渐增厚，上升的气体动力与乳化液的重力达到平衡，乳化液层继续增厚，最早形成的乳化液被新形成的乳化液取代，带着被捕集的杂质流经均气室落至吸收塔的底部。

在这种塔内气液交换方式中，气体为分散相、液体为连续相，与常规的喷淋洗涤塔设备中的气体为连续相、液体为分散相不同，可使气液交换的效率增大数倍至数十倍，因此单位液量捕集和吸收气体中有害物质的效率也显著增大，能使气体污染物大部分被液体吸收。

4. 生物净化原理

废气通过气动乳化塔净化后再进入生物塔做进一步净化并排出，气动乳化塔的循环水通过管路部分进入生物箱中；控制调节废水的质量及温度，使其以一定的流量和流速从顶部进入生物塔，经生物循环净化作用后再外排，完成液体中吸收的有机恶臭废气成分污染物被生物净化脱除臭味的过程。

生物箱的水流速、填料规格、填料体积和箱体的有效体积，均可以根据实际需求进行优化调整，因此生物箱体具备较灵活的调整空间。

9.2.2 等离子体废气设备的小试

1. 等离子体反应器的选择

低温等离子体主要是由气体放电产生。等离子反应器根据生产过程中所产生的有机废气量、温度、废气浓度、废气成分、负荷变化和环保排放指标要求进行设计。利用高频流光放电等离子体的特性，在废气中产生等离子体电离电场，电离的结果使有害气体氧化和裂解，从而达到分解废气中有害物质的目的。

在小试中，进行了如下研究：①通过探索等离子体反应器不同的电场结构（蜂窝式电场结构、平板式电场结构、管式单介质阻挡放电电场结构），优选高效合理的极配形式。合理的极配形式能提高驱进速度，提高除臭效果，从而提高净化效率。②研究不同形式的电极材料，测试不同极距对等离子电场的影响，从而确定电场的极距，利用适当的绝缘措施解决电场放电等问题。放电性能好的电极能与臭气特性、比电阻大小等工况条件相适应，使等离子体电场电功率密度最大，从而达到最高净化效率。③研究等离子体反应器的可变参数高压电源的特性和运行条件、高效合理的极配形式。通过不同电源的对比实验，采用可调节电压的方式向等离子体发生器输出不同的高压。分别研究一次电流、一次电压、二次电流、二次电压对等离子强弱的影响，测试在不同条件下的电压最好效果，以确定最优电源、最佳工作电压范围和等离子体处理体积与处理气量之比值，使净化效果达到最佳状态。

1）蜂窝式电场

蜂窝式电场结构（见图9－2）能使整个电场达到最大的平均强度，使设备具有极高的净化效率。这种电场采用良好的绝缘结构，将绝缘子与废气相分离，使绝缘子不直接与废气接触，保证绝缘性能良好，运行稳定可靠。蜂窝式等离子体电场结构能自动清洗电极，确保净化设备长期高效率稳定运行，减轻清理维护的工作量和费用。

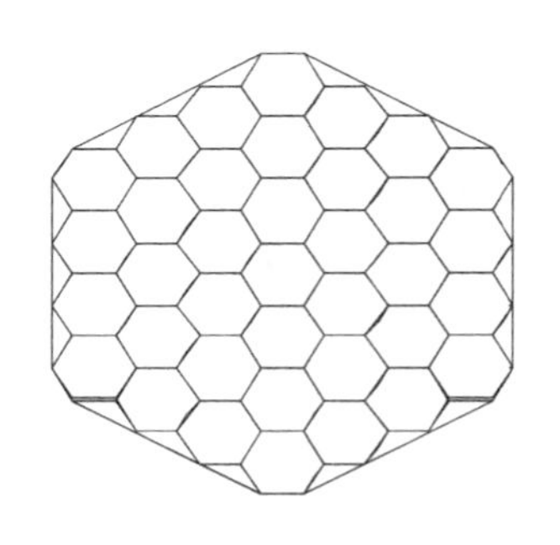

（a）示意图

（b）实物图

图9－2 蜂窝式电场结构

2）平板式电场

平板式电场结构采用不锈钢板作为正负电极，其电极又称板式电极。小试中分别配置工频/高频高压电源，测试和分析相应的净化效率。图 9－3 为等离子体电晕放电板式电极。

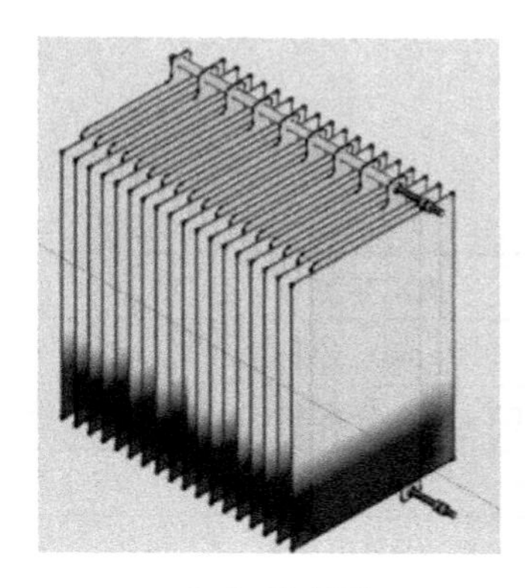

（a）示意图

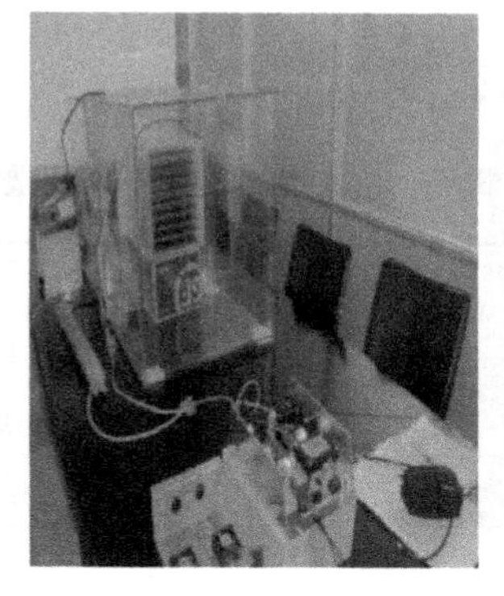

（b）实物图

图 9－3　等离子体电晕放电板式电极结构

3）管式单介质阻挡放电电场

管式单介质阻挡放电电场（见图 9－4）采用石英玻璃管作为等离子体电场的阻挡介质，内电极为与石英玻璃管同轴的不锈钢齿型负电极，多片齿型电极组成一定距离的放电区间，放电齿向随机错开；外电极以覆绕在石英玻璃管面上的薄铜片作为正电极；内电极与外电极之间设置一定极距。测试系统为以 6 组单介质阻挡放电等离子体管作为一个单介质电极电场模块的等离子体发生器。介质阻挡放电相对于电晕放电具有工作稳定性好、放电功率大等优点。

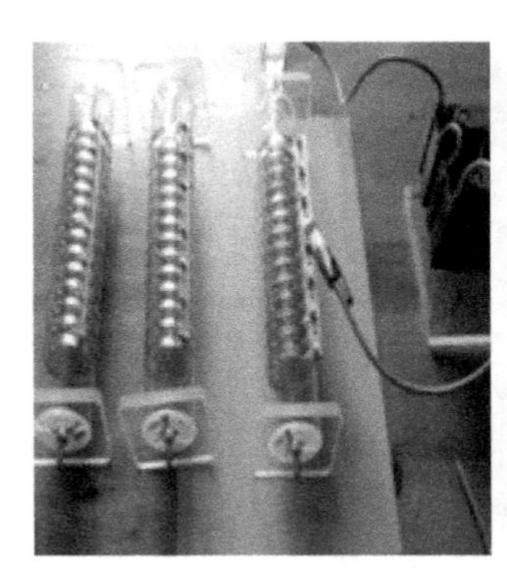

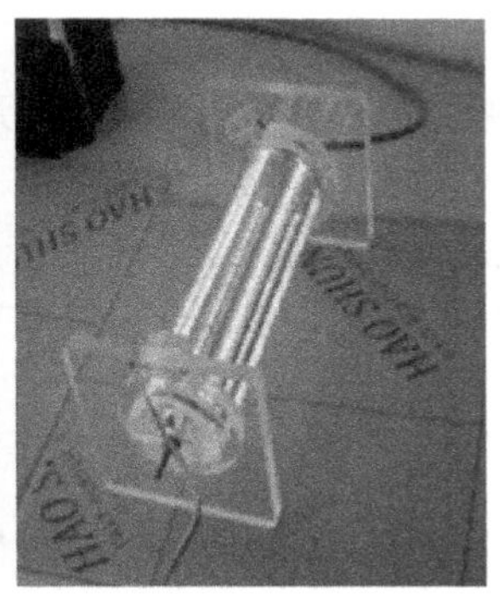

图 9－4　管式单介质阻挡放电电场结构

4）可变参数高压电源

可变参数高压电源采用高频脉冲电源控制装置，具有恒流输出、自动复位、电场短路保护、电源过载保护等多种电气参数保护功能。本项目团队研发出高效低耗的高频脉冲流光等离子体反应器，其高压整流变压器采用单一输出可变参数高压调制的三相电源供电。三相制供电能有效提高15%以上的输出平均电压，提高25%的电能转换效率，也可降低50%的初级电流，是一种电压、电流、波形和占空比参数可变的高效高压供电电源，能够根据工况条件优化供电电压，达到节能减耗的目的。

2. 等离子体反应器的小试过程

1）试验仪器和试验装置

试验仪器和试验装置如表9－1所示。

表9－1　试验仪器和试验装置

序号	名称	数量	技术参数
1	PGM－7320 VOCs检测仪	2	0.1～15 000 ppm，分辨率0.1 ppm
2	PV602（O_3）检测仪	1	0～100 ppm，分辨率0.2 ppm
3	温湿度计	1	UT333
4	万用表	1	UT201
5	调压变压器	1	0～220 V/2 kW
6	交流电压表	1	0～250 V
7	高压电压表	1	0～100 kV
8	高频高压电源	1	9 kHz/25 kV/3 kW
9	工频高压电源	1	220 V/30 kV/2 kW
10	单介质电极电场模块	1	石英管介质电极，气体流通容积3.2×10^{-3} m^3
11	平板电极电场模块	1	不锈钢平板电极，气体流通容积6.5×10^{-3} m^3
12	自制VOCs气体发生器	1	旋涡式增氧气泵HG－90W、管道；最大风量12 m^3/h
13	实验试剂	1	天那水（香蕉水）

2）等离子体设备测试

等离子体设备测试示意图如图9－5所示。

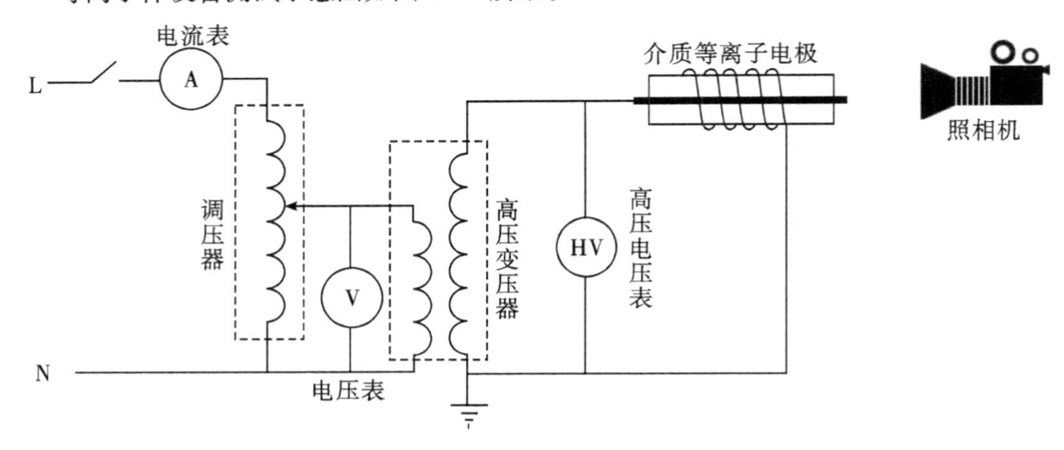

图9－5　等离子体设备测试示意图

等离子体设备测试过程照片如图 9－6 所示。

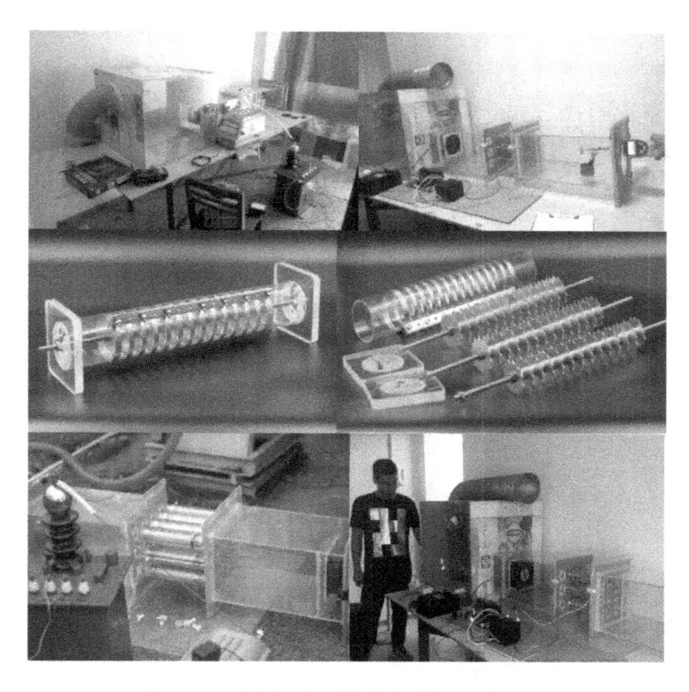

图 9－6　单介质阻挡放电电场结构测试

3）试验过程、试剂及采样点布置

模拟 VOCs 污染源：天那水，无色透明易挥发的液体，有较浓的香蕉气味，微溶于水，能溶于多种有机溶剂，易燃，主要用作油性涂料、喷漆等的溶剂和稀释剂。在许多化工产品、涂料、黏合剂的生产过程中都要用到天那水作溶剂。

等离子反应器模块：

（1）蜂窝式电场结构：采用不锈钢六边形管式结构作为负极，长针芒刺形放电极作为正极。

（2）平板式电场结构：采用尺寸为 120 mm × 260 mm 的铝板作为正负电极，样机主机以厚度为 10 mm、25 mm 的有机玻璃组成口形箱体，内壁加工槽道，极板与介质嵌入槽道内，极板引片孔用丝杆、铜管段穿越并拧紧固定，上方盖有一块 10 mm 厚的有机玻璃防护板，增加试验时的安全保护，箱体两端设有法兰连接板，与风管法兰配合安装。

（3）单介质阻挡放电电场结构：采用石英玻璃管作为等离子体的阻挡介质，内电极为石英玻璃管同轴的不锈钢齿型（14 齿）电极，14 片齿型电极组成 200 mm 的放电区间，放电齿向随机错开，齿尖直径 41 mm，齿底直径 34 mm；外电极以覆在石英玻璃管面上的薄铜片作为负电极；内电极与外电极极距为 4.5 ～8 mm。

采用等离子体反应器电场模块，以天那水作为 VOCs 污染源，测试对比平板式电极电场、单介质阻挡放电电场和蜂窝式电场，在气体通过有效电场单位容积下单位电功率对 VOCs 的净化效率。

测试方法：按图9－7测试，在入口测试空间持续稳定地通入VOCs气体（天那水），开启等离子体反应器蜂窝式电场模块/平板电极电场/单介质电极电场，在不同供电电源供电下，调节电源功率，测定VOCs的进出口浓度，计算设备对VOCs的净化效率及电功率密度。其中，单介质阻挡放电电场测试示意图见图9－8，平板式电极电场结构模块测试示意图见图9－9。

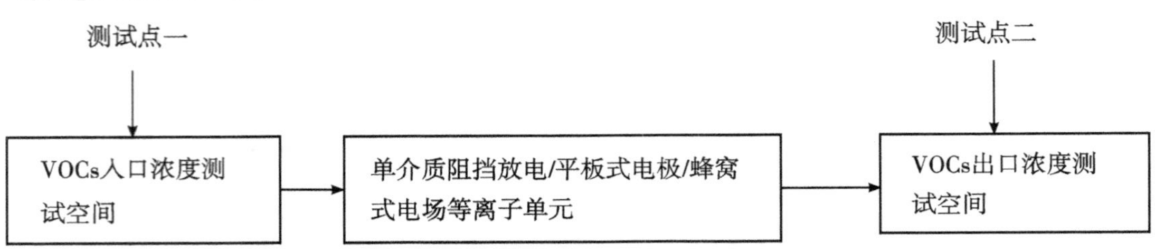

图9－7　等离子体测试图

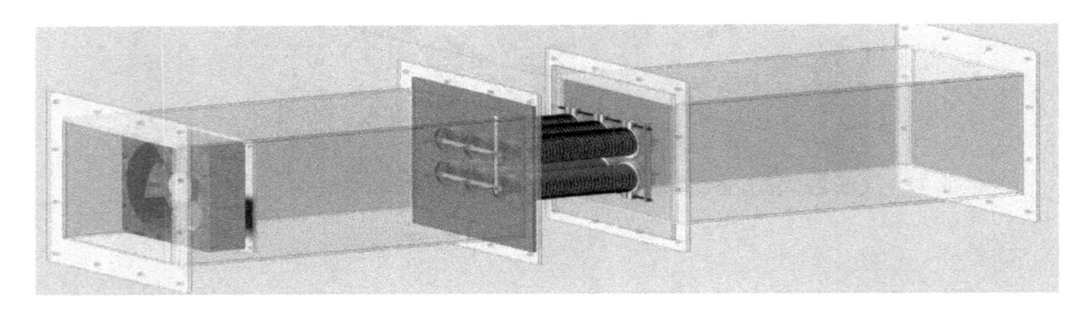

图9－8　单介质阻挡放电电场测试

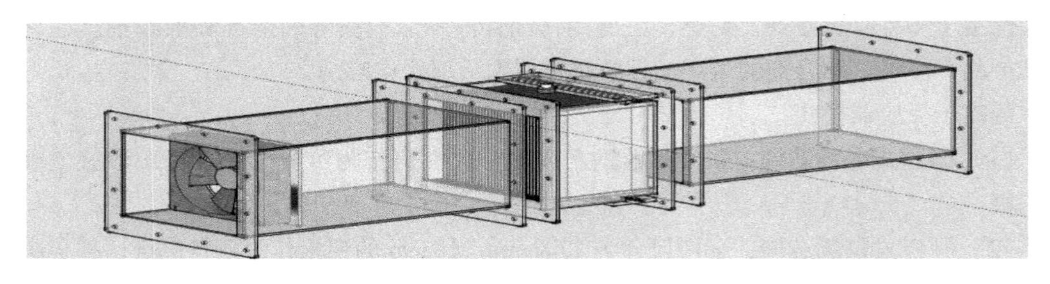

图9－9　平板式电极电场测试

3．等离子体单元试验结果

1）测试条件

常温常压；气体在电场中的停留时间1 s；平板式电极电场模块气体流通容积6.5×10^{-3} m^3；单介质电极电场模块气体流通容积3.2×10^{-3} m^3；蜂窝式电场模块气体流通容积6.5×10^{-3} m^3。

2）测试结果

蜂窝式电场等离子体对VOCs的净化效果见表9－2，平板式电极电场（板式电极电晕放电）对VOCs的净化效果见表9－3，单介质阻挡等离子场对VOCs的净化效果见表9－4。

表 9-2　蜂窝式电场等离子体对 VOCs 的净化效果

序号	电极类型	电源类型	输入电压/V	输入电流/A	二次电压/kV	二次电流/mA	电功率/W	进口浓度/(mg/m^3)	出口浓度/(mg/m^3)	净化效率/%	电功率密度/(W/m^3)
1	蜂窝式电场	工频电源	100	0.4	16	2.2	35	234	195	17	5384
2			150	0.6	23	3.5	80	265	200	24.5	12 308
3			220	0.8	33.8	4.7	159	250	165	34	24 461
4		高频电源	220	0.8	8.7	18.2	158	58	55	5	24 308
5			220	1.2	12.5	19.0	238	60	40	33	36 615
6			220	1.5	13.8	21.0	290	65	31	52.3	44 615

注：电功率密度是指在处理 VOCs 有效的等离子体空间单位体积上所稳定施加的电功率，即 $P_m = \frac{P_i}{V_i}$，P_m—电功率密度；P_i—电场输入的功率（W）；V_i—等离子体电场有效空间体积（m^3）。电功率密度反映了等离子体净化 VOCs 的能耗。

表 9-3　板式电极电晕放电等离子体对 VOCs 的净化效果

序号	电极类型	电源类型	输入电压/V	输入电流/A	二次电压/kV	二次电流/mA	电功率/W	进口浓度/(mg/m^3)	出口浓度/(mg/m^3)	净化效率/%	电功率密度/(W/m^3)
1	平板式电极电场	工频电源	100	0.2	6	3.0	18	25.4	23.6	7.1	2769
2			150	0.3	6.2	6.5	40	24.8	21.3	14.1	6154
3			200	0.4	7.4	9.7	72	23.0	18.1	21.3	11 077
4		高频电源	220	0.2	5.8	6.8	40	25.4	24.6	3.1	6092
5			220	0.3	6.3	9.4	59	24.8	22.5	9.3	9138
6			220	0.6	6.7	17.7	119	25.6	21.2	17.2	18 277

表 9-4　单介质阻挡等离子场对 VOCs 的净化效果

序号	电极类型	电源类型	输入电压/V	输入电流/A	二次电压/kV	二次电流/mA	电功率/W	进口浓度/(mg/m^3)	出口浓度/(mg/m^3)	净化效率/%	电功率密度/(W/m^3)
1	单介质阻挡等离子场	工频电源	160	0.6	5.2	16.6	86	26.5	22.7	14.3	27 000
2			190	0.7	6.5	18.4	120	25.8	20.3	21.3	37 406
3			200	0.9	6.8	23.8	162	27.3	13.1	52.0	50 625
4		高频电源	220	0.7	5.5	33	180	24.0	16.7	30.4	56 250
5			220	1.3	5.5	55	300	25.0	12.0	52.0	93 750
6			220	3.0	5.5	110	600	21.0	6.0	71.4	187 500

4. 等离子体单元试验小结

产生低温等离子体的方法主要有辉光放电、电晕（流光）放电、介质阻挡放电、射频放电和滑动电弧放电等五种。各种方法产生等离子体的工作条件不一样，其应用的范围也各有不同。本次试验针对单介质阻挡放电产生的等离子体、蜂窝式电晕放电产生的等离子体和由平板式电极形成的电晕放电产生的等离子体对 VOCs 治理的效果进行了对比。

常温常压下，在平板式电极电晕放电等离子体内产生高电压，由高电压形成的强电场中产生稳定、均匀的流光放电。

1）现象及分析

（1）平板电极电场受空间极距放电的影响，输入电压受到制约，因此限制了电功率密度的提高，VOCs 净化效率也受限而无法提高，无论是由高频电源还是工频电源供电，净化效率保持在 3.1% ～21.3% 。

（2）高频电源供电优于工频电源供电。高频电源供电在电场极间临界放电电压下，单介质电极电场模块的最高电功率密度为 187 500 W/m^3，蜂窝式电场模块的最高电功率密度为 44 615 W/m^3，平板电极电场模块的最高电功率密度为 18 277 W/m^3，对 VOCs 的净化效率分别为 71.4% 、52.3% 、17.2% 。

（3）在配置合适的高频电源的情况下，单介质电极电场模块、蜂窝式电场模块和平板式电极电场模块的最高电功率密度比为 10：2.5：1；而对 VOCs 的净化效率比则为 4：3：1。

2）结论

从 VOCs 的净化效率的角度来看，蜂窝式电场模块的性价比最高，能够在电功率密度较低的情况下达到较为理想的净化效率。因此，本研究中确定配置方式为蜂窝式电场结构，其产生的电力线和板面电流密度分布均匀，整个电场达到最大的平均强度，使设备具有极高的净化效率。同时，采用良好的绝缘结构，绝缘子不直接与废气接触，绝缘性能良好，能保证净化设备长期高效率稳定运行。

9.2.3 气动乳化设备的小试

经等离子体装置处理后的废气从塔底进入气动乳化塔，在乳化塔内乳化剂的作用下进行气液交换的净化，经净化后的气体再进入生物塔。气动乳化塔所产生的废水经管路进入调节池重新作为气动乳化水吸收剂，可循环使用，其中部分可进入生物塔作为生物塔的循环水使用，实现水的循环利用，减少二次污染。

1. 试验装置和试验仪器

试验装置和试验仪器如表 9 -5 所示。

表 9 - 5　试验装置和试验仪器

序号	名称	数量	技术参数
1	DUSTTRAK 粉尘测定仪	1	$PM_{2.5}$、PM_{10}、总尘测试
2	PGM - 7320 VOC 检测仪	1	0. 1 ～15 000 ppm，分辨率 0. 1 ppm
3	PV602（O_3）检测仪	1	0 ～100 ppm，分辨率 0. 2 ppm
4	高压高频交流电源	1	TS - 3000W，AC 220 V
5	温湿度计	1	UT333
6	压力计	1	U 型玻璃压力计
7	气动乳化测试单元模块	1	气动旋子

2. 气动乳化测试流程

图 9 - 10 为气动乳化测试示意图。

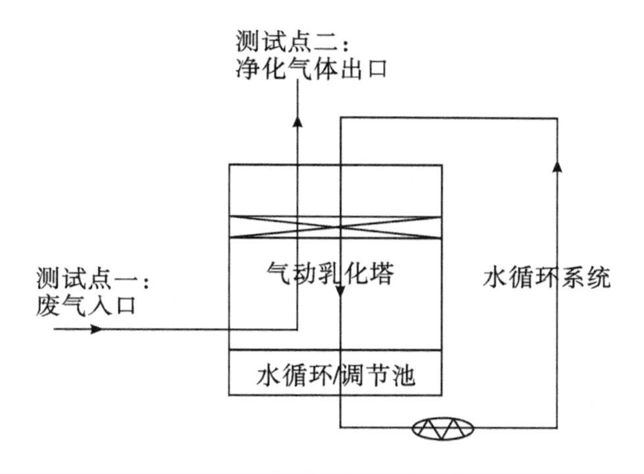

图 9 - 10　气动乳化测试示意图

图 9 - 11 为气动乳化测试现场图。

图 9 - 11　气动乳化测试现场

3. 气动乳化测试结果

气动乳化工艺中，旋子数量对 NH_3 的净化效果的影响见表 9－6。

表 9－6 气动乳化旋子数量对 NH_3 的净化效果的影响

序号	气动乳有效段风速/(m/s)	设计处理风量/(m^3/h)	气动乳化旋子数量/个	入口浓度/(mg/m^3)	出口浓度/(mg/m^3)	净化效率/%
1	10.6	3000	4	49	44	10
2	10.6	3000	2	53	12	77
3	10.6	3000	1	55	28	49

4. 气动乳化单元试验小结

通过 VOCs 净化过程中的气动乳化塔内部结构试验，确认 3000 m^3/h 的处理风量对应的最佳旋子数量为 2 个，可明显观察到乳化层的气液混合状态。选择最佳的处理风量与气动乳化旋子的比例参数，确定了净化效率较高且耗水量较低的气动乳化形式。

9.2.4 生物法装置的小试

生物净化技术利用微生物降解或转化气态污染物处理臭气，是应用最为广泛的一种除臭技术。该方法对于低浓度的可生物降解物质，具有效果较好、投资和运行费用低、较少二次污染等优点，但是对于高浓度或大分子量的难降解物质则效果甚微。

作为城镇污水处理厂和泵站臭气处理最为常用的臭气处理技术之一，生物法能够较好地处理生化池、二沉池等环节的臭气。而对于臭气成分较为复杂的环节，如提升泵房、格栅、污泥浓缩池、污泥车间等，普通的生物法则存在一定的困难。针对这种情况，我们对常规生物除臭滤塔（以下简称“生物滤塔”）进行了适当的优化改造，见图 9－12。

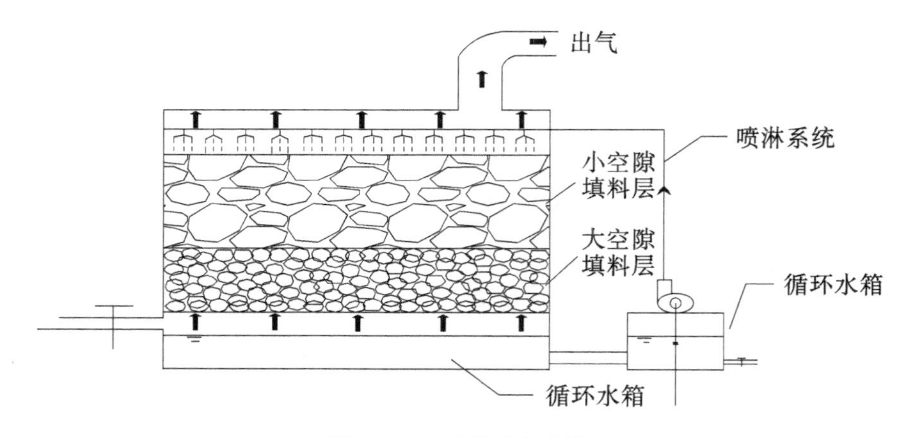

图 9－12 生物除臭滤塔

如图 9－12 所示，生物滤塔中从下往上设有生物滤塔循环水箱、大空隙填料层、小空隙填料层和生物滤塔喷淋系统的出水淋浴喷头。生物滤塔喷淋系统的进水口设在生物滤塔循环水箱中，生物滤塔出口设在上方、进口设在生物滤塔循环水箱与空隙填料层之间的空间内。

生物滤塔中，大空隙填料层和小空隙填料层构成生物过滤层，其中大空隙填料层可选用球形塑性填料，小空隙填料层可选用树皮类、竹炭类与木炭类填料，大小空隙填料层厚度比例范围为1∶5～1∶1。

气体进入生物滤塔后，首先穿越大空隙填料层，压损较小，与微生物以好氧反应为主；之后进入小空隙填料层，压损较大，与微生物以兼氧和厌氧反应为主，得到净化的气体，并由顶部烟囱排出。

9.2.5 “等离子体+生物法”组合工艺的小试

1. 生物滤塔处理臭氧

在温度为25℃，等离子体发生器输入电压为2.0kV，进气量为1.0 m^3/h，甲硫醚的进气浓度为76.2 mg/m^3，生物滤塔中循环液喷淋密度为0.94 $m^3 \cdot m^{-2} \cdot h^{-1}$，循环液pH值为6.5，恶臭气体在生物滤塔内的停留时间为10.3s的条件下，考察生物滤塔进出口臭氧浓度随时间的变化，每隔5min测一次，连续测量120min，结果如图9-13所示。

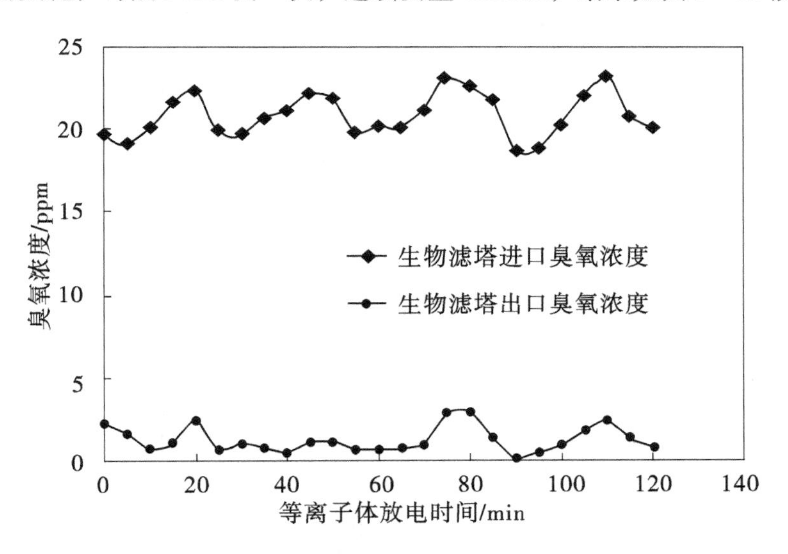

图9-13 生物滤塔进出口臭氧浓度变化曲线

从图9-13中可以看出，进口的臭氧浓度在18.7～23.2ppm之间，出口的浓度基本都在0.6～2.5ppm之间，说明生物滤塔对低浓度臭氧有良好的去除作用。

2. 等离子体+生物法处理单组分恶臭气体

等离子体法和等离子体-生物法联合处理单组分恶臭气体——甲硫醚、硫化氢和三甲胺30天的运行效果对比见图9-14。由图9-14可知，等离子体+生物法联合系统处理恶臭气体的效果良好，显著优于单独使用等离子体技术，而且能够稳定运行。

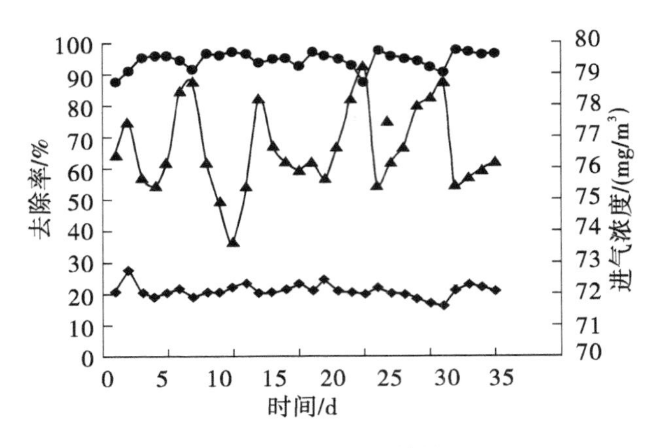

（a）甲硫醚处理效果

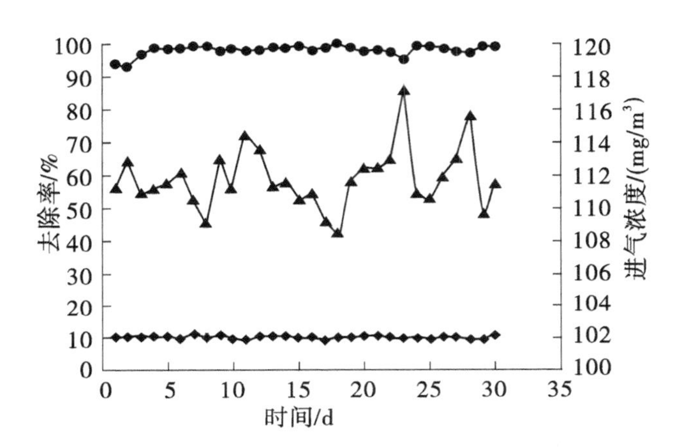

（b）硫化氢处理效果

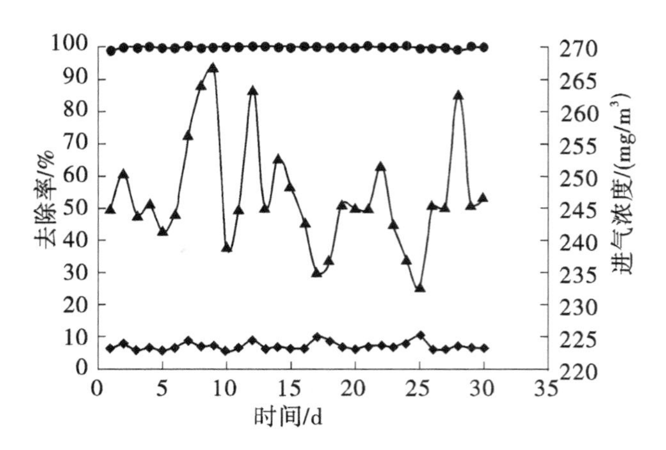

（c）三甲胺处理效果

图 9－14　等离子体法和等离子体－生物法联合处理恶臭气体的效果对比

—◆—等离子体，—●—等离子体–生物法，—▲— 进气浓度

3．等离子体＋生物法处理含硫含氮三组分混合恶臭气体

在温度为25 ℃，等离子体的输入电压为2.0 kV，生物滤塔循环液的喷淋密度为0.94 $m^3 \cdot m^{-2} \cdot h^{-1}$，循环液的pH值为6.5，甲硫醚进口浓度小于80 mg/m^3，硫化氢进气浓度小于120 mg/m^3，三甲胺进气浓度小于50 mg/m^3的条件下，单独采用等离子体处理、生物法降解与采用等离子体－生物法处理混合气体30天的运行情况对比如图9－15所示。生物滤塔的进气混合气体先通入等离子反应器，经等离子体反应器处理后，再通入已经稳定运行的生物滤塔进行处理。试验分为三个阶段，每个阶段运行10天。

试验结果显示，等离子体与生物滤塔之间存在着耦合效应。也就是说，在联合系统中，恶臭气体的去除率比单独的等离子体处理的去除率和单独的生物法降解的去除率之和要高。

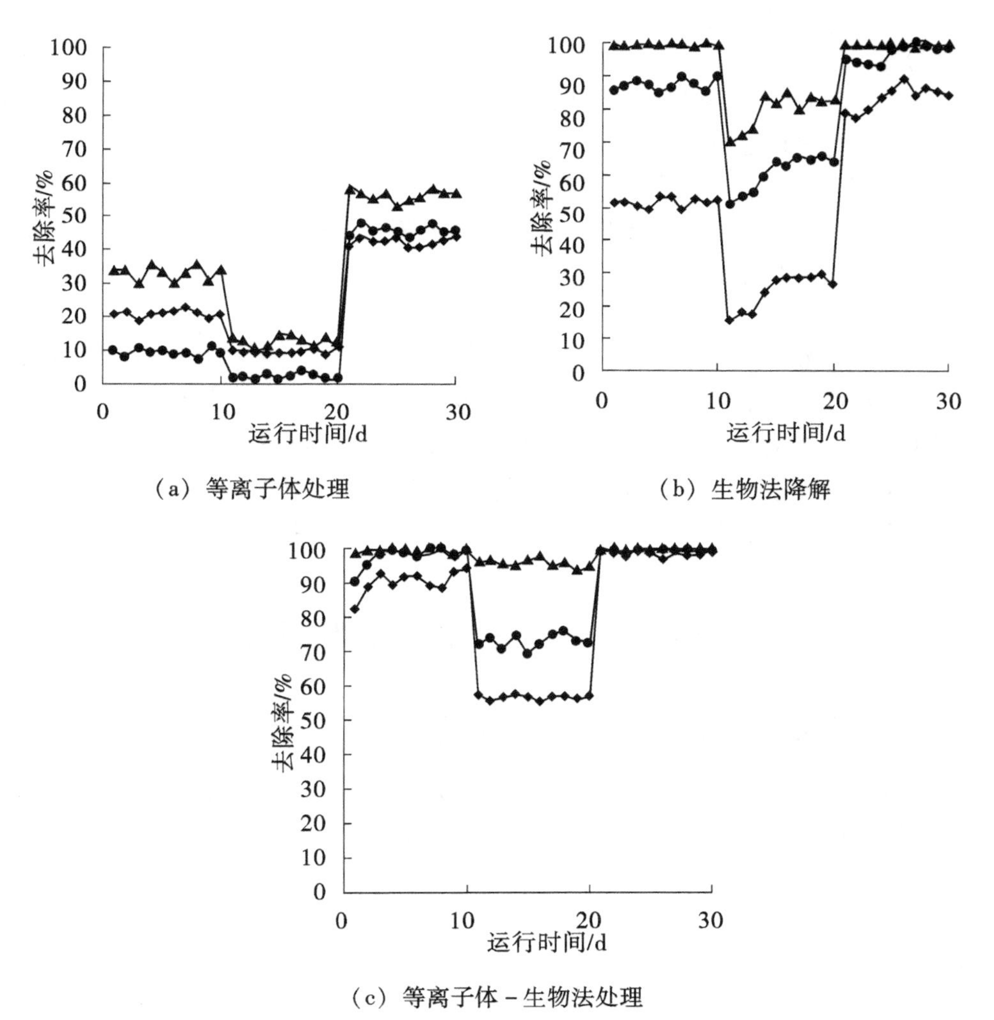

图9－15　等离子体、生物法、等离子体＋生物法处理三组分混合气体的效果对比

—◆— 甲硫醚，—●— 硫化氢，—▲— 三甲胺

9.2.6 小试研究小结

通过等离子体+气动乳化+生物法处理污水厂恶臭废气的小试研究，可以得出以下结论。

（1）合理的极配形式能提高驱进速度，提高除臭效果，从而提高净化效率。通过试验发现，在配置合适高频电源的条件下，单介质电极电场模块的电功率密度最高（从而对 VOCs 的净化效率最高），而蜂窝式电场模块对 VOCs 净化的性价比最高，能够在电功率密度较低的情况下达到较为理想的净化效率。因此，确定配置方式为蜂窝式电场结构，其所产生的电力线和板面电流密度分布均匀，整个电场达到最大的平均强度，使设备具有较高的净化效率。

（2）为了保证组合工艺的效果，在等离子和生物塔之间增加了气动乳化塔环节。其作用主要为提高气液的传质效率（吸收剂为水，水中含有高效活性生物菌，乳化后可增加传质效果），同时为生物菌提供一个稳态工况和高效的培育环境，使其不易受污染负荷及组分的变化、外界环境温度等的影响。

（3）对气动乳化设备内部参数进行优化选择，得到最佳的参数，确定了净化效率较高且耗水量较低的气动乳化旋子数量，以及最佳的旋子结构。通过 VOCs 净化过程中的气动乳化塔内部结构试验得出处理风量最佳的旋子数量为 2 个，此时可明显观察到乳化层的气液混合状态。

（4）对常规生物除臭滤塔进行了适当的优化改造。其中，生物滤塔中的大空隙填料层和小空隙填料层构成生物过滤层，而大空隙填料层可选用球形塑性填料，小空隙填料层可选用树皮类、竹炭类与木炭类填料，大小空隙填料层厚度比例范围为 1：5 ～1：1，从而形成下层压降较小、以好氧活动为主，上层压降较大、以兼氧和厌氧反应为主的高效生物除臭空间；同时生物滤塔体积大大缩减，约为传统滤塔的 1/2。

9.3 等离子体+气动乳化+生物法处理恶臭废气中试研究

9.3.1 等离子体+生物法处理恶臭废气关键工艺技术的中试研究

为了验证“等离子体+生物法”组合新工艺对恶臭废气的处理效果，结合实际生产需求，在本项目的中试研究中，选择广州市净水有限公司京溪污水厂泵站的臭气作为试验对象。

图 9－16 为京溪污水厂泵站臭气处理工艺图。该工艺处理风量为 10 000 m^3/h。

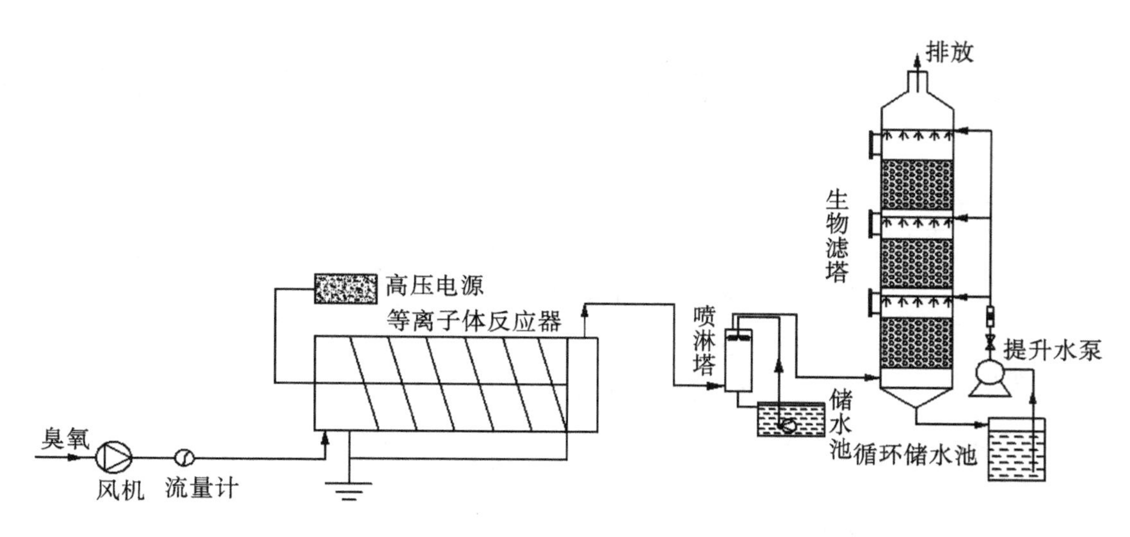

图 9-16 京溪污水厂泵站的臭气处理工艺图

1. 试验数据

1）设计参数选取

结合恶臭废气的性质以及小试装置和中试装置的研究结果，对示范工程的等离子体+生物滤塔装置所选取的参数如表 9-7 所示。

表 9-7 示范工程的设计参数

参数	取值
处理量/(m^3/h)	10 000
等离子体反应器停留时间/s	3
生物滤塔空床停留时间/s	6
生物滤塔空床气速/(m/s)	0.58
生物滤塔喷淋密度/($m^3 \cdot m^{-2} \cdot h^{-1}$)	1.1

通过计算，得出处理泵站恶臭废气示范工程的等离子体-生物滤塔装置的设备参数，如表 9-8 所示。

表 9-8 等离子体与生物滤塔的设计参数

名称	规格或型号	材质	数量	备注
等离子体反应器	φ1905 mm × H 4280 mm，电场截面 2.83 m^2	铝合金	1 个	—
生物滤塔	φ2500 mm × H 7000 mm	6 mm 厚冷轧板	1 个	内涂 δ2 环氧树脂
填料层	φ2500 mm × H 3500 mm，填料体积 17 m^3	粒径为 5 ～15 mm 的陶粒	3 层	—

续上表

名称	规格或型号	材质	数量	备注
循环液槽	6 m^3	塑料桶	1个	—
喷淋液分布器	不锈钢管	不锈钢管	1套	—
风机	4－72NO.8C，电机功率为7.5kW，转速1120r/min，全压为1160Pa	成品	1台	—
水泵	1.1kW，35m，水泵采用不锈钢316材质	成品	1台	—
除雾器	ϕ2500mm×100mm	聚丙烯网丝	1个	—

2）示范工程装置及其运行稳定性研究

2013年5月，广州市白云区京溪泵站成功建造和运行了风量为10 000 m^3/h的等离子体+生物滤塔装置处理恶臭废气的示范工程。

泵站的恶臭气体被风机送入等离子体反应器，经过等离子体发生装置处理后进入生物滤塔底部，在生物滤塔内经空气分布系统分配进入填料层，废气在填料层中上升的过程中，其中的恶臭污染物被吸收，进而被附着在填料表面的微生物降解净化，净化后的气体从塔顶排出。循环液由提升水泵提升至塔顶向下喷淋到填料上，向下流经填料层后从塔底排出进入循环液储存池。采用逆流操作，循环液从塔顶向下喷淋，在填料中向下流动，然后由塔底排到循环液储存槽中，最后再由循环水泵抽回塔顶。循环液储存池内需要定期添加新鲜水和氮磷营养物质，以保证生物滤塔长期稳定运行。

工程应用试验的等离子体反应器内径为1905mm、高为4280mm，由铝合金材料加工而成，电场截面面积为2.83 m^2，有效停留时间为3s。生物滤塔的内径为2500mm、塔高7000mm，由碳钢材料加工而成；塔内装填陶粒填料，分三层填装，每层高度1170mm，总高度为3500mm，有效停留时间为6s，填料体积为17 m^3。

泵站等离子体－生物滤塔联合处理恶臭气体的长期运行趋势曲线如图9－17所示。试验以甲硫醚为代表气体进行模拟，在长达41天的时间里，等离子体－生物滤塔联合处理甲硫醚的总效率逐渐提高。

在装置运行前11天，系统的进气浓度较低，在3.7～23.3 mg/m^3范围内变化，系统的总去除效率大致呈逐渐上升趋势，由第1天的0%上升到第11天的67.6%。

在第12～26天期间，提高进气浓度并维持在22.4～50 mg/m^3范围内。此时，系统总去除效率有较大的波动，并随进气浓度的提高而下降；当进气浓度为50 mg/m^3时，总去除效率仅为22.0%。由于总去除效率下降幅度较大的原因可能是生物缺乏必要的营养物质，故在第26天时往循环液中补充C、N、P等营养物质，维持生物的生存繁殖。

在第27～41天，进气浓度在14.5～51.7 mg/m^3范围内变化，系统总去除效率较稳定，保持在52%～67%；在第36天时，进气浓度为51.7 mg/m^3，总去除效率达到 59.8%。

在 41 天的长期运行期间，系统总去除效率总体来说逐渐提高，且最高达到 68.6%，但此效率还略显低。

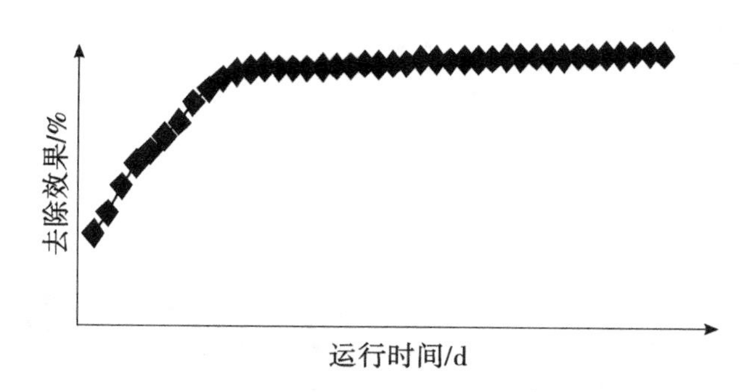

图 9－17　示范工程的等离子体＋生物滤塔装置长期运行效果趋势图

2. 环保监测部门的现场取样分析结果

2013 年 8 月 12 日，环境监测专业人员对京溪泵站的等离子体－生物法净化工业试验装置进行了现场取样测定。

样品分析结果表明，该装置对恶臭废气的净化效果良好，而且装置出口 TVOC、硫化氢、甲硫醇、氨和臭气（无量纲）的排放速率均优于国标《GB14554—1993 恶臭污染物排放标准》规定的标准值，可实现达标排放。处理前后废气中污染物浓度的对比见表 9－9。

表 9－9　等离子体加生物处理废气净化效果

检测项目	TVOC	硫化氢	甲硫醇	氨	臭气（无量纲）
处理前平均排放浓度/(mg/m^3)	8.77	0.61	9.25×10^{-2}	4.49	1922.33
处理后平均排放浓度/(mg/m^3)	0.87	0.009	7.04×10^{-3}	0.238	192.33
平均净化效率/%	90.1	98.5	92.4	94.7	90.0

9.3.2　等离子体＋气动乳化＋生物法处理关键工艺技术的中试研究

为验证“等离子体＋气动乳化＋生物法”组合新工艺对恶臭废气的处理效果，结合实际生产需求，本项目于 2016 年选择广州市大坦沙污水处理厂 5 号泵站的臭气作为试验对象。

该泵站地处工业小作坊和人口密集地带，周边时有工业废水排入，造成臭气浓度高且有机成分复杂，而泵站两侧均为高层居民住宅，因此臭气处理需求较为迫切。

该泵站原有一套生物滤塔装置，由于臭气的 pH 低至 3～4，处理效果甚微。本试验以该装置为基础进行适当优化改造，同时前置“等离子体＋气动乳化”一体化装置，组成“等离子法＋气动乳化＋生物法”工艺，见图 9－18，其中三环节均设独立控制开关。该工艺处理风量为 2000 m^3/h。

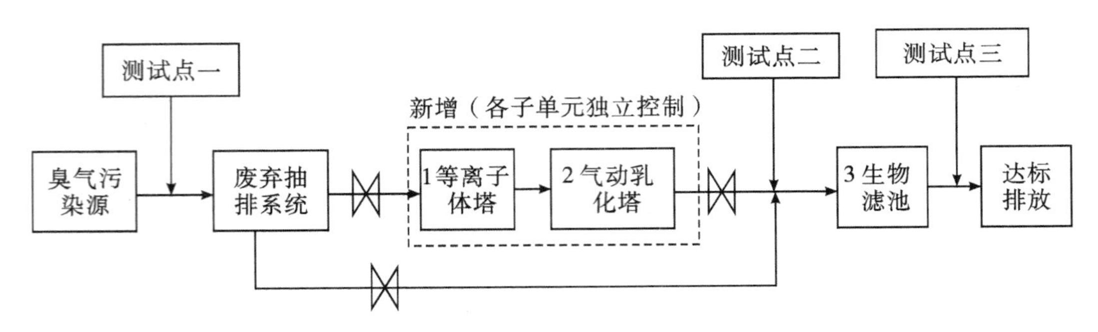

（a）工艺流程图

（b）现场装置

图9－18　等离子体＋气动乳化＋生物法联合处理恶臭废气工艺流程及现场装置

1．试验数据与结果

等离子工艺对恶臭废气的净化效果见表9－10，气动乳化工艺对恶臭废气的净化效果见表9－11，生物塔工艺对恶臭废气的净化效果见表9－12，等离子体＋气动乳化＋生物法设备净化效果见表9－13。

由表9－10可以看出，等离子体塔单独运行处理臭气时，当采用工频电源、蜂窝电场结构的电极类型时，H_2S、NH_3综合脱除率为接近40%；当采用高频电源、单介质阻挡等离子场时，H_2S、NH_3综合脱除率升至50%左右，对VOCs的净化效率也有所提升。

表9－10　等离子工艺对恶臭废气的净化效果

电极类型	电源类型	入口浓度/（mg/m^3）			出口浓度/（mg/m^3）			净化效率/%		
		NH_3	H_2S	VOCs	NH_3	H_2S	VOCs	NH_3	H_2S	VOCs
蜂窝电场结构	工频电源	20	26	18.4	13	13	4.4	33	41	73
单介质阻挡等离子场	高频电源	370	117	4.3	190	55	1	49	53	77

注：输入电压均为220 V，输入电流均为0.8 A。

由表 9－11 可以看出，单独运行气动乳化塔处理臭气时，随着气动乳化液 pH 的升高，H_2S、NH_3 和 VOCs 的脱除率随之升高。当 pH = 11 时，H_2S、NH_3 和 VOCs 的脱除率升至较高水平，均达到 50% 以上。

表 9－11　气动乳化工艺对恶臭废气的净化效果

气液比/（L/m³）	处理 pH	入口浓度/（mg/m³）			出口浓度/（mg/m³）			净化效率/%		
		NH_3	H_2S	VOCs	NH_3	H_2S	VOCs	NH_3	H_2S	VOCs
0.3～2.1	8	169	49	39	148	44	41	12	10	16
	9	352	111	20.2	297.2	87.7	16.8	15.6	21	16.8
	10	493	176	42	326	100	26	34	43	38
	11	54.7	20.8	3.6	24.3	8.7	0.9	56	58	77

注：气动乳化旋子数量均为 2 个。

由表 9－12 可以看出，采用生物塔单独运行处理臭气时，刚开始时净化效率较高，随着时间的推移，由于生物菌液受到污染物的强酸侵害导致脱除率急剧下降，净化效率降至 10% 以下。

表 9－12　生物塔工艺对恶臭废气的净化效果

菌种培育时间	入口浓度/（mg/m³）			出口浓度/（mg/m³）			净化效率/%		
	NH_3	H_2S	VOCs	NH_3	H_2S	VOCs	NH_3	H_2S	VOCs
约 12 个月	8.5	2.0	20.2	1.3	1.2	15	85	35	26
	191	58.2	13.4	137	42.0	7.30	28	28	46
	302	101	28.8	275	94	26.8	9	7	7

由表 9－13 可以看出，采用等离子体 + 气动乳化 + 生物法设备联合运行处理臭气时，H_2S 和 NH_3 的脱除率均稳定在 90% 以上，VOCs 的平均脱除率也超过 85%。

表 9－13　等离子体 + 气动乳化 + 生物法设备净化效果

等离子类型	气动乳化 pH 值	生物法	入口浓度/（mg/m³）			出口浓度/（mg/m³）			净化效率/%		
			NH_3	H_2S	VOCs	NH_3	H_2S	VOCs	NH_3	H_2S	VOCs
蜂窝电场结构	12	菌种培育约 12 月	27.09	8.01	10.9	未检出	0.45	0.5	99.9	94	95.4
			19.90	6.34	11.5	未检出	1.0	1.75	99.9	95	85
			50.87	15.35	15.8	未检出	1.14	3.5	99.9	93	78

由于后期泵站改造导致试验进气量大为减少，第三方检测取样时的检测数据均小于正常水平，见表 9－14 与表 9－15。

表 9-14　等离子体 + 气动乳化 + 生物法设备净化效果（大坦沙污水厂泵站的第三方检测）

指标	NH_3	H_2S	CH_3SCH_3	VOCs
设备入口浓度/（mg/m³）	1.23	18.8	未检出	8.47
等离子体 - 气动乳化设备出口浓度/（mg/m³）	2.61	0.014	未检出	5.52
生物塔出口浓度/（mg/m³）	1.58	0.320	未检出	4.53
净化效率/%	—	98	—	47

注：处理设施为开启状态（高频电源供电下蜂窝式电场等离子体、气动乳化塔、生物法）。

表 9-15　等离子体 + 气动乳化 + 生物法联合处理废气净化效果（大坦沙污水厂泵站的第三方检测）

指标	NH_3	H_2S	CH_3SCH_3	VOCs
设备入口浓度/（mg/m³）	0.212	1.93	未检出	1.72
等离子体设备出口浓度/（mg/m³）	0.109	1.84	未检出	1.0
气动乳化设备出口浓度/（mg/m³）	0.086	1.46	未检出	0.508
生物塔出口浓度/（mg/m³）	0.068	1.17	未检出	0.503
净化效率/%	68	40	—	70

注：处理设施为开启状态（高频电源供电下蜂窝式电场等离子体、气动乳化塔、生物法）。

2. 结果分析

大坦沙泵站现场原有一套生物滤塔装置，因废气浓度波动大，且废水来源较为复杂，废气成分呈强酸性（pH 低至 3 ～4），生物塔设备处理效果甚微，故本试验以该装置为基础进行适当优化改造。

经过项目长达 1 年半的测试分析，根据所记载的测试记录，可初步得出以下结论：

（1）介质等离子体结构对恶臭废气的治理能力更强，但能耗大，使用条件苛刻，产品化路径长。通过蜂窝式等离子体结构与气动乳化塔的合理搭配，也能达到与其基本持平的恶臭废气的净化能力，且更加适合工业应用。

（2）在搭配合适的气动乳化液的基础上，气动乳化塔对恶臭废气的净化效率基本保持在 50% ～70% 。

（3）经过等离子体与气动乳化组合工艺优化后，生物塔能够在废气浓度波动较大的情况下正常运行。

（4）组合工艺比起单一工艺的净化效果大大提高。

3. 中试试验现场图

等离子体 + 气动乳化 + 生物法处理恶臭废气的前期调研现场、设备改造现场、工艺设备优化改造现场、中试示范检测现场分别如图 9-19、图 9-20、图 9-21、图 9-22 所示。

图 9－19 等离子体＋气动乳化＋生物法处理恶臭废气前期调研现场

图 9－20 等离子体＋气动乳化＋生物法处理恶臭废气设备改造现场

图 9－21 工艺设备优化改造现场

图 9－22 等离子体＋气动乳化＋生物法处理恶臭废气中试示范检测现场

9.3.3 污水厂泵站除臭菌种鉴定分析

采用微生物鉴定技术对泵站中试除臭装置生物菌种、污水厂生化池除臭菌种和污泥处理间生物除臭菌种分别进行分析鉴定，对比其异同。

取样：一组泵站中试除臭装置生物菌种 X1、一组污水厂生化池除臭菌种 X2 和一组污泥处理间生物除臭菌种 X3。

1. 菌群鉴定方法

16S rDNA 是细菌的系统分类研究中最常用的分子标记，通常情况下，该区域包括 10 个保守区域（conserved regions）和 9 个可变区域（variable regions）。保守区域在种属间差异较小，可变区域则具有较明显的物种特异性。据此特点，16S rDNA 被广泛用于细菌的分类鉴定和系统发育研究。常利用通用引物对 V3 ～ V5 区进行 PCR 扩增，通过高通量测序与分析技术，分析菌群的构成和丰度。基于高通量测序的 16S rDNA 研究策略，是一种无需细菌培养的方法，可实现对样品中整个微生物种群的分析研究。

本试验借助 Illumina Hiseq 测序平台，结合 Pair - End 250 bp 测序策略，快速实现对 16S rDNA 高变区进行测序分析。结合完善的生物信息分析技术，对物种进行鉴定注释和丰度分析，研究物种构成，分析挖掘样品之间的差异。

2. 菌群分析

1）细菌多样性分析与定量分析

基于 Silva 数据库对每个物种的“feature”注释结果，获取各个样品的分类信息和含量。根据样品中的细菌组成与含量信息，利用 GraPhlAn 绘制细菌种类及含量关系图。

本次试验中，样品 X1、X2 和 X3 中检测到的细菌分别为 103、1585 和 893 种。其中，X1 中含量较高的门类主要为变形菌门（Proteobacteria）、广古菌门（Euryarchaeota）、硬壁菌门（Firmicutes）、放线菌门（Actinobacteria）、硝化螺旋菌门（Nitrospirae），X2 中含量较高的门类主要为变形菌门（Proteobacteria）、拟杆菌门（Bacteroidetes）、某类未知菌门（Bacteria）、酸杆菌门（Acidobacteria）、芽单胞菌门（Gemmatimonadetes）、绿弯菌门（Chloroflexi），X3 中含量较高的门类主要为变形菌门（Proteobacteria）、拟杆菌门（Bacteroidetes）、某类未知菌门（Bacteria）、酸杆菌门（Acidobacteria）、芽单胞菌门（Gemmatimonadetes）、绿弯菌门（Chloroflexi），所占比例见表 9 - 16。

表 9 - 16　三种样品中主要细菌种类占比　（单位:%）

门类	变形菌门	广古菌门	硬壁菌门	放线菌门	硝化螺旋菌门	拟杆菌门	某类未知菌门	酸杆菌门	芽单胞菌门	绿弯菌门
X1	21. 975	15. 314	8. 647	1. 953	1. 305	0. 131	0. 013	0	0	0
X2	26. 822	0	0. 148	0. 769	0. 843	7. 119	4. 1	3. 89	1. 276	1. 708
X3	31. 916	0	0. 399	0. 756	1. 766	3. 869	4. 56	2. 334	2. 885	1. 929

由表 9 - 16 可以看出，X1、X2 和 X3 在主要物种门类含量方面表现出较大的差异性，在三组样品中含量均较高的仅有变形菌门，其他的主要细菌种类和含量均不同。由此可见，本中试泵站除臭装置的生物菌种与污水厂生化池、污泥脱水间的除臭菌种的组成不同，而后两者的菌种组成具有一定的相似性。这主要是由于中试泵站的臭气成分较为复杂且浓度较高，并伴有工业废水臭气成分；而污水厂生化池和污泥脱水间均为一家污水

厂内的构筑物，只是污泥脱水间主要为泥，散发的臭气较为复杂，而生化池臭气来源于水，较为简单。因此后两者生物除臭菌种在主要组成成分方面相似，但在组分含量方面呈现出一定的差异。

2）菌群鉴定分析

在样品中占比较高的变形菌门、硬壁菌门、放线菌门、拟杆菌门、绿弯菌门的部分菌种的纲目科分布情况如表 9－17 所示。

表 9－17　部分门类菌种的纲目科分布情况

门类	纲/目/科	X1 中占比/%	X2 中占比/%	X3 中占比/%
变形菌门	Alphaproteobacteria α－变形菌	2.474	12.299	6.203
	Betaproteobacteria β－变形菌	0	5.521	14.79
	Deltaproteobacteria δ－变形菌	0	2.772	4.056
	Gammaproteobacteria γ－变形菌	19.362	5.562	6.212
	SPOTSOCT00m83	0	0.316	0
	TA18	0	0.009	0.072
硬壁菌门	Bacilli 杆菌	0	0.138	0
	Clostridia 梭状芽胞杆菌	8.647	0.01	0.352
	Negativicutes	0	0	0
	OPB54	0	0	0.044
放线菌门	Acidimicrobiia 酸性菌	0.852	0.557	0.465
	Actinobacteria 放线菌纲	1.101	0.165	0.21
	Coriobacteriia	0	0	0
	KIST－JJY010	0	0.006	0
	OPB41	0	0	0
拟杆菌门	Bacteroidia 拟杆菌纲	0	0	0.016
	BSV13	0	0.065	0
	Cytophagia 细胞吞噬菌	0.131	2.163	1.47
	Flavobacteriia 黄杆菌	0	0.556	0.134
	SB－1	0	0	0
	SB－5	0	0	0
	Sphingobacteriia 鞘脂杆菌纲	0	3.421	1.824
	VadinHA17	0	0.258	0.239
	WCHB1－32	0	0.025	0

续上表

门类	纲/目/科	X1 中占比/%	X2 中占比/%	X3 中占比/%
绿弯菌门	Anaerolineae 无气膜亚纲	0	0.053	0
	Ardenticatenia	0	1.028	0.84
	Caldilineae	0	0.021	0
	Chloroflexia 绿弯菌	0	0	0.041
	JG30 - KF - CM66	0	0.031	0.052
	KD4 - 96	0	0.148	0.297
	S085	0	0.091	0.177
	TK10	0	0	0
	Uncultured（未培养出）	0	0.191	0.371

注：部分纲/目/科无中文译名或只有代号。

由表 9 - 17 可以看出，三种样本下属结构组成成分和比例均有所差异，其中前者与后两者的差异更大，而后两者仅在硬壁菌门和拟杆菌门下菌属差异较大，其他门类菌属种类和含量差异均较小。

综上所述，在三个不同除臭环节取样的生物除臭菌种的种类和数量均有所不同，体现了不同环节臭气成分的差异。只有针对相应的臭气环节进行菌种驯化，才能得到高效降解臭气成分的菌群。本试验中的三个菌种群可用于建立城市污水厂恶臭废气专用基础菌种库。

9.3.4 中试研究小结

（1）通过对蜂窝式等离子体结构、介质等离子体结构、平板式等离子体结构进行小试、中试，研究等离子体、气动乳化和生物除臭技术单元和工艺的组合优化方式、组合条件，恶臭废气装置构建及优化。确定了介质等离子体结构对恶臭废气的治理能力更强，但能耗大，使用条件苛刻，产品化路径长。蜂窝式等离子体结构通过与气动乳化塔合理搭配，对恶臭废气的净化能力可与介质等离子体结构基本持平，且更加适合工业应用。蜂窝式电场结构的优点为重量轻、强度高，外形尺寸稳定，不会发生像铅沉淀极那样因使用时间长而导致极管变形的现象，延长了设备的使用寿命；其拼凑的模块形成蜂窝状，结构紧凑，使每个极管的内外表面都成为沉淀表面，极管之间不存在净化死角。

（2）在搭配合适的气动乳化液的基础上，气动乳化塔对恶臭废气的净化效率基本保持在 50% ～70% 。气动乳化塔结构简单，设备本身无运动部件，不需要特殊的附属设备，占地面积小，且气动乳化的水可以进行有效地吸收等离子体设备所产生的副产物，对生物塔起到重要的缓冲保护作用。

（3）生物塔经过组合工艺优化后，能够在废气浓度波动较大的情况下正常运行。通过在生物塔设备前置“等离子体 + 气动乳化”一体化装置，组成“等离子法 + 气动乳化 +

生物法”组合工艺。废气浓度波动大的废气成分经过等离子体、气动乳化进行初步处理，调整为一定稳定状态后再进入生物塔进行末端处理，组合工艺能够为生物塔菌种提供一个相对稳定的生长环境。经过长达12个月的测试调整，生物塔基本能保持正常运行。

（4）组合工艺比起单一工艺的净化效果大大提高。将蜂窝式等离子体+气动乳化工艺+生物法形成一体化联合工艺，应用于大坦沙泵站恶臭废气的治理时，对NH_3、H_2S、VOCs等恶臭污染物的净化效率≥92%。

（5）分析鉴定了三类生物除臭菌群，分别为污水厂泵站组合工艺生物除臭菌群X1、污水厂生化池生物除臭菌群X2和污水厂污泥脱水间生物除臭菌群X3，其结果可用于建立城市污水厂恶臭废气专用基础菌种库。其中X1中含量较高的门类主要为变形菌门、广古菌门、硬壁菌门、放线菌门、硝化螺旋菌门；X2中含量较高的门类主要为变形菌门、拟杆菌门、某类未知菌门、酸杆菌门、芽单胞菌门、绿弯菌门；X3中含量较高的门类主要为变形菌门、拟杆菌门、某类未知菌门、酸杆菌门、芽单胞菌门、绿弯菌门。变形菌门在三个样本菌群中的含量均为最高。

9.4 技术经济分析

9.4.1 示范工程经济分析

利用等离子体－气动乳化－生物法联合处理恶臭废气可以减少生物除臭装置和等离子体装置的体积。示范工程在处理风量相同的情况下，同等离子技术相比，对恶臭污染物的净化效率≥90%，能耗及运行费用成本降低比例≥30%；与生物脱臭技术相比，生物滤塔装置体积减小比例≥50%；与国外处理相同气量废气的先进装备相比，体积减小50%，系统能耗节省50%。

1. 投资费用及成本估算

工程总造价为170 000元，设备处理恶臭废气流量能力按2000 m^3/h计，设备折旧按10年计，折旧费为17 000元/年。全年运行7000 h，投资成本按处理能力计：

$$\frac{17\,000}{2\times 7000}=1.214\ （元/1000\,m^3）。$$

2. 正常运行费用估算

以处理风量为2000 m^3/h的示范工程为例，进行以下能耗分析。试验装置正常运行时的运行费用主要为电耗和药剂费用，全套设备不需要专人管理。生物塔的运行时间越长，生物膜覆盖面积越大，则净化效果越好。

1）电动设备运转电费

等离子体设备的功率为1 kW，风机水泵的电机功率为$2.2+0.55=2.75$（kW），故全套设备总功率为3.75 kW。

工业电价按平均0.6元/kW·h计，全年运行7000 h。则全年运行电费：

$7000 \times 3.75 \times 0.6 = 15\ 750$（元）。

电费按处理能力计：$\frac{15\ 750}{2 \times 7000} = 1.125$（元/1000 m³）

2）水费、药剂费用

气动乳化塔和生物塔所采用的喷淋水均为循环用水，循环水喷淋量约 8 m³/h，耗水量极少。按照实际工程经验，1 个星期至半个月更换一次循环水即可，按 7 天更换一次计，则每万立方气体综合耗水量为 8 m³ ÷（24 h × 7 d）≈0.05 m³/h，工业用水按照 2 元/m³计，全年运行 7000 h，则全年运行水费：$7000 \times 0.05 \times 2 = 700$（元）。

菌种的营养液、补充按照按 50 元/月计算为 600 元/年。

3）运行费用合计

运行费用合计：15 750 + 700 + 600 = 17 050 元/年

电费在运行费用中所占比例：$\frac{15\ 750}{17\ 050} \times 100\% = 92.4\%$

运行费用按处理能力计：$\frac{17\ 050}{2 \times 7000} = 1.22$（元/1000 m³）

3. 正常运行时的废气处理总成本估算

等离子体 + 气动乳化 + 生物法废气净化设备的运行费用为 17 050 元/年，折合 1.22 元/1000 m³废气，设备折旧费为 1.214 元/1000 m³废气，故等离子体 + 气动乳化 + 生物法废气总净化设备的废气处理成本为 2.434 元/1000 m³废气。示范工程投资与运行费用估算如表 9 - 18 所示。

表 9 - 18　示范工程投资与运行费用估算

计算方法	设备投资/元	运行费用/元	综合耗电量/kW·h	综合耗水量/(t/h)
按处理能力 2000 m³计	170000	17050	3.75	0.05

对工程示范装置进行经济分析，全年运行费用为 17 050 元，折旧费用为 17 000 元。按处理能力计算：设备运行费用折合 1.22 元/1000 m³废气，设备折旧费用为 1.214 元/1000 m³废气，总处理成本为 2.434 元/1000 m³废气。

9.4.2　能耗分析

按照单介质阻挡放电等离子体技术设计，要处理 2000 m³/h 的废气，其变压器的功率为 6.7 kW。采用蜂窝式电场结构的等离子体 + 气动乳化 + 生物塔恶臭气体净化系统的总功率为 3.75 kW，与单介质阻挡放电等离子体比，减少 44%，即 2.95 kW。在达到相同的去除效率和处理风量相同的情况下，与单独采用等离子体除臭技术相比，等离子体 + 气动乳化 + 生物法降低了等离子体反应器的输入电压和功率，解决了单独等离子体耗能大的问题。投产后一年的运行费用如表 9 - 19 所示。

表 9－19 示范工程实际运行费用

项　目	等离子体技术	等离子体＋气动乳化＋生物法技术	节约费用
全年用电时长/h	7000	7000	—
装机功率/kW	6.7	3.75	—
年工作日/天	320	320	—
每度电/元	0.6	0.6	—
年缴电费/元	28 140	15 750	12 390

在达到相同的去除效率（90%）和处理相同风量的情况下，同单独应用生物除臭技术相比，等离子体＋气动乳化＋生物法系统中生物滤塔体积减小 50% 以上，能够有效降低生物反应器的投资费用。例如，要处理 2000 m^3/h 的恶臭废气，如果只采用生物滤塔处理，有效停留时间为 20.6 s；而采用等离子＋气动乳化＋生物塔恶臭气体净化系统，有效停留时间为 6 s，停留时间减少了 14.6 s，同单独采用生物除臭技术相比，填料体积减小 70.7%，生物滤塔体积减小明显。

9.5 项目产品应用、前景分析与成果

经多次试验，本项目证实等离子体＋生物法、等离子体＋气动乳化＋生物法联合设备应用于城市污水厂和工业企业恶臭废气处理的效果显著，组合工艺应用于有机废气治理中比单一工艺更具突出优势。在实际工程应用中，随着处理风量的增大，可增加相应模块以达到处理要求，并能根据客户不同的需求，通过灵活多变的模块组合形式，如等离子体＋气动乳化、等离子体＋气动乳化＋生物法、气动乳化＋生物法等，灵活适应市场需求。

9.5.1 项目产品应用

1. 等离子体＋生物滤塔装置处理恶臭废气示范工程

2015 年 5 月，本项目在广州市白云区京溪污水厂泵站建造和运行了风量为 10 000 m^3/h 的等离子体－生物滤塔装置处理恶臭废气的示范工程。结果表明，装置运行稳定，臭气的净化效率为 81.8%，H_2S、NH_3的平均脱除率都超过 95%，VOC_S的平均脱除率≥92%。

2. 等离子体＋气动乳化＋生物法处理恶臭废气示范工程

2016 年 6 月，本项目在广州市净水有限公司大坦沙污水处理厂 5 号泵站建成一套风量为 2000 m^3/h 的等离子体＋气动乳化＋生物法处理恶臭废气示范工程装置，研究了等离子体＋气动乳化＋生物法中试系统装置除恶臭废气的过程影响因素、最佳操作条件及调控方法。

3. 气动乳化法＋高效生物废气净化器在危险废物处理污水站废气治理中的应用

气动乳化＋生物法技术在佛山市和利环保科技有限公司危险废物处理污水站的废气

处理工程项目中得到应用。项目双方于 2014 年 12 月 25 日签订合同，合同金额 22.8 万元。项目于 2015 年 4 月 18 日投运，2015 年 9 月 28 日设备运行约半年，检测结果如下：进口臭气浓度为 1922（无量纲），出口臭气浓度为 146（无量纲），除臭效率达 92.4%。这一工程项目对恶臭废气的净化效果良好，长时间保持稳定运行，大大改善了厂区污水处理站的工作环境。项目于 2015 年 10 月取得《用户使用报告》，2020 年 5 月 29 日取得《应用证明》，自投运以来设备运行良好，故障较少，设备检修维护方便，获得用户好评。

4. 等离子体 + 气动乳化 + 生物法组合工艺在实验室废气治理中的应用

等离子体 + 气动乳化 + 生物法组合工艺在广东环境保护工程职业学院实验室废气处理系统中得到应用。项目双方于 2016 年 9 月 7 日签订合同，合同金额 77.65 万元（其中等离子体 - 气动乳化 - 生物法组合系统 29.12 万元）。项目于 2016 年 11 月投运，于 2017 年 4 月 28 日取得《用户使用报告》；设备具有体积小、能耗低、综合效率高的特点，气动乳化吸收塔的塔喷淋系统为循环用水，耗水量较少，实现了节能减排。投运至今，设备运行良好，故障较少，设备检修维护方便。

5. 等离子体 + 气动乳化 + 生物法一体化设备在浸漆炉有机废气治理中的应用

等离子体 + 气动乳化 + 生物法一体化设备在广东美芝制冷设备有限公司浸漆炉有机废气治理中得到应用。项目双方于 2014 年 7 月 21 日签订合同，合同金额 41 万元。项目于 2015 年 7 月投运，于 2015 年 11 月取得《用户使用报告》；设备具有综合效率高、能耗低的优点。投运至今，设备运行良好，故障较少，废气净化效果良好，大大改善了生产车间的工作环境。

6. 等离子体 + 气动乳化设备在有机废气净化系统中的应用

等离子体 + 气动乳化设备在惠州市惠阳区力行环保有限公司的废气治理工程中得到应用。项目双方于 2015 年 12 月 16 日签订合同，合同金额 67.8 万元。项目于 2016 年 3 月投运，取得用户好评；设备具有综合效率高、能耗低的优点。投运至今，设备运行良好，故障较少，废气净化效果良好，大大改善了生产车间的工作环境。

7. 等离子体设备在电子厂有机废气治理工程中的应用

建业科技电子（惠州）有限公司 B 幢有机废气治理工程采用“原有喷淋 + 新增等离子体净化”技术，即在原有的喷淋设备基础上，新增等离子体设备。项目双方于 2015 年 4 月 13 日签订合同，合同额 51.48 万元；项目于 2015 年 10—11 月完成施工安装调试，并投入使用。项目于 2015 年 12 月 17 日取得检测报告（报告编号：SZE15120781331）；B 栋有机废气处理后排放口气体检测结果为：苯含量 ≤0.01 mg/m^3，甲苯含量 ≤0.01 mg/m^3，二甲苯含量 ≤0.01 mg/m^3，非甲烷总烃含量 ≤11.07 mg/m^3，远优于《DB 44/27—2001 广东省地方标准 大气污染物排放限值》中第二时段二级要求。

9.5.2 应用前景分析

等离子体 + 气化乳化 + 生物法脱臭技术成果可直接转化为现实生产力，创造新的就业机会，增加地方税收，同时对广东省环保产业的发展将起到促进作用，社会效益明显。截至2019年底，广东省建成城镇污水处理设施305座，日处理能力1739万吨，处理能力占全国的1/8，居全国首位。

广州市大坦沙污水处理厂的污水处理能力为55万吨/日，除臭工程总投资5000万元。广州市猎德污水处理厂的污水处理能力为120万吨/日，东濠涌泵站、天河南泵站使用高能离子除臭装置，西濠涌泵站使用催化型活性炭除臭装置，厂区生化池、沉砂池及污泥各工艺运行单元均采用生物除臭装置；除臭工程总投资3000万元。假设广东省污水处理量为1739万吨/日，恶臭废气采用等离子体+生物法脱臭装置处理，以上述两个广州市污水处理厂恶臭废气处理的平均投资计，初步估算污水处理除臭工程投资约9亿元，以10%的利润计，利润预测9333.7万元。如果将广东省工业废水处理产生的恶臭废气计算在内，恶臭废气处理市场更大。按我国2020年污水处理能力657亿立方米计，初步估算2020年除臭废气工程投资45 070亿元，以10%的利润计，利润预测4507亿元；等离子体-生物法脱臭技术成果应用将会产生明显的经济效益。因此，项目研究的等离子体-生物法脱臭技术具有广泛的应用前景。

9.5.3 项目的主要成果

（1）研发了因采用蜂窝式电场模块而提高性价比的一种高效节能型等离子体新技术。能够在电功率密度较低的情况下对恶臭废气达到理想的净化效率，广泛适用于城市污水厂与工业企业恶臭废气净化。

（2）形成了全新的蜂窝式等离子体技术、气动乳化技术与生物技术的组合工艺；形成了装备与技术体系；对城市污水污泥与工业臭气处理开展了系统的试验研究与生产应用；获得了良好的环境效益、经济效益与社会效益。

（3）技术成果脱臭效率高。“等离子体结构+气动乳化器+生物滤池”组合工艺对硫化氢（H_2S）、氨气（NH_3）和挥发性有机物（VOC_S）均有较高的去除效率，其中H_2S、NH_3的平均脱除率超过95%，VOC_S的平均脱除率为92%及以上，实现稳定达标排放。

（4）技术成果运行费用低。在脱臭效率和处理风量相同的情况下，项目的组合工艺与现有的单一等离子或生物工艺相比，能耗及运行费用成本降低比例超过30%；与现有的单一生物技术相比，生物滤塔装置体积减小超过50%。

（5）技术成果具有普适性、处理范围广。项目率先在广州市大坦沙污水厂5号泵站和京溪污水厂泵站分别建立了2000 m^3/h和10 000 m^3/h的示范工程，项目成果在广东美芝制冷设备有限公司1号浸漆炉废气处理项目（25 000 m^3/h）、佛山市和利环保科技有限公司污水处理站废气处理工程（4000 m^3/h）、建业科技电子（惠州）有限公司B幢有机废气治理工程（30 000 m^3/h）等多个项目中得到推广应用。此外，研究成果广泛应用于广州市中心城区的9座污水厂。

参考文献

[1] 张杰，曹开朗. 城市污水深度处理与水资源可持续利用 [J]. 中国给水排水，2001，17 (3)：20－21.

[2] 张杰，李冬. 城市污水深度处理与水资源可持续利用 [J]. 中国工程科学，2012，14 (3)：21－26.

[3] 李佩成. 试论人类水事活动的新思维. 中国工程科学 [J]. 2002，2 (2)：5－9.

[4] 赵勇，李海红，刘寒青. 增长的规律－中国用水极值预测 [J]. 水利学报，2021，1 (6)：1－14.

[5] 姚永玲，邵璇璇. 中国城市人口空间网格结构及影响因素 [J]. 人口与经济，2020，243 (6)：1－16.

[6] 方子云. 保护水环境促进长江经济带的可持续发展 [J]. 人民长江，1998，29 (1)：39－40.

[7] 娄保锋，卓海华，周正，等. 近18年长江干流水质和污染物通量变化趋势分析 [J]. 环境科学研究，2020，33 (5)：1150－1162.

[8] 路瑞，马乐宽，杨文杰，等. 黄河流域水污染防治“十四五”规划总体思考 [J]. 环境保护科学，2020，46 (1)：21－24，36.

[9] 柳青，马健荣，苏晓磊，等. 珠江水系2006—2015年主要水质参数动态变化 [J]. 人民珠江，2018，39 (12)：54－58，67.

[10] 王宏宇，叶匡旻，孟凡生，等. 松花江流域水质多元统计分析研究 [J]. 环境科学与管理，2020，45 (10)：128－134.

[11] 邢洁，宋男哲，陈祥伟，等. 基于主成分分析的松花江流域黑龙江段水质评价 [J]. 中国给水排水，2021，37 (1)：89－94.

[12] 克衣木·买卖提. 浅谈塔里木河流域干流生态恢复与治理 [J]. 资源节约与环保，2020 (12)：22－23.

[13] 刘明霞，刘凯欢，姚恩龙，等. 黑河流域地下水“三氮”污染现状研究 [J]. 地下水，2018，40 (3)：74－76.

[14] 张民，史小丽，阳振. 2005—2018年巢湖水质变化趋势分析和蓝藻防控建议 [J]. 湖泊科学，2020，32 (1)：11－20.

[15] 张宝锋，陈峰，田晓庆. 2005—2017年中国七大水系水质变化规律趋势分析 [J]. 人民长江，2020，51 (7)：33－39.

[16] 黄文建，陈芳，么强，等. 地下水污染现状及其修复技术研究进展 [J]. 水处理技术，2021，47 (7)：12－18.

[17] 符家瑞，周艾珈，刘勇. 我国城镇污水再生利用技术研究进展 [J]. 工业水处理，2021，41 (7)：18－24.

[18] 李昂臻，刘兆瀛，吴鸥. 我国六大区域的城市节水发展比较研究 [J]. 中国给水排水，2021，37

(10): 49 - 55.

[19] 张杰，陈秀荣，翼滨弘，等. 提高再生水有机碳去除效率的研究 [J]. 给水排水，2003，29 (7): 25 - 28.

[20] 徐傲，巫寅虎，陈卓，等. 北京市城镇污水再生利用现状与潜力分析 [J/OL]. 环境工程：1 - 13 [2020 - 12 - 15]. https://kns.cnki.net/kcms/detail/11.2097.X.20201214.1875.002.html.

[21] 张新，李育宏. 天津市中心城区污水再生利用现状与发展环境工程 [J]. 天津建设科技，2019，29 (3): 58 - 60.

[22] 庄源益，张相如，谷文新. 美达棉纤维挂载生物膜法处理石化废水中油 [J]. 城市环境与城市生态，1997，10 (1): 17 - 19.

[23] 夏四清，高廷耀，周增炎. 多级悬浮填料生物反应器处理石化废水 [J]. 中国给水排水，2002，18 (1): 9 - 12.

[24] AN D N, ZHANG J Z, YUAN Y. Using Bundle Filters to Process Petrochemical Secondary Effluent for Industrial Reuse [J]. Water Science & Technology, 1996, 34 (10): 127 - 131.

[25] 申世峰，郭兴芳，孙永利，等. 悬浮填料技术用于污水处理厂二级出水极限脱氮研究 [J]. 给水排水，2021，57 (2): 51 - 55.

[26] 苏大雄. 昆山某城镇污水处理厂提标改造工程实例 [J]. 节能与环保，2020 (12): 56 - 58.

[27] 冉祥军. 涡凹气浮 (CAF) 在石化废水处理中的应用 [J]. 油气田环境保护，2000，10 (1): 43 - 45.

[28] 王罕，许敏，耿震. 太原循环经济环卫产业园固体废物污水处理厂工艺设计 [J]. 中国给水排水，2021，37 (2): 37 - 41.

[29] LIN C K, TSAI T Y, LIU J C, et al. Enhanced Biodegradation of Petrochemical Wastewater Using Ozonation And BAC Advanced Wastewater Treatment System [J]. Water Research, 2001, 35 (3): 699 - 704.

[30] 张江涛，朱学兵，董娟，等. 循环水排污水处理组合工艺应用及评估 [J/OL]. 热力发电：1 - 8 [2021 - 08 - 10]. https://doi.org/10.19666/j.rlfd.202104078.

[31] 周平，汪诚文. 内循环生物流化床处理石化废水的中试研究 [J]. 环境科学，1997，18 (1): 26 - 29.

[32] 范铁，王麒，陈军，等. 微孔塔式曝气用于石化废水处理的研究 [J]. 环境工程，2000，18 (6): 9 - 12.

[33] 李康琪，唐崇俭，柴喜林，等. 生物流化床工艺处理豆制品生产废水工程（Ⅰ期）[J]. 工业水处理，2021，41 (4): 121 - 125.

[34] CROOK J, RAO Y. SURAMPALLI. Water reclamation and reuse criteria in the US [J]. Water Science & Technology, 1996, 33 (10 - 11): 451 - 462.

[35] LIAO Z T, CHEN Z, XU A, et al. Wastewater Treatment and Reuse Situations and Influential Factors in Major Asian Countries [J]. Journal of Environmental Management, 2021, 282: 111976.

[36] ROSENBLUM E. Selection and Implementation of Nonpotable Water Recycling in "Silicon Valley" (San Jose Area) Californian [J]. Water Science & Technology, 1999, 40 (4 - 5): 51 - 57.

[37] TAKASHI A, AUDREY D. Wastewater Reclamation, Recycling and Reuse: Past, Present, and Future [J]. Water Science & Technology, 1996, 33 (10 - 11): 1 - 14.

[38] 从广治. 城市污水再生全流程技术与实践 [D/OL]. 哈尔滨：哈尔滨工业大学，2003：9.

[39] BARRY A, COSTA – PIERCE. Preliminary Investigation of an Integrated Aquaculture – Wetland Ecosystem Using Tertiary – Treated Municipal Wastewater in Los Angeles County, California [J]. Ecological Engineering, 1998, 10 (4): 341 – 354.

[40] FUOG R M, GIBERSON K C, LAWRENCE R L. Wastewater Reclamation at Rancho Murieta, California; Golf Course Irrigation with Upgraded Pond Effluent Meeting California, the Strictest Requirements for Wastewater Reuse [J]. Water Science & Technology, 1995, 31 (12): 399 – 408.

[41] ORMERODK L, SILVIA L. Newspaper Coverage of Potable Water Recycling at Orange County Water District's Groundwater Replenishment System, 2000-2016 [J]. Water, 2017, 9 (12): 984.

[42] ROCCARO P. Treatment Processes for Municipal Wastewater Reclamation: The Challenges of Emerging Contaminants and Direct Potable Reuse [J]. Current Opinion in Environmental Science & Health, 2018, 2: 46 – 54

[43] ADHIKARI K, FEDLER C B, ASADI A. 2 – D Modeling to Understand the Design Configuration and Flow Dynamics of Pond-in-Pond (PIP) Wastewater Treatment System for Reuse [J]. Process Safety and Environmental Protection, 2021, 153: 205 – 214.

[44] OLGA E K, ISSA L, KATURI K P, et al. Coupling Anaerobic Fluidized Membrane Bioreactors with Microbial Electrolysis Cells towards Improved Wastewater Reuse and Energy Recovery [J]. Journal of Environmental Chemical Engineering, 2021, 9 (5): 105974.

[45] ALEJANDRA F S A, CARLOS D A, TERESA C M, et al. Microbial Indicators, Opportunistic Bacteria, and Pathogenic Protozoa for Monitoring Urban Wastewater Reused for Irrigation in the Proximity of a Megacity [J]. Eco Health, 2016, 13 (4): 672 – 686.

[46] MARIO R V, DURÁN – ÁLVAREZ J C, JIMÉNEZ – CISNEROS B, et al. Occurrence of Perfluorinated Carboxylic Acids in Mexico City's Wastewater: A Monitoring Study in the Sewerage and a Mega Wastewater Treatment Plant [J]. Science of the Total Environment, 2021, 774: 1 – 11.

[47] 张昱，刘超，杨敏. 日本城市污水再生利用方面的经验分析 [J]. 环境工程学报，2011，5 (6): 1221 – 1226.

[48] 邬扬善. 日本中水发展概况、趋势及其运行机制分析 [J]. 给水排水，2002，28 (2): 60 – 64.

[49] ASANO T, MAEDA M, TAKAKI M. Wastewater Reclamation and Reuse in Japan: Overview and Implementation Examples [J]. Water Science & Technology, 1996, 34 (11): 219 – 226.

[50] MAEDA M, NAKADA K, KAWAMOTO K, et al. Area – wide Use of Reclaimed Water in Tokyo, Japan [J]. Water Science & Technology, 1996, 33 (10 – 11): 51 – 57.

[51] KAWABE M. To Enhance the Environmental Values of Tokyo Bay – a Proposition for Integrated Coastal Zone Management [J]. Ocean & Coastal Management, 1998, 41 (1): 19 – 39.

[52] 熊红霞，戴明新，彭士涛，等. 日本东京湾环境再生计划（一期）对中国渤海湾环境保护与修复的启示 [J]. 水道港口，2020，41 (1): 119 – 124.

[53] HARUKA T, HIROAKI T. Water Reuse and Recycling in Japan: History, Current Situation, and Future Perspectives [J]. Water Cycle, 2020, 1: 1 – 12.

[54] 杨铭，王琴，林臻，等. 欧洲工业园区水环境管理的经验与启示 [J]. 环境保护，2020，48 (9): 68 – 71.

[55] HERNEBRING O M C, MAGNUSSON P. Optimisation and Control of the Inflow to a Wastewater Treatment Plant Using Integrated Modelling Tools [J]. Water Science & Technology, 1998, 37 (1): 347 –

354.

[56] GARCIA J, MUJERIEGO R, JOSEP M, et al. Wastewater Treatment for Small Communities in Catalonia (Mediterranean Region) [J]. Water policy, 2001, 3 (4): 341 - 350.

[57] STOTTMEISTER U, WIEβNER A, KUSCHK P, et al. Effects of Plants and Microorganisms in Constructed Wetlands for Wastewater Treatment. Biotechnology Advances, 2003, 22 (1): 93 - 117.

[68] 赵倩，庄林岚，盛芹，等. 潜流人工湿地中基质在污水净化中的作用机制与选择原理 [J/OL]. 环境工程: 1 - 12 [2021 - 08 - 16]. http://kns. cnki. net/kcms/detail/11. 2097. X. 20210429. 1419. 004. html.

[59] ANGELAKIS A N, BONTOUX L. Wastewater Reclamation and Reuse in Eureau Countries [J]. Water Policy, 2001, 3 (1): 47 - 59.

[60] CHARALAMBOUS C N. Water Management under Drought Conditions [J]. Desalination, 2001, 138 (1 - 3): 3 - 6.

[61] 曹潇元，王金生，李剑. 意大利城镇污水处理的管理现状与经验探析 [J]. 北京师范大学学报 (自然科学版), 2016, 52 (4): 493 - 496.

[62] ANGELAKIS A N, MARECOS D M, BONTOUX L, et al. The Status of Wastewater Reuse Practice in the Mediterranean Basin: Need for Guidelines [J]. Water Research, 1999, 33 (10): 2201 - 2217.

[63] 陈芳. 中欧污水处理条例和工艺对比研究——以意大利特洛维索污水厂和泰安第二污水厂为例 [J]. 资源节约与环保, 2013 (11): 98 - 99.

[64] BONOMO L, NURIZZO C, ROLLE E. Advanced Wastewater Treatment and Reuse: Related Problems and Perspectives in Italy [J]. Water Science & Technology, 1999, 40 (4 - 5): 21 - 28.

[65] MARCUCCI M, TOGNOTTI L. Reuse of Wastewater for Industrial Needs: the Pontedera Case [J] Resources, Conservation and Recycling. 2002, 34 (4): 249 - 259.

[66] LAVRNIĆ S, MANCINI M L. Can Constructed Wetlands Treat Wastewater for Reuse in Agriculture? Review of Guidelines and Examples in South Europe [J]. Water Science & Technology, 2016, 73 (11): 2616 - 2626.

[67] 刘俊含，陈卓，徐傲. 澳大利亚污水处理与再生水利用现状分析及经验 [J/OL]. 环境工程, [2021 - 08 - 04], https://kns. cnki. net/kcms/detail/11. 2097. X. 20210804. 0917. 002. html.

[68] FRIEDLER E. Water Reuse - an Integral Part of Water Resources Management: Israel as a Case Study [J]. Water Policy, 2001, 3 (1): 29 - 39.

[69] 王洪臣. 污水资源化是突破经济社会发展水资源瓶颈的根本途径 [J]. 给水排水, 2021, 57 (4): 1 - 5, 52.

[70] SOLOMON O, ADÉLA P, IVETA R, ET AL. Treated Wastewater Reuse for Irrigation: Pros and Cons [J]. Science of the Total Environment, 2021, 760: 144026.

[71] TRIPATHI V K, RAJPUT T B S, PATEL N, et al. Impact of Municipal Wastewater Reuse through Micro - irrigation System on the Incidence of Coliforms in Selected Vegetable Crops [J]. Journal of Environmental Management, 2019, 251: 109532.

[72] HARUVY N. Wastewater Reuse—Regional and Economic Considerations [J]. Resources, Conservation and Recycling, 1998, 23 (1 - 2): 57 - 66.

[73] HUSSAIN GHULAM, ADNAN J, AL - SAATI. Wastewater Quality and its Reuse in Agriculture in Saudi Arabia [J]. Desalination, 1999, 123 (2 - 3): 241 - 251.

[74] 高浚生，潘越. 利雅得水资源管理的经验与启示 [J]. 前线，2017 (3)：84 - 88.
[75] 乌达 O K M，朱庆云. 沙特阿拉伯污水处理与再利用 [J]. 水利水电快报，2017，38 (10)：18 - 21.
[76] HAMODA M F，A1 - GHUSAIN I，AL - MUTAIRI N Z. Sand Filtration of Wastewater for Tertiary Treatment and Water Reuse [J]. Desalination，2004，164 (3)：203 - 211
[77] ALMUZAINI S. Industrial Wastewater Management in Kuwait [J]. Desalination，1998，115 (1)：57 - 62.
[78] KIM I S，RYU J Y，LEE J J. Status of Construction and Operation of Large Wastewater Treatment Plants in South Korea [J]. Water Science & Technology，1996，33 (12)：11 - 18.
[79] YUE C K. Water Reclamation and Reuse in Singapore [J]. Journal of Environmental Engineering，2020，146 (4)：03120001.
[80] MARCAL J，BISHOP T，HOFMAN J，et al. From Pollutant Removal to Resource Recovery：A Bibliometric Analysis of Municipal Wastewater Research in Europe [J]. Chemosphere，2021，(284)：1 - 11.
[81] RATNA S，RASTOGI S，KUMAR R. Current Trends for Distillery Wastewater Management and its Emerging Applications for Sustainable Environment [J]. Journal of Environmental Management，2021，(290)：1 - 20.
[82] DEBLINA D，SHASHI A，SUNIL K. Industrial Wastewater Treatment：Current Trends，Bottlenecks，and Best Practices [J]. Chemosphere，2021，285：1 - 14.
[83] 何楠，王睿，彭柱，等. 再生水厂混凝沉淀 - 微滤协同运行优化研究 [J]. 中国给水排水，2021，37 (7)：85 - 91.
[84] 金伟，丁洁然，董亚荣. 电混凝 - 微滤工艺深度处理污水厂二级出水 [J]. 环境工程，2018，36 (8)：60 - 64.
[85] 余克成. 膜技术在高浓度箱板纸废水处理中的应用 [D]. 武汉：湖北工业大学，2016.
[86] PANTELEEV A A，ALADUSHKIN S V，KASATOCHKIN A S，et al. Choice of Filter Material for a Mechanical Filter for Purification of Water after Liming [J]. Thermal Engineering，2020，67 (7)：492 - 495.
[87] HU M L，WU Q D，CHEN C，et al. Facile Preparation of Antifouling Nanofiltration Membrane by Grafting Zwitterions for Reuse of Shale Gas Wastewater [J]. Separation and Purification Technology，2021，276：119310.
[88] 陈钊. 甘肃汇能生物工程公司生产废水深度处理工艺研究 [D]. 兰州：兰州交通大学，2020.
[89] 董辅祥，董欣东. 节约用水原理及方法指南 [M]. 北京：中国建筑工业出版社，2000：17，22，27，83，283
[90] 姚亭亭，刘苏峡. 京津冀水资源利用多效率指标的变化特征比较 [J]. 地理科学进展，2021，40 (7)：1195 - 1207.
[91] 马淑杰，朱黎阳，王雅慧. 我国高耗水工业行业节水现状分析及政策建议 [J]. 中国资源综合利用，2017，35 (2)：43 - 47.
[92] 王维兴. 我国钢铁工业用水、节水现状分析 [J]. 中国钢铁业，2020 (6)：34 - 40.
[93] 赵春红，张程，张继群，等. 区域节水评价方法研究和实践 [J]. 水利发展研究，2021，21 (5)：66 - 70.
[94] 党丽娟. 黄河流域水资源开发利用分析与评价 [J]. 水资源开发与管理，2020 (7)：33 - 40.

[95] 尚熳廷，王小军，刘明朝，等. 长江流域省区用水总量与用水效率控制评估 [J]. 人民长江，2019，50 (1)：84－88.

[96] CHEN S J，CAO Y Y，LI J. The Effect of Water Rights Trading Policy on Water Resource Utilization Efficiency：Evidence from a Quasi－Natural Experiment in China [J]. Sustainability，2021，13 (9)：5281.

[97] 徐君萍，唐晓岚，王奕文. 加拿大水资源管理体系研究及启示 [J]. 国土资源情报，2019 (1)：18－26.

[98] 张洪雷. 城市绿色用水管理方法研究 [D]. 天津：天津大学，2017.

[99] 崔俊华，蔡振宇，赵秀娟，等. 加拿大城市水费类型和水价评估的启示 [J]. 中国给水排水，2002，18 (9)：29－31.

[100] 段治平. 借鉴美国水价管理经验，推进我国水价改革 [J]. 山西财经大学学报，2003，25 (3)：38－41.

[101] 董石桃，蒋鸽. 发达国家水价管理制度对我国的启示 [J]. 行政与法，2017 (6)：50－57.

[102] 柳一桥. 美国、法国和以色列农业水价管理制度评析及借鉴 [J]. 世界农业，2017 (12)：93－98.

[103] HOLT C P，PHILLIPS P S，BATES M P. Analysis of Waste Minimization Clubs in Reducing Industrial Water Demand in the UK [J]. Resources，Conservation and Recycling，2000，30 (4)：315－331.

[104] 鲁宇闻. 英国水务管理及近远期规划研究：以泰晤士水务为例 [J]. 净水技术，2016，35 (S1)：11－15，46.

[105] 张泽涛. 法国水价及供水模式的经验启示 [N]. 中国水利报，2016－10－20 (008).

[106] 范登云，张雅君，许萍. 法国水定价及公私合作供水模式的经验和启示 [J]. 给水排水，2016，52 (9)：21－26.

[107] 顾博维尔・菲利普，马强，杜明轩，等. 面向瓦尔河流域的水资源规划决策系统应用 [J]. 水利信息化，2018 (1)：1－7，13.

[108] 莫利纳 A，朱庆云. 西班牙水资源短缺问题及水政策取向——调水、海水淡化和污水再利用等方案之间的平衡 [J]. 水利水电快报，2017，38 (10)：13－17，21.

[109] 杨彦明，戴向前，王志强.《欧盟水框架指令》下的西班牙地下水利用 [J]. 水利发展研究，2018，18 (3)：64－67.

[110] 杜辉. 浅析循环水浓缩倍数的管理办法 [J]. 中国设备工程，2021 (1)：241－242.

[111] 曲春林，李东波，张数义，等. 循环水高浓缩倍率运行系统 [J]. 设备管理与维修，2020 (16)：74－75.

[112] BLOEMKOLK J W，SCHF R J. Design Alternatives for the Use of Cooling Water in the Process Industry：Minimization of the Environmental Impact from Cooling Systems [J]. Cleaner Production，1996，4 (1)：21－27.

[113] 张素辉. 汽轮机水冷改复合型空冷案例应用及经济分析 [J]. 低碳世界，2020，10 (11)：61－62.

[114] 张忠祥，钱易. 城市可持续发展与水污染防治对策 [M]. 北京：中国建筑工业出版社，2000：3.

[115] CHENGL C. Study of the Inter－relationship between Water Use and Energy Conservation for a Building [J]. Energy and Buildings，2002，3 (3)：261－226.

[116] WANG M J. Land Application of Sewage Sludge in China [J]. The Science of Total Enviroment, 1997, 197 (1-3): 149-160.

[117] 戴晓虎. 我国污泥处理处置现状及发展趋势 [J]. 科学, 2020, 72 (6): 30-34.

[118] 单灵婕, 王松林, 孙渝波, 等. 污泥处理处置现状分析与资源化利用研究 [J]. 中国资源综合利用, 2020, 38 (12): 192-194.

[119] 贾川, 张国芳. 国内外市政污泥处理处置现状与趋势 [J]. 广东化工, 2020, 47 (14): 123-124, 146.

[120] 潘振, 梁志超, 田冬梅, 等. 广西城市污水处理厂污泥产生及处置现状分析 [J]. 能源环境保护, 2020, 34 (2): 105-108.

[121] 杨喆程, 杜子文, 孙德智, 等. 城市污泥产品林地施用效果与风险评价 [J]. 环境工程学报, 2021, 15 (4): 1432-1443.

[122] 王丽霞, 杜子文, 封莉, 等. 连续施用城市污泥后林地土壤中重金属的含量变化及生态风险 [J]. 环境工程学报, 2021, 15 (03): 1092-1102.

[123] 李文忠, 何春利, 常国梁, 等. 污泥堆肥农用小区种植试验研究, 北京水问题研究与实践 (2018 年) [C]. 北京: 中国水利水电出版社, 2019: 6.

[124]] 耿源濛, 张传兵, 张勇, 等. 我国城市污泥中重金属的赋存形态与生态风险评价 [J/OL]. 环境科学: 1-18 [2021-08-23]. https://doi.org/10.13227/j.hjkx.202101145.

[125] 潘志强, 张淑琴, 任大军, 等. 城市污泥的直接施用对矿区土壤修复的影响 [J]. 环境工程, 2019, 37 (11): 189-193, 183.

[126] ABU-QDAIS H, MOUSSA H. Removal of Heavy Metals from Wastewater by Membrane Processes: a Comparative Study [J]. Desalination, 2004, 164 (2): 105-110.

[127] MAVROVA V, ERWE T, BLOCHER C, et al. Study of New Integrated Processes Combining Adsorption, Membrane Separation and Flotation for Heavy Metal Removal from Wastewater [J]. Desalination, 2002, 157 (1-3): 97-104.

[128] KARVELAS M, KATSOYIANNIS A, SAMARA C. Occurrence and Fate of Heavy Metals in the Wastewater Treatment Process [J]. Chemosphere, 2003, 53 (10): 1201-1210.

[129] NICHOLSON F A, SMITH S R, ALLOWAY B J, et al. An Inventory of Heavy Metals Inputs to Agricultural Soils in England and Wales [J]. The Science of the Total Environment, 2003, 311 (1-3): 205-219.

[130] BAK J, JENSEN J, LARSEN M M, et al. A Heavy Metal Monitoring-Programme in Denmark [J]. The Science of Total Enviroment, 1997, 207 (2-3): 179-186.

[131] LAKSHMINARASIMMAN N, GEWURTZ S B, PARKER W J, et al. Removal and Formation of Perfluoroalkyl Substances in Canadian Sludge Treatment Systems - A Mass Balance Approach. [J]. The Science of the Total Environment, 2021 (754): 1-10.

[132] 唐瑶, 李碧清, 冯新. 城市污泥重金属钝化试验研究 [J]. 湖南生态科学学报, 2015, 2 (1): 24 - 27.

[133] 梁敏静, 熊凡, 曾经文, 等. 广州郊区三类工业企业周边农田土壤重金属污染及生态风险评价 [J/OL]. 广东农业科学: 1-12 [2021-08-24]. http://kns.cnki.net/kcms/detail/44.1267.S.20210818.1547.002.html.

[134] 吴新民. 生活污泥的性质和农业利用可行性研究 [J]. 安徽师范大学学报, 1999, 22 (4):

359 – 360.

[135] 李碧清. 重塑城市水环境生态 [J]. 国企管理, 2018, 12: 26 – 27.

[136] 史昕龙, 陈绍伟. 城市污水污泥的处置与利用 [J]. 环境保护, 2003, (3): 44 – 45.

[137] TAY J H, SHOW K Y. Resource Recovery of Sludge as a Building and Construction Material – a Future Trend in Sludge Management [J]. Water Science & Technology, 1997, 36 (11): 259 – 266.

[138] WIEBUSCH B, FRIED C F S. Utilization of Sewage Sludge Ashes in the Brick and Tile Industry [J]. Water Science & Technology, 1997, 36 (11): 251 – 258.

[139] 冯乃谦, 邢锋. 生态水泥及应用 [J]. 混凝土与水泥制品, 2000, (6): 18 – 21.

[140] CECIL L H, MATTHEWS P, NAMER J, et al. Sludge Management in Highly Urbanized Areas. Water Science & Technology, 1996, 34 (3 – 4): 517 – 524.

[141] MINH T N T, DAO H N A, BABEL S. Reuse of Waste Sludge from Water Treatment Plants and Fly Ash for Manufacturing of Adobe Bricks [J]. Chemosphere, 2021, (284): 1 – 8.

[142] 张杰. 城市排水系统的现代观 [J]. 中国工程科学, 2001, 3 (10): 33 – 35.

[143] 李琛, 胡恒, 姚瑞华, 等. 我国海水资源利用制度存在的问题及完善路径 [J]. 环境保护, 2021, 49 (11): 28 – 33.

[144] 武桂芝, 武周虎, 张国辉, 等. 海水冲厕的应用现状及发展前景 [J]. 青岛建筑工程学院学报, 2002, 23 (3): 49 – 52.

[145] 刘强. 香港利用海水冲洗厕所 [J]. 给水排水, 1994, 20 (11): 29 – 30.

[146] 尤作亮, 蒋展鹏, 祝万鹏. 海水直接利用及其环境问题分析 [J]. 给水排水, 1998, 24 (3): 64 – 67.

[147] 张延青, 谢经良, 沈晓南. 海水利用后排水对城市污水处理厂生物处理的影响 [J]. 城市环境与城市生态, 2003, 16 (6): 126 – 127.

[148] 张雨山, 王静, 蒋立东. 利用海水冲厕对城市污水处理的影响研究 [J]. 中国给水排水, 1999, 15 (9): 4 – 7.

[149] 杜碧兰. 开发利用海水资源的战略构想 [J]. 国土经济, 2003, (4): 27 – 28.

[150] NING R Y. Reverse Osmosis Process Chemistry Relevant to the Gulf [J]. Desalination, 1999, 123 (2 – 3): 157 – 164.

[151] DARWISH M A. New Idea for Co – generation Power Desalting Plants Due to Abandoned MSF Desalination Process [J]. Desalination, 2001, 134 (1 – 3): 221 – 230.

[152] TSIOURTIS NICOS X. Seawater Desalination Projects The Cyprus Experience [J]. Desalination, 2001, 139 (1 – 3): 139 – 147.

[153] LUDWIG H. Hybrid Systems in Seawater Desalination – Practical Design Aspects, Present Status and Development Perspectives [J]. Desalination, 2004, 164 (1): 1 – 18.

[154] HUNG T C, SHAI M S, PEI B S. Cogeneration Approach for Near Shore Internal Combustion Power Plants Applied to Seawater Desalination [J]. Energy Conversion and Management, 2003, 44 (8): 1259 – 1273.

[155] 王国强, 冯厚军, 张凤友. 海水化学资源综合利用发展前景概述 [J]. 海洋技术, 2002, 21 (4): 61 – 65.

[156] 李常建. 海水资源开发利用成套新技术 [J]. 海洋技术, 2002, 21 (4): 5 – 12.

[157] 张雨山. 海水淡化技术产业现状与发展趋势 [J]. 工业水处理, 2021, 41 (9): 25 – 26.

[158] 闫佳伟，王红瑞，朱中凡，等. 我国海水淡化若干问题及对策 [J]. 南水北调与水利科技（中英文），2020，18（2）：199 - 210.

[159] HARIKLIA N G，UMUR Y，IOANNIS V S，et al. Mesophilic and Thermophilic Anaerobic Digestion of Primary and Secondary Sludge Effect of Pretreatment at Elevated Temperature [J]. Water Research，2003，37（19）：4561 - 4572.

[160] Li Y Y，NOICE T. Upgrading of Anaerobic Digestion of Waste Activated Sludge by Thermal Pretreatment [J]. Water Science & Technology，1992，26（3 - 4）：857 - 866.

[161] STUCKEY D C，MCCARTY P L. The Effect of Thermal Pretreatment on the Anaerobic Biodegradability and Toxicity of Waste Activated Sludge [J]. Water Research，1981，18（1）：1313 - 1353.

[162] 林志高，张守中. 废弃活性污泥加碱预处理后厌氧消化的试验研究 [J]. 给水排水，1997，23（1）：10 - 16.

[163] CAI M L，LIU J X，WEI Y S. Enhanced Biohydrogen Production From Sewage Sludge with Alkaline Pretreatment [J]. Environmental Science & Technology. 2004，38（11）：3195.

[164] 曹秀芹，陈爱宁，甘一萍，等. 污泥厌氧消化技术的研究与进展 [J]. 环境工程，2008，26（增刊）：215 - 219.

[165] FROUD C，WEBER R，SCHMITT W. Collective experience of the crown sludge disintegration system for carbon release for improved biological treatment - final results in：Proceedings of the 10th European Biosolids and Biowaste Conference [C]. Wakefield，2005.

[166] 李震，阮大年. 碱预处理工艺强化脱水污泥厌氧消化 [J]. 净水技术，2020，39（7）：145 - 150.

[167] 刘鹏程，李慧莉，陈志强. 热碱超声波预处理对秸秆污泥混合厌氧消化影响 [J]. 给水排水，2020，46：120 - 124.

[168] BOLLER M. Small Wastewater Treatment Plants - A Challenge to Wastewater Engineers. Water Science & Technology，1997，35（6）：1 - 12.

[169] JULES B. VAN L，GATZE L. Appropriate Technologies for Effectivemanagement of Industrial and Domestic Wastewaters：the decentralised approch. Water Science & Technology，1999，40（7）：171 - 183

[170] YANG F L，ZHANG H R，ZHANG X Z，et al. Performance Analysis and Evaluation of the 146 Rural Decentralized Wastewater Treatment Facilities Surrounding the Erhai Lake [J]. Journal of Cleaner Production，2021，315：

[171] 王小平，曹立明. 遗传算法 - 理论、应用与软件实现 [M]. 西安：西安交通大学出版社，2003：78.

[172] 郑肇葆. 遗传算法与单纯形法组合的影像纹理分类方法 [J]. 测绘学报，2003（4）：325 - 329.